普通高等教育系列教材

科学技术发展史

第2版

主　编　田长生
主　审　杜　勇　雷　军
副主编　陈　予　郭晓华　王　容　彭世良
编　委　(按姓氏笔画排序)
方　庆　朱清云　苏承英　李阳友
杨晓宏　何　理　张　玲　陈毅君
郑锦阳　彭世良　管　毅　潘尔春

科学出版社
北　京

内 容 简 介

为实现中华民族的伟大复兴，全面落实科教兴国战略，适应素质教育对人才的培养需要，笔者在参阅了大量文献资料的基础上，结合高等院校的培养目标，编著了这本科学技术发展史。在编写过程中以科学技术的历史发展为线索，按照古代、近代和现代的顺序，史论结合，在重点介绍科学技术发展史上重大的科学发现和具有划时代意义的技术发明以及著名科学家在科学思想、科学方法方面的突出成就的基础上，阐明科学技术和人类自然观的发展规律，并根据科学技术的最新进展，介绍新学科、新技术的基本内容、思想方法和现实意义，力图实现知识性与趣味性、科学性与系统性、历史性与现实性的统一，以帮助读者扩大知识面，更好地提高科学文化素质。全书观点鲜明、结构严谨、资料翔实，语言通俗，是党政干部、科技工作者、企业管理人员及大专院校学生学习科技史知识的理想读物。

图书在版编目（CIP）数据

科学技术发展史 / 田长生主编 . —2 版 . —北京：科学出版社，2016. 6

ISBN 978-7-03-048980-7

Ⅰ. ①科… Ⅱ. ①田… Ⅲ. ①自然科学史-世界-高等学校-教材 Ⅳ. N091

中国版本图书馆 CIP 数据核字（2016）第 140833 号

责任编辑：朱 华 李国红 / 责任校对：桂伟利
责任印制：赵 博 / 封面设计：范璧合

科学出版社出版
北京东黄城根北街 16 号
邮政编码：100717
http://www.sciencep.com
三河市骏杰印刷有限公司印刷
科学出版社发行 各地新华书店经销
*
2012 年 6 月第 一 版 开本：787×1092 1/16
2016 年 6 月第 二 版 印张：15 1/4
2025 年 1 月第九次印刷 字数：350 000

定价：59. 80 元

（如有印装质量问题，我社负责调换）

前　　言

《科学技术发展史》(第2版)一书是关于科学技术发展过程及其规律的科学。它保持了《科学技术发展史》(第1版)的编写风格,以科学技术发展的史实为基础,按照历史进程进行分析和概括,向人们展示了科学与技术的过去、现在和未来。不断凸显以下特点,一是不只局限于对科学知识的阐述,而是注重弘扬科学精神,宣传科学思想和科学方法;二是通俗易懂,引人入胜,做到了科学性、可读性、趣味性的统一。娓娓动听的叙述,生动形象地反映了科学家们追求真理的探索精神,一丝不苟的科学态度,给读者以深刻的启示。

全书从史、论相结合的角度概述了自原始社会至今,中外科学技术发展的主要成就,内容通俗易懂,并触及科学技术发展的前沿,展望了它的发展趋势,带有一定的知识性、趣味性和时代感,对普及科学技术史知识、扩大知识面、提高人们的科学文化素质、增强管理能力、陶冶情操、净化心灵及坚定马克思主义信仰都大有裨益,是党政干部、科技工作者、企业管理人员及大专院校学生学习科技史知识的理想读物。本书是在我们多年讲授《科技发展史》的基础上加以润色和扩充而成的。此次出版增大了现代科技部分。

本书共35万字,是集体智慧的结晶。全书由田长生同志负责设计、统稿、定稿。杜勇教授、雷军教授作了认真审阅。参加本书编撰的有田长生(绪论、第二篇第五章、第三篇、第四篇)、郭晓华(第一篇)、王容(第二篇)、陈予(第四篇)、彭世良(第一篇)。

最后,在此书出版之际,我们为《科学技术发展史》(第1版)付出辛勤劳动并做出巨大贡献的全体编委致以衷心的感谢。本书在编撰过程中得到了川北医学院教务处和科学出版社的大力支持,在此一并表示感谢。

由于编写时间较为匆促,且受编者水平所限,所写内容仍难尽如人意,不足之处,望有关专家及广大读者批评指正。

田長生

2016年仲夏于川北

第一版前言

英国哲学家培根曾经说过，要征服自然，必须服从自然。在现代，一个人只要不是闭目塞听，每天都能明显地感到这个看法的正确性：人类是能够战胜自然、控制自然和利用自然的；但是，要做到达一点，就必须服从自然规律，而服从自然规律又必须首先学习这些规律。

近些年来，科学技术的发展已经发生了很大的变化，各门学科——无论是数学、物理学、化学、天文学、地学、生物学，还是各种高精尖技术都不再是互不相关的了，它们之间密切联系、彼此渗透、相互影响、相互促进。一个从事科学技术工作并且力求在科学技术上有历创新的人，如果对科学的发展缺乏整体上的了解，不能掌握科学技术发展的规律以及其他学科对本门学科的影响，就很难有所成就。综合性的科学技术发展史正是阐明各门学科发展互为因果的关系，也是科学技术发展的缩影。

我们知道，无论是中国还是世界上的其他国家，过去和现代都存在这样的历史现象，在某一个历史阶段，科学技术的发展十分迅速，而在另一个历史时期则发展较为缓慢，甚至停滞不前。比如，古希腊的科学技术曾取得了令人瞩目的成就，而中世纪的欧洲在科学文化方面却无所建树；我国古代科学技术曾居于世界前列，唐宋时期达到了高峰，而近代自然科学却没有在中国孕育和发展；十七世纪以来，欧洲科学技术发展异常迅速，在许多领域都取得了光辉成就，但到了 20 世纪却又被美国以及后来崛起的日本赶了上来……所有这些历史现象都不是偶然发生的，而是历史的必然，我们要从中找出规律性的东西。中国有句古话："以铜为镜，可以整衣冠；以史为镜，可以知兴衰。"我们对科学技术发展史实进行广泛而深入的研究，总结历史上一些成功的经验和失败的教训，对于落实科教兴国战略，促进科学技术发展，推动各项事业进步，将具有重大的指导意义。

目前，我国已经出版了一些有关科学技术史的译著，但我国学者自己编写的科学技术史的专著还很少。为了实现国家的科教兴国战略，适应素质教育对人才的培养需要，我们在参阅了大量文献资料的基础上，结合高等医学院校的培养目标，编著了这本科学技术发展史。在编写过程中我们以科学技术的历史发展为线索，史论结合，在重点介绍科学技术发展史上的重大事件以及著名科学家在科学思想、科学方法方面的突出成就的基础上，阐明科学技术和人类自然观的发展规律，并根据科学技术的最新进展，介绍新学科、新技术的基本内容、思想方法和现实意义，力图实现知识性与趣味性、科学性与系统性、历史性与现实性的统一，以帮助读者更好地认识历史，把握规律，开拓未来。

田長生

2012 年孟夏于川北

目　　录

第三篇　现代科学的发展与新兴学科的建立

第四篇 现代技术革命与高科技的出现

绪　论

科学技术,是经济发展的强大动力,是社会进步的重要标志。一方面以其神奇的力量改变着世界的面貌,另一方面又以其特有的功能驱动着历史的车轮。马克思在《机器·自然力与科学的应用》一文中指出:"自然科学是一切知识的基础。"一部科学技术史,记下了人类文明演进的历程,也留下了先驱者们攀登科学之巅的足迹,更印证了"科学技术是第一生产力"这一伟大的真理。

人类自从走出原始森林,文明的脚步从未停息。在今天看来如同小儿游戏般的原始技术、似乎愚不可及的原始观念,却是现代文明的源头。从茹毛饮血的氏族公社到高度发达的现代社会,从钻木取火到使用原子能、电子计算机,人类社会的每一个进步,都得益于科学技术的推动。当我们今天在尽情享受现代文明成果,潜心钻研现代科学技术,立志创造更辉煌的未来的时候,有什么理由不去找寻科学技术发展的轨迹,追溯人类社会进步之源头呢?

第一节　科学与技术

一般将科学分为自然科学和社会科学两大类。科学技术中的科学是指研究自然界的本质和运动规律的自然科学。科学和技术都起源于原始人类的生产活动,以后逐渐从生产活动中分化出来,成为特殊的社会实践活动。在现代,由于科学探索和技术创造两种活动之间关系日益密切,出现了科学的技术化和技术的科学化趋势,因而人们往往将科学技术并称,且常简称为"科技"。其实,科学与技术是既相互联系,又在本质上相互区别的两种社会实践活动。

一、科学的本质

科学是新时代的一个高频词,它不仅是一个独立的领域,而且在很多时候成为一种判据和标准干预人类的生活。科学在其自身发展的过程中发挥了其他任何领域所没有的作用。人们最初创造"科学"一词时,基本上把它看成了知识的同义词。梵语中"科学"指"特殊的智慧";拉丁文中"Scientia"就是"知识"的意思;英、德、法文中的"科学"都由拉丁文衍生而来;中国本无"科学"一词,其现今的含义最初由"格致"(格物致知)来指称,主要也是知识的意思。1893 年康有为翻译日文著作时首先使用了"科学"一词,随后严复在翻译《天演论》和《原富》时也将"Science"译成"科学",从此"科学"一词在中国被广泛使用。

著名的科学学创始人贝尔纳认为,科学在不同时期、不同场合有不同的意义。可以说,科学是一个具有多种品格和多种形象的多义词。人们对科学提出了若干种解释,每种解释都从不同的侧面对科学的本质特征进行了揭示和描述。概括起来,科学的内涵是人们对客观世界及其内在规律性的反映与认识。其外延则包括迄今为止人类所从事的一切学术领域。

自然科学是人类对自然界各种物质与物质运动形式的客观规律性的认识与反映。在近代科学产生以前，自然科学还仅仅是哲学的一部分，没有独立的地位，近代科学产生后，人类对自然界认识的深化，产生了不同的学科，才使自然科学从哲学中分离出来。

二、技术的本质

技术，通常被认为是为达到某种目的而采取的手段和方法，也有的认为技术是科学应用于实践的方式、方法。对技术的本质和意义的深入思考始于古希腊哲学家亚里士多德，他把技术看作是制作的智慧。到 17 世纪，培根把技术当作操作性的学问来研究。18 世纪法国百科全书派的科学家狄德罗在他主编的《百科全书》中指出："技术是为某一目的而共同协作组成的各种工具和规则体系。"这一定义高度、全面地概括了技术的本质含义，它有 5 个要点：①与科学不同，技术有目的性；②技术的实现要通过广泛的"社会协作"来完成；③技术的首要表现是生产"工具"，是设备，是硬件；④技术的另一重要表现形式是"规则"，是生产使用的工艺、方法、制度等，也就是软件；⑤与科学一样，技术也是成套的知识系统。

其实，从字面上看，"技术"由"技"和"术"两个字组成，技是技巧或技能，术是规范和要求。于是，技术就是规范化的技巧和技能，也就是方法；此外，当然还要包括实现技能技巧时的各种工具或设备，也就是手段。前者是技术中的软件，后者是技术中的硬件。

从起源上看，技术甚至比科学更悠久，因为从人类打制和加工木器、石器开始，就已面对技术问题。由于活动水平和范围的限制，古代的人把技术主要看成人的主观技能和技巧；近代以后则偏重于把技术看成是客观的物质生活；现代技术则被看作是科学的应用，是科学应用于生产过程的中介。

三、科学与技术的关系

科学与技术既有区别，又有联系；既相互独立，又密不可分。

第一，科学与技术的区别。科学的根本职能是认识世界，揭示客观事物的本质和运动规律，着重回答"是什么"、"为什么"的问题；技术的根本职能是改造世界，实现对客观世界的控制、利用和保护，着重回答"做什么"、"怎么做"的问题。科学属于由实践到理论的转化领域，它本身是意识形态的东西，属于社会的精神财富；技术属于由理论向实践转化的领域，它本身是物化了的科学知识，属于社会的物质财富。科学的成果表现为新现象、新规律、新法则的发现；技术的成果表现为新工具、新设备、新方法、新工艺的发明。

第二，科学与技术的联系。科学与技术相辅相成，在认识世界和改造世界的过程中统一在一起。科学中有技术，如物理学、化学、生物学中有实验技术；技术中也有科学，如杠杆、滑轮中有力学。科学产生技术，如发现了相对论和核裂变，产生了原子弹和核电站。技术也产生科学，如射电望远镜的发明与使用，产生了射电天文学；扫描隧道显微镜、原子力显微镜等的发明与使用，产生了单分子科学。科学的成就推动技术的进步；技术的需要推动科学的发展。

在科学转化为生产力的过程中，技术是中间环节，技术是科学原理的物化和应用。

对于科学来说,技术是科学的延伸;对于技术来说,科学是技术的升华。

第二节　科学技术发展史概述

一、科学技术发展史的研究历程

科技史是一门古老的学科,它如历史学一样古老。亚里士多德的学生欧德谟(Eudemus of Rhodes)著有《算术史》、《几何学史》和《天文学史》,堪称是最早的科学史著作。这种编史的传统在近代科学诞生以后进一步发扬,18 世纪时出现了专门搞科学史研究的人,出现了一批著名的科学史著作,法国蒙塔克拉(J. E. Montucla,1725~1799)撰写的《数学史》(1758)和贝利(J. S. Bailly,1736~1793)撰写的四卷本《天文学史》(1755~1782)可以作为代表。在中国,清代阮元(1764~1849)编写了《畴人传》,这是数学家传记集。

在 19 世纪,随着科学对人类生产生活和思想的影响越来越强,一些人感到仅有各学科的历史是不够的,还需要从总体上研究科学发展的历史,综合性的科学史应时而生。英国科学哲学家和科学史学家惠威尔(W. Whewell,1794~1866)撰写的《归纳科学史》(1837),是世界第一部综合性的科学史著作。

19 世纪末,科学史开始走进大学课堂。法兰西学院 1892 年设置科学史课程,在全世界第一个聘请了科学史教授。德国丹内曼(F. Dan-neman,1859~1936)的四卷本《自然科学的发展及融合》(1910~1913),是第一部影响比较大的科学史教科书。

自 20 世纪初开始,科学史研究更加活跃。1912 年,萨顿(G. Sarton,1884~1956)创办科学史刊物,以古埃及自然女神 Isis 命名。此刊物至今已出版近百年,为促进科学史研究和学术交流发挥了重大作用。重大作用。1924 年,美国科学史学会成立,这是世界上第一个科学史学术组织。1929 年,第一届国际科学史代表大会召开。这样,科学史这一学科正式诞生的几项主要标志(刊物、组织、课程)至此才算齐备,所以它又是一个非常年轻的学科。

从各学科史到综合性的科学史,是科学史发展历程中的一个重要转变;从内史到外史,是科学史发展历程中的又一个重要转变。所谓内史,是指把科学史的研究对象局限于科学内部,把科学史仅看作是科学知识体系形成和发展的历史。所谓外史,是把科学看作社会的一个组成部分,研究它与社会其他部分的相互关系,诸如与经济、教育、政治、思想文化等方面的关系。

英国皇家学会成立仅仅七年,该学会的发起人之一斯普拉特(T. Sprat,1635~1713)就撰写了一部《皇家学会史》(1667),这可以说是开辟了科学史外史的第一个研究方向——对科学组织和科学机构的研究。但这一研究方向很长时期没有多少人响应,直到现在它在科学史领域仍然是比较弱小的一个方向。

1931 年召开了第二次国际科学史代表大会,莫斯科大学教授黑森(B. Hessen,1893~1938)在会上作了题为《牛顿力学的社会经济根源》的报告,分析了 17 世纪时欧洲社会经济和技术的发展状况,提出牛顿力学的建立是时代和社会的产物。虽然有人抨击他是把历史唯物主义观点简单地套用于科学史研究,但这一报告确实是开辟了科学史外史研究的第二个研究方向——研究影响科学发展的社会因素,研究科学与社会的相互作用。默顿(R. K. Merton,1910~2003)的名著《17 世纪英国的科学、技术与社会》(1938),贝尔纳(J. D. Bemal,1901~1971)的名著《科学的社会功能》(1939)、《历史上的科学》(1954),都是受了黑森报告的影响而写出的。如今这一方向已是科学史领域的一个重要方面,人们常称之为“科学社会史”。

随着科学的技术化、技术的科学化、科学与技术联成一体,技术史研究也日益受重视,科学史逐渐演变为科学技术史。

二、科学技术发展史的研究对象和内容

科学技术发展史是科学技术与社会诸因素矛盾展开的历史。因此,科学技术发展史既不是人物和事件的简单堆砌,也不是科学技术工作者抛开社会环境条件独立造就的英雄史。虽然科学技术工作者是创造科学技术发展史的主体,但是自然、政治、经济、意识、文化和环境条件等也是影响科学技术研究和发展的重要条件。因此,要认识科学技术发展史,并对科学技术的历史发展做出科学的概括和总结,就必须将科学技术置于政治、经济、意识、文化等因素的相互作用之中,分析科学技术与特定社会环境条件的作用关系,分析科学技术在特定社会环境条件下的发展特点和趋势;总结科学技术发展的历史经验和教训,进而揭示科学技术发展的规律性。科学技术史作为一门跨越自然科学和社会科学两大领域的综合性学科,不仅包含丰富的自然知识和历史知识,而且要揭示科学技术发展的一般规律,特别是向我们提供了许多著名科学家、发明家解决问题的思路和方法。

科学技术史的研究内容比较广泛,它要对科学技术发展的历史变革、重大事件和重要人物、社会背景、思维方式等一系列问题进行整理和陈述、归纳和总结。其内容主要包括以下几个方面:

第一,各门基础学科和基本理论以及技术发展的历史过程。通过对这些历史过程的研究,说明科学技术的概念、定理、定律、公式、理论体系是怎样形成和发展的;说明各不同学科之间是如何渗透、移植的,说明边缘学科、综合学科、交叉学科是如何产生和发展起来的。同时也要说明技术发明和应用技术的发展概况。

第二,科学技术与社会的关系。通过研究说明,科学技术是如何推动社会进步的,不同社会背景对科学的影响如何不同;揭示不同的国家和民族,或同一个国家与民族的不同历史阶段,科学技术如何繁荣昌盛起来,又是如何停滞和衰落下去的;同时说明科学技术与生产方式、地理环境、民族素质、社会环境、社会制度、宗教信仰等多方面的关系。

第三,科学技术史还要研究科学家、发明家的哲学思想、品质修养、治学态度、科学方法等多种因素,说明这些因素对他们的科学研究前途的影响,总结成功的经验与失败的教训。

总之,科学技术史研究的范围是十分广泛的,科学技术史包括通史、科学史、技术史、科学思想史、科学实验史、科学方法论史,还包括学科史(数学史、物理学史、化学史、生物学史、计算机发展史等)、分国史(中国科技史、日本科技史、美国科技史等)、分代史(古代科技史、近代科技史等),等等。

三、科学技术发展史的学科性质和学习方法

科学技术是人类知识体系的一部分，科学技术研究是人类活动的一部分，科学技术系统是人类社会的一部分，所以，科学技术史的研究对象是社会的人，是人的知识、人的活动、人类社会发展的一个方面，它的学科性质应是历史学的一个组成部分，属于社会科学而不是属于自然科学，更不属于技术。从研究对象来说，它与生物史、地球史、天体史等有着根本不同，前者是以人类社会为研究对象，后者则是以自然界为研究对象。然而科学技术史又不同于历史学中的其他分支学科，它与自然科学、技术科学又有着千丝万缕的联系。

欲研究科学技术史，必须懂科学技术。如果你对一个科学理论本身根本不理解，没有真正搞懂，就很难想象你能搞清它是如何产生和发展的，也难以想象你能分析这个理论的提出者的思想和研究方法。正因为如此，科技史研究者必须具有较高的科学技术知识素养，这与对科技工作者的要求是一样的。科技史工作者大多是理工农医科毕业并有从事过科学技术研究工作的背景，有一些甚至是本学科的著名科学家。科学家从事研究科学技术史，尤其是研究科学技术史的内史，他本专业的学术造诣是极为有用的条件。学习科学技术史也应首先搞懂涉及的科学原理，否则对科学技术史的理解只能限于皮毛，不可能深入；只能人云亦云，不可能有自己的深刻理解。具有科学技术知识基础才能学习和研究科学技术史，这是它与科学技术的第一个联系。

科学技术史与科学技术的第二个联系，是它可以直接促进科学技术的发展。熟悉有关科学技术的发展历程，了解前人的科学思想和研究方法，可使科学技术工作者少走弯路，可以给他们很多有益的启示，在有些研究中甚至还可以直接提供必需的科学资料，例如天文学史研究、建筑学史研究。

科学技术史研究中有时还需采用实验方法，与从事科学技术研究相似，这是它与科学技术的又一个重要联系，也是与其他历史学科的一个重要不同。埃及的金字塔是如何修起来的，中国古代精美的青铜器是如何铸造出来的，许多诸如此类的科技史问题或是根本无文献可查，或是文献记载过于简略。如不进行科学实验而仅凭推测，所得出的结论的可靠性是要大打折扣的。辅之以科学实验，虽然可能仍得不出完全可靠的结论，但结论的可靠性程度肯定可以大为提高。

四、科学技术发展史的功能

中国历史上一代明君唐太宗曾经说过：“以铜为镜，可以正衣冠；以古为镜，可以知兴衰；以人为镜，可以明得失。”历史是一面镜子，它可以照出人类历史上的巨人和侏儒，照出正义和邪恶、文明和愚昧，照出人们的成功与失误，照亮人们前进的道路。俗话说：“前事不忘，后事之师。”英国著名唯物主义哲学家和近代实验科学家始祖罗吉尔·培根也说过：“读史使人明智。” 不懂科学技术史就不能真正理解社会发展历史。懂得中国天文学在明末清初时的困境，才可以理解基督教文化怎样传入了中国；了解蒸汽机和轮船发展的历史，才可知道鸦片战争为什么发生在1840年而不会更早；了解20世纪科学技术的发展史，才能知道资本主义制度为何“垂而不死”。

首先,通过对科学技术史的学习与研究,人们可以探索和掌握科学技术发展的客观规律,从而增强自己从事科学技术活动的自觉性,提高自己在科学技术工作进行战略分析和作出重大选择与判断的能力。

其次,通过对科学技术史的学习与研究,人们可以了解和把握科学技术与社会的关系,以及这种关系的历史演进过程,从而更主动地适应与响应社会的需要,更有效地创造和利用社会条件,以促进科学技术的发展。

再次,通过对科学技术史的学习与研究,人们还可以接触和熟悉历史上科学家们的思想和实践。广泛借鉴胜利者的成功经验和探索者的挫折与教训,以便从个汲取教训,受到启迪,提高自己的科学工作素养。

对于在全面建设小康社会进程中负有重大历史使命的中国青年,特别是大学生和研究生来说,学习与研究科学技术史,除具有上述一般意义而外,还具有特殊的重要意义。

第一,通过对科学技术史的学习与研究．我们可以从科学技术本身的历史演进过程中,认识和理解科学技术自身发展的辩证法,以进一步树立和巩固辩证唯物主义与历史唯物主义的世界观和方法论。

第二,通过对科学技术史的学习与研究,我们可以更加扎实地掌握马克思主义的科学观和技术论,加深对于党和国家的科学技术方针、政策的理解,以便更好地贯彻、执行这些方针、政策。

第三,通过对科学技术史的学习与研究,可以使我们接触到科学技术的广阔领域,扩大自己的知识面,改善自己的知识结构,以弥补知识偏专、视野狭窄之不足。

最后,通过对科学技术史的学习与研究,不仅可以使我们了解我国科学技术发展历史的大致轮廓,而且,还可以在熟悉祖国古代科学技术的辉煌成就时,增强自己的民族自豪感,在探索近代中国科学技术落后的原因时,激励为振兴中华而推进科学技术发展的责任心。

●复习思考题

1. 什么是科学、什么是技术,科学与技术是什么样的关系?
2. 科学技术史的研究对象和内容是什么?
3. 学习科学技术发展史有什么意义?

第一篇　古代科学技术的辉煌成就

从人类产生到16世纪以前，是古代科学技术的孕育、产生和发展时期。在这漫长的岁月里、既有原始人类的摸索，也显露了人类文明的曙光；既有方希腊和古中国的辉煌，也经历了欧洲中世纪的黑暗。尽管科学技术在这个时期的发展比较缓慢，却为近代以后的迅速发展打下了基础。

第一章　人类的起源和科学技术的萌芽

科学技术的萌芽，产生于原始人类的生产活动。据古人类学家研究发现，距今300多万年前的早期人类已开始使用天然木头和石块为工具。工具的使用标志着原始技术的萌芽，同时也宣告人类已脱离动物界而开启了人类社会的历史，此后，在漫长的原始社会里，人们通过生产和生活实践，逐渐地提高认识自然和改造自然的能力，从而不断取得技术的进步，并且逐步积累了许多原始科学知识。限于当时人类的认知水平，原始科学技术知识表现为零散的、经验性的，并且往往是和原始宗教迷信掺杂在一起的。

现代科学证明：地球的产生已有45亿年的历史，而人类的出现只是二三百万年前的事情，是由古猿进化而来的。考古学家在埃及开罗西南60英里的法尤姆地区已发现了迄今为止世界上最古老的猿类化石——埃及猿。在由埃及猿向人类进化的过程中，大致经历了：腊玛古猿，距今1400万年至800万年；南方古猿，距今500万年至100万年；直立人，距今300万年至30万年，又分为早期直立人（如我国云南的元谋人）、晚期直立人（如北京周口店的北京人，印度尼西亚的莫佐克托人）；智人，距今30万年至1万年，又分为早期智人（如德国的尼安德特人）、晚期智人（如法国的克罗马农人）。

人类的出现是自然界长期演化的结果，而劳动在从古猿转变成人类的过程中起了决定性作用。人类的劳动是一种自觉的、有目的的、能动的活动，他必须以自己认识自然的一定知识和改造自然的一定技能作为进行这些活动的依据和手段，正是在这个意义上我们可以说：自从有了人类劳动也就有了技术的萌芽，自从有了人类的历史也就有了技术发生和发展的历史。不过，技术的历史也和整个人类的历史一样，经过了漫长的幼年时期。技术成为一种系统化的知识，那是很久以后的事情了。

第一节　技术的早期发展

一、石器的发展

考察最原始的技术，最主要的依据是考古发现的原始人的工具——石器。

人类和其他动物的区别在于“动物仅仅利用外部自然界，单纯地以自己的存在来使自然界改变;而人则通过他所作出的改变来使自然界为自己的目的服务,来支配自然界”①。人类改造自然界的劳动过程,是从制造工具开始的,人类祖先最初制造出来的劳动工具,就是石器。石器的制造也就成了古代技术发端的第一标志,由此便揭开了人类征服自然的第一个时代——石器时代的序幕。

石器时代又分为旧石器时代、中石器时代和新石器时代。现已发现的最早的石器出土于东非肯尼亚的库彼弗拉 距今已 260 万年,在我国云南元谋出土的石器也 170 万年的历史了。在旧石器时代初期,即早期猿人时期,人们制造的典型石器是经打击形成的,加工比较粗糙,没有什么标准的形状,也没有固定的用途,到了晚期猿人时期,已经懂得对不同的石料采用不同的加工方法,主要有锤击、碰砧、砸击等直接打制法,标准化的工具此时已开始出现, 主要有砸器、刮削器和尖状器等几大类。早期智人阶段,石器的打制技术更为发展,有了第二步的加工,类型固定,种类增多,分工明显; 到了晚期智人阶段, 石器打制技术达到了相当完善的地步,形状更加多样,并使用了间接打制法,在制造装饰品时,还使用了钻孔、磨尖等新技术。

从旧石器时代到新石器时代,中间一段时期称为中石器时代,它约存在于距今 15000 年至 10000 年间,这一时期的石器发展成了镶嵌工具,即在石刀、石斧、石矛、石镞上装上木制或骨制把柄的工具,这一方面标志着人类已经学会利用杠杆等最简单的力学原理,另一方面也说明石器本身已开始走向复合化了;弓箭是中石器时代出现的更复杂的复合工具,它是在旧石器时代晚期投掷武器的基础上发展起来的,弓箭的制造是原始技术显著进步的一个标志。由于复杂工具的制造和大量使用,使狩猎经济的生产效率大为提高。

大约 10000 年前,人类进入了新石器时代,其主要标志之一是大量磨光石器的出现。旧石器时代人们打制石器的技术虽然不断有所发展,但毕竟有很大的局限性,要得到效率更高的工具,必须在技术上来一次革命,这就是采用琢磨和打光的技术,这种技术在旧石器时代晚期已被用来加工装饰品,但是到新石器时代才被应用于制造石器工具。磨光石器的优点在于具有明确的用途和锋利的石刃。新石器时代最有代表性的工具是石斧、石镰和石刀,有了这些工具,就可以进一步改造世界的模样,并为人类由长期的采集、狩猎生活过渡到原始农业生产创造了条件,从而促进了原始社会生产力不断地向前发展。

从旧石器到新石器,虽然仅仅是石器加工技术方面的改进,而且这种改进依今天的技术标准来看是非常微不足道的,但是从原始技术水平出发进行考察,从它对人类社会进步的重大作用考察,这无疑是一场技术革命。

二、火的利用

自然界发生火的原因很多,如长期干旱、雷电、火山爆发和易燃物质的自燃。野生动物普遍怕火,最原始的人也应该是怕火的。只有人类社会发展到一定阶段,火才被人利用和控制。在发现早期直立人元谋猿人牙齿化石的地层中,也发现了很多炭屑,表明元谋人可能已经知道用火,这大概是人类使用火的最早证明。晚期直立人北京猿人使用火

①恩格斯. 2008. 自然辩证法. 见:中共中央马克思恩格斯列宁斯大林著作编译局. 马克思恩格斯全集. 第 20 卷. 北京:人民出版社:510

的遗迹,是现有人类明确用火的最早的遗迹之一。在北京猿人居住的洞穴里发现了灰烬层,最厚的地方达6米,表明篝火在这里连续燃烧的时间很长。灰烬中有许多被烧过的兽骨、石块和朴树子,这是他们已开始吃熟食的证据。最上一层的灰烬还分成两大堆,灰烬成堆,说明北京人不但懂得用火,而且已有保存火种和管理火的能力。但是,这时可能还只是利用天然火,只有当人们从利用天然火并保持火种不灭到能够人工取火,这才算是真正控制了这种变革物质的强大的自然力。

人工取火技术可能是在旧石器时代末期随着钻孔技术的出现而发明的,是在新石器时代随着磨制工具的使用而逐渐普及的。在《庄子·外物篇》中有“燧人氏钻木取火,造火者燧人也,因以为名”的说法 韩非子在《五蠹》中也提到:“钻燧取火以化腥臊,而民悦之,使王天下,号之曰燧人氏。”人们钻木取火的故事,在其他古籍中也都有记载。居住在中国南方的某些少数民族人民,直到中华人民共和国成立前还使用钻木取火这种非常古老的方法。摩擦生火是又一种人工取火的方法,在《庄子·外物篇》中记有“木与木相摩则燃”。另外在加工燧石时,有时会有火花溅出,火花落在易燃的纤维上即可取火。火地岛的印第安人和格陵兰岛的爱斯基摩人都曾用这种方法生过火。火的使用给人类带来了光明,驱散了蒙昧和黑暗。有了火,人类就能从“茹毛饮血”的生食变为熟食,食物的种类和范围扩大了,营养丰富了,人类的体质得到了加强,大脑进一步发达;火可以御寒,帮助人类在恶劣的气候环境中生存下来;火给人以光明,增加了人类活动的时间;火可以照亮洞穴,使人由野居变成洞居,火可以用来防止野兽的侵袭,又能用来围攻猎取野兽;火可以用来烧烤木料,烧裂石块以制作工具和武器,火还可以用来开垦土地,烧制陶器,冶炼金属……正因为火的使用在人类进化史上有如此重大的意义,在许多民族的神话传说中,火被赋予某种特殊的意义。“燧人氏”无疑是我国祖先心目中的英雄。在希腊神话中则有普罗米修斯背着天神宙斯,把火从天上偷偷地带给人间的故事。没有火就不可能有文明世界的出现,所以恩格斯说:“尽管蒸汽机在社会领域中实现了巨大的解放性的变革……但是,毫无疑问,就世界性的解放作用而言,摩擦生火还是超过了蒸汽机,因为摩擦生火第一次使人支配了一种自然力,从而最终把人同动物分开。”①

三、手工业的发展

新石器时代,由于劳动工具的不断改善,人们的生产经验不断丰富,出现了分别以植物种植和动物驯养为主的原始农业和畜牧业,其进一步发展,又促使了制陶和纺织等原始手工业的发展。制陶技术大约产生于公元前八九千年,它的出现,第一次使人类对材料的加工超出了仅仅是改变材料几何形状的范围,开始改变材料的物理、化学属性;第一次通过一套复杂的工艺过程,创造出一种自然界所没有的人工材料;第一次使材料加工不仅利用人的体力,而且利用火这种自然能源。制陶技术的意义还远不限于制陶本身,它为以后的冶金技术的发展奠定了基础,同时又具有新的经济意义:它使人们处理食物的方法除烧烤外,增添了煮蒸的方法,而陶制储存器则可以使谷物、水和液态食物便于存放。

---

①恩格斯.1984.反杜林论.见:中共中央马克思恩格斯列宁斯大林著作编译局.马克思恩格斯全集.第3卷.北京:人民出版社:154

古人最初是在编制或木制的容器上涂上黏土以使之能够耐火,经过一段时间,人们发现成型的黏土可以烧制成陶器。陶器的制造工艺是一个很复杂的过程:首先是淘洗,除去陶土中所含的杂质;其次是制坯,早期是用手捏成坯,或用泥条盘筑而成,这统称为手制,后来逐步发展为采用制陶轮盘,这是古代轮子在手工技艺方面的重大应用,它使各种陶坯加工得更加规矩匀称,并大大地提高了生产效率;再次是装饰,在陶坯上涂上不同颜料或刻画不同的花纹;最后是烧制,早期是在露天下烧制的,后来发展为陶窑,陶窑的出现不仅保持烧制所需要的高温,而且使陶坯在烧制中受热均匀,因此制成的陶器不易变形破裂,颜色也较一致。

人类穿衣服大约也有几十万年的历史。开始时只是把兽皮披在身上,目的是为了御寒,后来发明了针,人们学会了缝制衣服。在北京周口店山顶洞所发现的一根13 000年前的骨针即是人类缝制衣服的最早的证据,这根针长3.2厘米,最粗处直径约3.3毫米,针身光滑,针眼狭小,它表明人类学会缝制衣服已有相当长的历史。利用植物纤维制成纺织品,大约发明于新石器时代的早期。原始人最初是利用野生葛、苧麻等做纺织原料,其纺纱方法有两种:一是搓捻和续接,用双手把准备纺制的纤维搓合和连接在一起;另一种是使用原始的纺纱工具——纺轮,它已具有能够完成加捻和合股的能力。而原始的织造方法则是在编席和结网的基础上发展起来的机织工艺,织机没有架子,操作者席地而坐,像编席子一样地编织,故叫踞织机。古代西亚的织机是有架子的,架子的一根杆扣着一组平排的纱,每根纱挂一重锤,是为经线,然后再以纬线穿过拉直的经线进行织造,这种形式的织布机称之为"经线锤织布机"。在利用植物纤维进行纺织的同时 畜牧地区也开始利用羊毛进行纺织。用丝纺织最早起源于我国,1962年在山西夏县西阴村新石器时代的遗址里即发现了五六千年前的蚕茧,浙江钱山漾新石器时代遗址里出土了几块4700年前的苧麻布,同时也有丝织品。

四、技术的发展与社会的进步

冶金工艺也是产生在新石器时代末期,它与制陶有密切的关系。人类最早使用的金属大概是天然铜。人们在烧制陶器的长期实践中发现,用木炭代替木材作燃料,可以获得更高的温度(可达950~1050℃),这样的高温已接近铜的熔点,因而为铜的熔铸和冶炼准备了条件。由于青铜(铜、锡、铅合金)比纯铜熔点更低,硬度更大,也更容易加工成锋利的刃器,就使青铜比纯铜获得了更为广泛地应用。不过,此时青铜主要被用于制造武器、祭器和装饰品,青铜还不能取代石器作为生产工具被普遍使用;与青铜相关的冶金术的出现,为人类转入金属工具的制造和使用开辟了道路,考古学上称这个时期为"金石并用时代"。约在5500年前,埃及尼罗河流域和美索不达米亚的底格里斯河、幼发拉底河流域率先进入了金石并用时期。在此时期,由于生产工具的进步带来了生产力水平的提高,农业逐渐脱离了"刀耕火种"的状态,发展为锄耕和犁耕,耕地面积在各个大河流域的冲积平原上得到了空前的扩展,同时,居于草原地带的部落也从小规模地驯养牲畜发展到较大畜群的牧放和繁殖,这样就使新石器时代的一些农牧兼营的村落,改变为或以农业为主或以畜牧为主的村落,从而发生了农业与畜牧业的第一次社会大分工,接着手工业也分离出来,金工工匠可能是历史上最早出现的职业工匠。社会分工的出现,必然会促进交换的发展,从而引起私有制的出现,所以就全世界范围而言,金石并用标志着原始社会进入末期,处于瓦解的阶段。从公元前4000年至公元前2000年间,尼罗河流域的埃及人、底格里斯河和幼发拉底河的苏美尔人和阿卡德人,印度河流域的印度人以及黄河流域的中国人,相继进入了奴隶社会,从此,人类文明也就迈进了更高的阶段——奴隶社会。

第二节 科学知识的萌芽

一、科学知识萌芽的概述

什么是科学呢?如绪论中所讲,是在社会实践基础上探索客观世界的活动,它是以正确地反映客观现实及其规律为内容,并通过概念、判断和推理等思维形式表现出来的知识系统,是形成理论体系的自然知识、社会知识和思维知识的总称。在原始社会里,由于认识的局限性,科学只能是以萌芽状态存在于生产技术之中:石器的加工、人工取火、弓箭的发明、捕鱼、打猎、驯养家畜、栽培植物、建造房屋桥梁、制陶、纺织印染、冶炼金属等,无一不是科学知识萌发的土壤。

二、科学知识的萌芽和发展

最先产生的是天文学知识。人们为了获得生存所需要的物质资料,农业民族和游牧民族都需要与自然界的循环节律相协调。日出而作,日落而息,渐渐地发现了月亮有圆有缺,气候从寒冷到温暖到炎热循环变化,这一切都是从天象变化和地上的物候观测中得到的,经不断地积累便产生了天文学知识的萌芽。

我国是天文学研究开展最早的国家之一。我们的祖先在以采集和渔猎为主的旧石器时代,已经对寒来暑往的变化、动物活动的规律、植物生长和成熟的时间逐渐有了一定的认识。在新石器时代,社会经济逐渐进入以农、牧生产为主的阶段,人们更加需要掌握季节,以便不误农时,我国古代的天文历法知识就是在生产实践的迫切需要中产生出来的。在新石器时代的中期,我们的祖先已开始注意观测天象,并用以定方位、定时间、定季节了。方位的确定,对于人们的生产、生活有着重要的意义,所以人们很早就使用了一定的方法来定位。半坡及其他许多文化遗址中,房屋都有一定方向。在氏族的墓地上,墓穴和人骨架的头部也都朝着一定的方向,或朝南或向西北。确定方位大多以日出处为东,日没处为西,日正午时所在为南。在农牧业产生的初期,人们是根据天象和物候现象来掌握农牧的时节。我们的祖先最早大约很重视对红色亮星“大火”(心宿二)的观测。传说早在颛顼时代就有了“火正”的官,专门负责观测“大火”,根据其出没来指导农业生产,后来曾有一段时间,由于氏族混战,观测中止,结果造成了很大的混乱。

到帝尧时设立羲和之官,恢复了火正的职责,因而风调雨顺,国泰民安。据推算约在公元前2400年左右,黄昏在东方地平线见到“大火”时,正是春分前后,即正是春播的时节,所以关于“火正”的传说当是可信的,像这样以观测天象来确定四时季节的方法叫“观象授时”。数学知识的萌芽是与人们认识“数”和“形”分不开的。人们认识“数”是从“有”开始的,起初略知一二,以后在社会生产和社会实践中不断积累,知道的数目才逐渐增多。在没有数目字之前,计数是与具体事物相联系的,如屈指计算,或用一堆小石子计算。英文“计算”一词来自拉丁文 Calculus，而后者的意思就是小石子，在我国古代也有“结绳记事”和“契木为文”的传说。人们对“形”的认识也很早，当原始人制造出了背厚刃薄的石斧、尖的骨针、圆的石球、弯的弓箭等形状各不相同的工具时，说明那时人们对各种几何图形已经有了一定的认识和应用，而且为了制作不同形状的物体，还创造了画方、圆和直线的简单工具和方法。几何学就是来源于丈量土地，英文“几何”一词，原义就是测地术。其他自然科学知识的萌芽也是存在于技术之中，石器的制造和利用，产生了力学知识的萌芽；火的保存与获取，出现了热学知识的萌芽；陶器的烧制与应用，促进了酿酒、染色技术的相继发展，从而促使了化学、生物知识的萌芽；原始农业和畜牧业的发展，促使了植物栽培、动物驯养等农学知识的萌芽；对野果的采集、植物的辨认促使了医药知识的萌芽。

第三节　原始的科学与宗教

一、原始宗教的产生

原始社会，人们通过制造和使用工具与自然界作斗争，解决吃、穿、住、用的问题，已经取得了在当时来说是伟大的技术进步，但是，由于原始生产力毕竟有限，人类能够控制和说明的事情还不多，仅有的经验还不能上升到科学理论的高度，对威严奇妙的自然过程的畏惧与迷惑又造成了歪曲、虚幻的反映，他们对自然的解释更多的是采用了神话和迷信崇拜，即宗教的形式。

马克思把阶级社会以前的宗教称为原始宗教（或自发宗教、自然宗教），而把阶级社会产生以后的宗教称人为宗教。原始宗教是自发的宗教，以自然物为主要崇拜对象，它相信万物有灵，相信灵魂不死，从而构成了与各种崇拜对象相应的宗教仪式。如为了求雨，就学蛙鸣；为了五谷丰收，就表演季节的循环；由此而产生了原始的巫术和祭典仪式。原始宗教以其对象和内容来分，可分为两大类型，一是对自然物和自然力的直接崇拜，二是对精灵和灵魂的崇拜。原始宗教大都经历了自然崇拜、动物崇拜、图腾崇拜、鬼魂崇拜和祖先崇拜，这些宗教形式往往又是同时并存的。

原始人在同自然斗争中无能为力，对自然现象如日月星辰、风雨雷电、春夏秋冬、火山爆发等无法理解，对自然的威力产生恐惧，从而产生了对大自然的崇拜。于是，出现了太阳神、月亮神、风神、雷神等自然神。

图腾崇拜亦称民族崇拜，它由动物崇拜演变而来，是最早的氏族宗教形式之一。“图腾”系北美阿耳贡金人的奥季布瓦部族方言 totem 的音译，意为“他的族”和“他的族的标志”，指一个民族分别源于各种特定的物类，其中大多数为动物。图腾既是维系氏族成员团结一致的纽带，又是氏族社会的人们用以区别婚姻界限的标志，如龙就是中华民族的图腾。

祖先崇拜则是对祖先之灵的崇拜。祖先崇拜的出现，是人类将在征服自然的过程中涌现的英雄、原始社会的氏族首领、宗教族长的权威作为其崇拜的对象。由于人类还没脱离动物崇拜，因此原始人认为这些英雄人物是人和动物交合产生的，于是出现半人半兽神。如埃及神话中的墓地之神阿纽比斯是豺面人身，尼罗河神赫比是虎面人身，中国的女娲伏羲是人身蛇尾。宗教的本质是对于超自然力的崇拜。

二、原始宗教与科学的互动

宗教观念产生于原始时代，是由于对自然力和社会力的不理解所造成的，而科学是建立在认识自然，并利用这种认识控制自然的基础之上的。科学的起源是来自原始人类的各项技术实践，尽管他们的知识还非常幼稚，并且这些片断知识常常与宗教迷信混杂在一起，不易区分。但从科学史角度来看，原始宗教和科学都是当时人们企图从自己的认识水平来对自然加以说明和解释的一种尝试。原始科学从某种意义上来说，正是从原始的宗教、神话中萌发出来的，但不能因此来模糊它们在起源和作用上的根本区别，宗教的说明和解释远远不能科学地反映自然的本来面貌。只有随着生产力的不断发展，人们对自然的解释才能从神话、迷信和唯心主义的影响中摆脱出来，逐渐产生符合科学的观念。当社会分化为阶级以后，宗教的性质也随之起了变化，各个时期都有该时期的宗教与科学的关系。原始科学的产生和发展离不开原始宗教，但是，科学的成长是在与宗教的不断斗争中前进的。

●复习思考题

1. 简述原始科学的产生和发展。
2. 简述原始宗教的产生和发展。

第二章　两河流域、古埃及和印度的科学技术

大约在公元前3000年，两河流域(幼发拉底河和底格里斯河流域)、古埃及和印度相继进入了奴隶制社会，它们创造了灿烂的古代文化，在科学技术上取得了令人瞩目的成就，为后来的科学技术发展产生了不可忽视的影响。这些成就主要表现在农业、天文、数学、医学、建筑等方面、

第一节　古代两河流域的科学技术

两河流域的中心地带在现今的伊拉克境内，这是世界上另一个最古老文明的发源地。两河指的是幼发拉底河和底格里斯河，它们发源于托罗斯山脉，流出山岭地区后平行地向东南方向流去，最后汇合起来流进波斯湾。两河之间的肥沃平原，史称美索不达米亚，这是一个希腊名词，意为“两河之间的地方”。在两河流域，古代曾先后由不同民族建立起多个王国。公元前3500年以前，苏美尔人在两河流域就已建立起一些奴隶制城邦国家，那时他们就已经知道用铜，已经有了文字。大约在公元前3000年代初期，来自西方的闪米特人侵入两河流域，他们在现今的巴格达附近建立起一个名叫阿卡德的城邦国。阿卡德最伟大的国王叫萨尔贡，他统治了两河流域。大约在公元前2000年代初，巴比伦城发达起来，它位于幼发拉底河中游东岸，现今巴格达以南100多千米。阿摩利人以巴比伦为都城建立起巴比伦王国(史称“古巴比伦王国”)，它的第六代国王汉谟拉比(Hammurabi，约公元前1728~公元前1686)统一了两河流域，建立起了高度中央集权的奴隶制国家，科技文化都有很大发展。汉谟拉比制订的法典(史称“汉谟拉比法典”)，是现代人了解古巴比伦王国的重要文献。公元16世纪中叶，巴比伦王国遭外族入侵。公元前13世纪末，两河流域进入了亚述帝国称霸的时期。到公元前7世纪末，迦勒底人在两河流域又建立起新巴比伦王国。公元前538年，新巴比伦王国亡于波斯帝国。两河流域的古代文明史，是从公元前3500年前苏美尔王国的文明起，到公元前538年止。苏美尔王国、古巴比伦王国、亚述帝国、新巴比伦王国，是其文明发达的四个阶段。有时，又将古代两河流域的文明简称为巴比伦文明。

一、古代两河流域的文字

公元前3500年前(亦有人说在公元前4000年前)，苏美尔人就创造出了象形文字。从象形文字又发展出表意文字，用一个图像或多个图像结合起来表达一定的概念。以后又发展出谐声文字，即用符号表示某种声音，同声的字用同样的符号表示。苏美尔人书写是以泥版做“纸”，以削尖的木棒或芦苇当笔。用这种笔在湿润的泥版上压刻出各种图形符号，起笔处压痕较深广，抽出时压痕则较细较浅，每一笔画都形如木楔，故被称为“楔形文字”。书写以后，将泥版晒干或烧成砖。

在苏美尔王国之后相继统治两河流域的阿卡德、巴比伦、亚述、新巴比伦等王国，继承了苏美尔人的文字与书写方式。用泥版写出的“书”很笨重，只能是“摆着读”，而不可

能“捧着读”。然而这种泥版书能长久储存，近现代人正是通过这种泥版书得以了解古代两河流域文明。古代两河流域的楔形文字使用到公元前后，以后逐渐成为死文字。19世纪中叶，借助于研究位于伊朗西部的贝希斯敦摩崖石刻（该石刻用古波斯语、依蓝语、巴比伦语三种文字记述同一内容，歌颂波斯国王大流士的功绩），人们才得以识读巴比伦的文字。

二、古代两河流域的天文学

古代两河流域的天文学成就非常突出，对以后的天文学发展影响很大。

据说两河流域在公元前30世纪就有了历法。古埃及的历法是阳历，每年的平均日数依回归年长度确定，每年的月数和每月的日数是人为规定。而古代两河流域的历法是阴阳历，每年的平均日数与阳历同，每月的平均日数依朔望月长度确定。由于既要考虑回归年，又要考虑朔望月，而且回归年的长度并非朔望月长度的整数倍，阴阳历需采取设置闰月的办法加以调整，这就使得历法的制订复杂得多了。

古巴比伦王国时代，一年12个月的月名现在已经发现，那时是大月30日，小月29日，大小月相间，岁首定在春分，置闰尚无规律，由国王根据情况发布命令置闰。大约在公元前6世纪后期，才开始有固定的闰周，先是实行8年3闰，而后又实行27年10闰，到公元前383年定为19年7闰，这是精度很高的置闰方法，每19年误差还不到一日。古代两河流域是以新月初见为一个月的开始。一个朔望月29.5天，晚上能见到月亮的有28天。把28天四等分，每一部分7天。他们把这7天依次分配给太阳、月亮、火星、水星、木星、金星和土星，这是“星期”的起源。

古埃及人把一昼夜分为24时，他们以日出为昼的开始，正午为昼6时，日没为夜的开始，夜半为夜6时，他们的24时是不等长的。而古巴比伦人则是把一昼夜分为等长的24时，这种计时制度也被继承下来，直到现代仍在采用。

古代两河流域人已经知道了“黄道”——太阳一年之中在恒星背景上走过的道路。他们把黄道分为12段，每一段中的恒星为一个星座，这些星座名称被沿用下来，并形成了占星术上所说的“黄道十二宫”这一术语。

古代两河流域人对日、月和五大行星的运行规律也有比较精确的观测结果。他们在公元前9世纪时就已知月食必定发生在望。他们从公元前311年开始编制的日月运行表，包括了太阳在黄道上的位置、昼夜长度、合朔日期、月亮的纬度等多项内容。据说，他们在公元前600年左右已发现了沙罗周期——223个朔望月是一个日食周期。他们观测的五大行星会合周期，比后来希腊人的观测结果还要精确，与近代的观测结果非常接近。古代天文学的发展一是与历法制订密切相关，二是与占星术密切相关。古代两河流域占星术发达，是其天文学发达的重要促进因素。为什么这里古代占星术发达？据说是因为底格里斯河和幼发拉底河涨水不像尼罗河那样规律，经常泛滥成灾，再加上战争频仍，使这里的古人更觉得命运难以把握。

三、古代两河流域的数学

古代两河流域的数学成就也很突出，尤其是在算术与代数方面。在公元前18世纪的泥版书上，有这样一道题目：两正方形的面积之和是 1000，其中一个正方形的边长比另一个的 2/3 还少 10，求两个正方形的边长。人称这是世界上已知的最早的代数题目，现在解这个题目需要列二元二次方程组。我们还不能肯定古巴比伦人怎样解这个题目，但他们确实解出来了。古代两河流域的泥版书上，有世界最早的平方数表、立方数表、倒数表、勾股弦数表。有了平方数表，他们会做开平方。如果一个数不是自然数的平方，他们就把它分解。

勾股弦数表是 3 个数字一组的数，每一组的数字都满足 $a^2+b^2=c^2$ 的要求，如 3，4，5；65，72，97；12 709，13 500，18 541。像"3，4，5"这样一组数字可以凭经验得出，那些很大的数字则很难说是直接来自实践经验，一定是掌握了某种数学方法推导出来的。据研究，他们推导的方法是：

令

$$a=x^2-y^2$$

$$b=2xy$$

$$c=x^2+y^2$$

则

$$a^2+b^2=c^2$$

这样，在平方数表的基础上就可得出勾股弦数表。

古代两河流域的数学实行了位值制，即一个数字符号实际表示的值与其所在的位相关，这是其进步的地方。但是他们采用的进位制度是十进制和六十进制并用。

古代两河流域数学发达，可能与其天文学发达相关。在古代，最复杂的数学问题应当是天文学中的计算问题。他们实行六十进制，也可能是与天文学中的计算相关。

四、古代两河流域的技术

从许多旁证材料可知，古代两河流域的技术也相当发达。

古巴比伦的汉谟拉比法典中提到了许多种手工业行业，包括制砖、青铜冶炼、缝纫、宝石加工、皮革、酿造、木工、造船、建筑等，说明手工业的分工已相当细，都已形成了专门的行业。从其法律条文也可看出，其手工业已相当高超，如果质量不合标准或弄虚作假，要受到相应的法律制裁。

古巴比伦王国在公元前 16 世纪被赫梯人灭亡，赫梯人在大约公元前 15 世纪发明了炼铁。考古学家发现了一封公元前 13 世纪的埃及国王致赫梯国王的信，信中要求赫梯人给他们铁。在公元前 8 世纪的亚述帝国的都城，考古发现了大量铁制工具和武器，表明此时两河流域已肯定进入铁器时代，这在世界上是比较早的。进入铁器时代，是古代生产力发展的重要里程碑之一。古代两河流域的城市建筑也非常著名。据记载，新巴比伦王国都城有三道城墙，城墙上有很多塔楼，城门高达 12 米，城内宽阔的道路用石板铺成，当时人称它是世界上最雄伟壮观的城市。城内的王宫富丽堂皇，王宫旁的空中花园被称为世界七大奇观之一。

城中最高的建筑是供奉神灵的巴比伦塔，其遗迹现在仍存。

第二节　古埃及的科学技术

尼罗河由南向北奔腾而下，注入地中海。南起尼罗河第一瀑布（位于阿斯旺以南约

70千米，阿斯旺高坝修起后被水库淹没），北至孟菲斯，有一条长达700多千米、宽约十几千米到几十千米的狭长河滩，两旁是高山和沙漠。孟菲斯以北至入海口是三角洲。这样一个狭长的地带，土地肥沃，适于农耕，它就是古埃及人休养生息之地，在这里创造出了古埃及农业文明。

埃及常年雨量稀少，农业生产得以发展离不开尼罗河的作用。每年7月尼罗河涨水，携带着大量泥沙、矿物质和有机物质的尼罗河水淹没了两岸谷地。至10月份泛滥期过去，居民开始排除积水播种谷物，下一年洪水到来之前全部庄稼收割完毕。古希腊历史学家希罗多德（Herodotus，公元前484～公元前425）说过："埃及是尼罗河的赠礼。"还有历史学家说："埃及是尼罗河的女儿。"古埃及是世界上农业文明发达最早的地区之一，据传说，在公元前4000年以前就已进入农耕社会。大约在公元3500年，尼罗河三角洲地区形成一个王国，人称下埃及；孟菲斯以南的河谷地带形成另一个王国，人称上埃及。在公元前3200年左右，上埃及国王美尼斯把上下埃及统一起来，是为古埃及王国第一王朝的开始。以后埃及王国的势力不断扩张，现今的埃塞俄比亚、苏丹、利比亚、叙利亚、以色列等地，都曾在埃及王国控制之下。公元前525年，埃及亡于波斯帝国。公元前332年，马其顿王亚历山大打败波斯，占领埃及，在尼罗河口附近建亚历山大城，成为希腊化世界的经济文化中心。讲古埃及的历史，一般是至公元前525年止，有的著作中讲到公元前332年止。按照公元前3世纪的埃及历史学家马尼托（Manetho，公元前3世纪）的记载，从第一王朝到公元前525年，埃及共经历了26个王朝；到公元前332年，共经历了31个王朝。

一、古埃及的文字和书写技术

大约在公元前3500年或更早一些，古埃及开始有了文字。最初的文字是图形文字，例如一个圆圈中间加一点表示太阳，三条波形横线上下排列起来表示水。后来出现了标示音节的符号——24个辅音字母，以便人们阅读。在第一王朝和第二王朝时期，形成了以表形符号、表意符号和标声符号相结合的象形文字，但始终没有发展为纯粹的拼音文字。在书写的形式上，古埃及文字有"祭司体"（草书）和"世俗体"两种。

古埃及人的庙宇和墓室的墙壁上、纪念碑上，以及他们的棺椁上，保留下了他们的文字。他们还常使用纸草作为书写材料。纸草是一种与芦苇相似的植物，把它的杆制成薄片压制成"纸"，用烟黑制成墨汁便可在上面书写。这种"纸"易裂成碎片，难以久存，现在保存下来的为数不多的纸草"书"是从古墓中发掘出来的。纸草"书"一般宽约30多厘米，长度则可达数米甚至一二十米，视书写内容多少而定，写好以后卷起来保存，所以人们又称它为"纸草卷"。我们现在对古埃及数学和医学的了解，主要是依据几部纸草卷。

古埃及王国灭亡以后，古埃及的文字逐渐成为"死文字"，到了近代时已经无人可以识读。1799年，法国人布萨（Boussard）在尼罗河口小城罗塞达发现一块公元前195年刻的石碑，内容是赞颂托勒密五世即位，同样的内容用古希腊文、古埃及文祭司体、古埃及文世俗体三种文字书写。通过研究这块石碑，人们读通了古埃及文字。如今，"罗塞达石碑"已经成了西方的一个典故，意为赖以破译某种秘密的材料。

二、古埃及的天文学

定向、定时(制订历法)、星象观测,是天文学中最古老的内容。地球绕太阳公转一周为一年,在古人看来是太阳在以恒星为背景的天上走了一圈。季节的变化是由于地球公转引起的,确定一年的天数,即季节变化的周期,对农业生产至关重要。古埃及的历法是阳历,一年分 3 季:洪水季、冬季和夏季,冬季播种,夏季收获,洪水季尼罗河泛滥; 一季 4 个月,一月 30 天。另有 5 天为节日,每年共 365 天。

根据考古发现知道,古埃及人把天球赤道附近的恒星分成 36 组,每组有恒星一颗或数颗不等,太阳每 10 天走过一组,故称之为“旬星”。当某一组星黎明前夕恰巧升到地平线时,就标志着它代表的那一旬的开始。这样一年是 360 天,可能是早期的很不准确的历法。以后古埃及人认识到一年是 365 天,就在年终时加上 5 天过节的日子。

尼罗河的泛滥是相当有规律的,古埃及人曾以洪水到来的日子为一岁之首。但是,这样确定岁首毕竟是比较粗糙的,每年尼罗河水泛滥的日子不可能规律到一天不差的程度。以后埃及人又把观察天狼星(全天最亮的恒星) 与太阳同时升起的日子用于计年,这样就提高了历法的准确度。由于一年约 365. 25 日,古埃及历法是一年 365 日,每年相差 0. 25 日,每 120 年会相差一个月,每 1460 年相差一年。古埃及人经过长期观测发现,如果某年第一天天狼星与太阳同时升起,以后每 120 年这个日子就会相差一个月,第 1461 年的第一天天狼星又与太阳同时升起,他们把这个周期叫“天狗周”(因为他们把天狼星叫天狗) 。

埃及最大的金字塔是胡夫金字塔,是第四王朝国王胡夫的墓,修建于公元前 2700 年左右。其两条南北方向的底边,方向偏差一为 2′30″,一为 5′30″。那时没有指南针,肯定是靠天文定向,能达到这种精确度实在不易。此塔的北面正中有一入口,下地宫的通道与地平面成 30°倾向,从地宫向外看恰好对着北极星,可能是精心设计的。从金字塔中的壁画和棺材上的星图可知,古埃及人对 5 大行星和天蝎座、白羊座等恒星也有一定认识。

三、古埃及的数学

我们现在对古埃及数学的了解,主要是依据两份数学纸草卷。一份名为“莱因特纸草”,发现于埃及古都底比斯,185 年被英国人莱因特得到,现存于伦敦大英博物馆。另一份名为“莫斯科纸草”,俄国收藏家 1893 年得到,现存于莫斯科博物馆。莱因特纸草上有 85 个题目,莫斯科纸草上有 25 个题目。据研究,这两份纸草写成的年代在公元前 2000 年左右。另外还有一些书写年代较晚的古埃及数学纸草卷,然而数学水平无很大进步。

古埃及的数学是十进制,然而没有位值制。要表示“111”这个数字,他们要依次写一个“100”的符号、一个“10”的符号、一个“1”的符号。要表示“999”这个数字,他们要依次写 9 个“100”的符号、9 个“10”的符号、9 个“1”的符号。古埃及人可以做乘法,但是必须要把乘法转换成某种连加的形式才行,例如:

$$11\times13=11\times8+11\times4+11$$

古埃及人会分数运算,但是除了“2/3”以外,所有分子不是“1”的分数,他们都要先化成分子为“1”的形式,然后再进行运算,例如:

$2/7=1/4+1/28$

$7/29=1/6+1/24+1/58+1/87+1/232$

他们有专门的表,可以查如何进行这种转化。他们为什么要这样化?他们是怎样找到这种化法的?这些问题仍是不解之谜。但是人们一般认为,这种做法使古埃及的分数运算走上了一条错误的路,它太麻烦了。古埃及数学中有这样的题目:一个数加上它的2/3,再加上它的1/2,再加上它的1/7等于97,求这个数。这说明他们已会解一元一次方程的题目。

古埃及的数学成就突出表现在几何方面。西文"几何"一词的本意为"测地学",人们认为它起源于古埃及的土地测量。古埃及人计算圆面积的方法是直径减去其1/9以后再平方,这相当于π值为3.16,相当精确。古埃及人有计算四棱台体积的公式,其结果与现代计算方法相同。巍巍的金字塔,是古埃及人精于计算四棱台体积的物证。

四、古埃及的医学

古埃及人相信灵魂不死、人有来生,人死后灵魂仍需要肉体作为安息之处,直至转世。他们不仅给死者提供食物、饮料、武器,甚至还为死者准备了化妆品。他们精心制作木乃伊,希望尸体长存,灵魂需要它多久,它就能存在多久。制作木乃伊时先掏出内脏,再涂盐和香料、油脂,然后风干。这种风俗使古埃及人积累了一些解剖学知识,对人体大器官的形态和位置比较了解。1862年发现的被称为"史密斯医学纸草"的古埃及纸草书,写于公元前1700年,人称是世界第一部外科学著作。此书中记述了48种外伤的诊断与治疗方法,所使用的药物有植物药、矿物药、动物药,还有人体的分泌物;药物制剂有涂抹的药膏、内服药,还有蒸剂、嗅药等。

另一份重要的古埃及医学纸草书——"埃伯斯纸草",写于公元前1500年,长20.23米,宽30厘米,记述了700种病的疗法,有药方877个,还包括一些生理学、病理学内容。此书中记述的疾病,按今天的分科方式包括内科、外科、妇科、眼科等方面。对有些疾病,书中已论述得相当详细,譬如肚子痛,书中就列出了20种类型。

五、古埃及的建筑

考古发现的古埃及文物和壁画,说明古埃及有发达的手工业。他们发明了玻璃,发明了给陶器上釉,他们有精美的金银器,他们会制造青铜器,他们会用铁、会酿造啤酒,手工业的各个部门基本上都有了。有资料说,古埃及有数以万计的石匠、木匠、铜匠、金匠、陶匠、珠宝匠。

最引起现代人注意的古埃及技术成就,当是他们的建筑。古埃及的金字塔世界闻名,古埃及的神庙建筑也极其辉煌。

金字塔是古埃及国王的陵墓。和制木乃伊一样,修建宏伟的金字塔也是出于他们的宗教信仰。现在知道的埃及金字塔有80多座,分布于开罗以南10多千米的地区,修建于公元前20多世纪,即古埃及的第三至第六王朝。金字塔的底座是正方形,以巨石垒起,整个金字塔是一个四棱锥形。因为它每一面都是三角形,看上去如汉字的"金"字,所以汉语译为"金字塔"。

最大的金字塔是第四王朝第二代法老胡夫的金字塔。原来塔高 146.5 米,底边边长 230 米,用大约 230 万块巨石垒成,每块石头平均重约 2.5 吨。由于数千年的风化剥落,现在它高为 138 米,底边边长 220 多米。这么一座雄伟非凡的金字塔的建造,有很多难解之谜。这么大的石块是怎样从遥远的采石场搬运来的?又是怎样垒上去的?从古代的技术水平看,似乎难以想象。科技史专家对此做过很多研究,并且实际做了试验,如今已形成一些看法。

金字塔底边的周长恰是以其高为半径画圆的周长;金字塔地宫北面出口的斜坡的仰角,恰是当时当地看到北极星的仰角;金字塔修起后石缝严密,显然预先有精确的计算;金字塔地宫中物品可以保存得非常长久,这些问题也都很神秘,科技史专家一直在努力探讨。有人说金字塔是外星人修建的;有人说金字塔修建者所创造的人类文明已经灭绝,现今的文明是重新发展起来的。如果我们通过科技史研究能够探明金字塔的秘密,这些说法就站不住了。

古埃及的神庙建筑也非常著名。古埃及人是多神教徒,他们信很多的神。有些神是以鸟兽等生物命名,如鹰神、鳄鱼神;有些神是以其他自然物命名,如太阳神、月亮神、河神。神的名字反映了古埃及人对生物与自然力量的恐惧和崇拜,神庙建筑主要是为了显耀神的力量。最雄伟的古埃及神庙是卡纳克庙,位于开罗以南 600 多千米的卢克索,这里是古埃及新王国时期都城底比斯所在地。此庙祭祀太阳神和月亮神,庙中的尖塔高约 30 米,重 320 吨,是用一整块大理石雕成的,其本来的石料估计重达千吨。古埃及的神庙建筑使用了柱廊和拱门结构,雕刻精美,雕像栩栩如生。古希腊的建筑风格,可能是受到了古埃及的影响。

第三节　古代印度的科学技术

古印度是世界四大文明古国之一。我国西汉时称之为“身毒”,东汉时称之为“天竺”,唐玄奘取经归来以后始称之为印度。

从地理上说,古代印度与现在说的印度次大陆相当。发源于喜马拉雅山脉的印度河和恒河,分别从次大陆的两边流入印度洋,在次大陆北部形成两大平原,这里是世界上农耕发达最早的地区之一。次大陆的南部是一个半岛,中央是德干高原,沿海是狭长的平原。

依据 20 世纪 30 年代以来的考古成果,发现印度河流域从公元前 3000 年左右已形成相当发达的农业文明。这种文明的遗址首先发现于巴基斯坦旁遮普省蒙哥马利县的哈拉巴,故称之为“哈拉巴文明”。其年代大约是公元前 2500 年至公元前 1500 年,这个时代也被称为古印度的哈拉巴时代。

大约在公元前 1500 年,来自中亚细亚的游牧部落南下进入印度河与恒河流域。他们在这里逐渐学会从事农业生产,公元前 1000 年后学会用铁,生产力有明显发展。从北方来的那些部落处于统治地位,他们自称为“雅利安”人,意为“高贵者”,而把肤色较黑的土著称为“达萨”,这是印度种姓制度的起源。雅利安人的宗教是婆罗门教,他们的宗教经典“吠陀”是了解这一时期古印度历史的主要依据,故人称古印度的这个时代为“吠陀时代”。

大约在公元前500年，印度河与恒河流域形成了20个左右的奴隶制国家，古印度进入列国时代，各国之间争战不已，经历了多次分裂与统一。公元前4世纪到公元前2世纪的孔雀王朝、公元1世纪到3世纪的贵霜帝国、公元4世纪的笈多王朝，是古印度列国时代比较著名的王朝和帝国。在列国时代，又发生多次外族入侵印度的事件。公元前6世纪的波斯帝国、公元前4世纪的亚历山大帝国，其势力都曾进入印度。公元5世纪，匈奴人的一支又侵入印度。公元13到16世纪初，又先后有突厥人在印度建立德里苏丹国、蒙古人后裔在印度建立莫卧儿帝国。到19世纪中期，印度次大陆成为英国殖民地。由于历史的原因，使得古代印度的人种、宗教、文化类型都非常复杂。

一、古代印度的哈拉巴文化

公元前2500年至公元前150年的哈拉巴文化，其分布地域东起印度德里，西至巴基斯坦与伊朗边界，南达坎贝湾东岸，北抵西姆拉丘陵南麓，已发现城市遗址100多处，其中规模最大的遗址是哈拉巴和摩亨佐·达罗两处。

哈拉巴城和摩亨佐·达罗城都是由卫城和下城两部分组成。摩亨佐·达罗城占地260公顷，街道布局整齐，主要街道宽达10米，卫城有砖砌的又高又厚的城墙。卫城内最大的建筑物是一个大浴池，其中心是一个长12米、宽7米、深2.4米的浴池，四周有房屋与走廊，整个建筑占地长55米、宽33米，外墙厚达2.4米。下城是居民区，有的房屋是砖砌的两层楼房。摩亨佐·达罗遗迹清楚地说明，这里曾是一个繁荣的城市。

依据考古学的成果可知，哈巴拉文化的农业已比较发达，主要农作物是小麦，辅以大麦和椰枣，已经开始饲养猪羊和家禽。其服装主要是棉织品，古印度是世界上植棉最早的地区。考古还发现了青铜兵器和工具，表明它已进入青铜时代。

哈巴拉文化遗址中发现了几百枚印章，是用赤陶制成的，形体很小，其上有动物图案与象形文字，可惜现在还未能识读这些文字。人们认为，印章的使用可能是与贸易有关，也可能是用于签署文件。

哈拉巴文化与古代埃及和两河流域的文明有许多相似之处，它们是否有共同起源，现在还不得而知。哈拉巴文化在公元前2000年代中期突然消失，可能是与雅利安人的入侵有关。哈拉巴文化是农业文明，而雅利安人是游牧部落；哈拉巴文化不能肯定已经养马，雅利安人则是骑着马杀进来的。哈拉巴文化的衰亡，在古印度文明发展史上是一个倒退。

二、古代印度的数学

古代印度的数学发展也比较早。在公元前10世纪以前的吠陀经中，就已经在使用十进制。在公元1或2世纪的耆那教著作中，明确地出现了位值制。古印度现存的最早数学著作是《准绳经》，大约写于公元前6世纪。它实际上是吠陀经中的一篇附文，讲述祭祀活动中各种祭坛的形状、大小、如何建造，以及座位如何布置。《准绳经》中讲到了可以满足“勾方加股方等于弦方”的正整数组，还讲到如果一个正方形边长为1，那么它的对角线长度是：

$$1+1/3+1/(3\times4)-1/(3\times4\times34)$$

这相当于求出了$\sqrt{2}$ = 1.4142,非常精确。

《准绳经》中还讲到,若圆的直径为1,则其周长为：

$$4\times[1-1/8+1/(8\times29)-1/(8\times29\times6)+1/(8\times29\times6\times8)]^2$$

这相当于求出圆周率 π=3.325,这个值也相当准确。从其复杂的算式,显示出了古印度人探索圆周率的艰苦努力。

约公元前1世纪的《昌达经》中,有相当于二项式定理的内容。在《昌达经》之后,古印度长时间没有产生水平更高的数学著作,直至公元5世纪出现《阿利耶毗陀历书》(又称《圣使历书》)。此书是阿利耶毗陀(Aryabhata,约476~550)所著,他是现在知道名字的古印度最早的数学家和天文学家。这部书中说,直径为20000的圆,其周长是：

$$(100+4)\times8+62000$$

这相当于求出 π= 3.1416,很准确。

在公元7~13世纪,古印度数学有了较大发展。婆罗摩及多(Brahmagupta,约598~约660)在公元628年写成《梵明满悉檀多》,该书中包括了整数运算、分数运算、数列、比例问题、平面几何、立体几何等内容,还讨论了负数运算法则。尤其值得提出的是,该书中不再把"零"仅视为空位,而是也把它看作一个数字,讨论了"零"的运算法则。除了"零除以零等于零"这个说法,他关于"零"的论述都是正确的。有了十进制、位值制、零的符号,使得古印度可以用10个数码符号表示所有数字。古印度数码符号在8世纪传入阿拉伯,以后又传入欧洲,成为世界通用的数码符号,这是古印度数学对世界数学发展的一大贡献。

三、古代印度的天文学

像古代埃及、两河流域一样,古代印度的天文学也是主要服务于历法制订和占星,但是它与宗教活动的联系显得更为密切,我们现在主要是从宗教著作中了解古代印度的天文学。

在《吠陀经》中,已经讲到了祭日的推算问题,这是现在知道的古代印度最早的天文学知识。现存最早的古代印度天文学著作是《太阳悉檀多》,"悉檀多"的意思是"知识"。据说此书是写于公元前6世纪,但是据考证有许多内容是后来添加进去的。公元505年,有人汇集了五部古代印度天文学著作,编成《五大历书》。在《阿利耶毗陀历书》中,讨论了日月和五大行星的运动以及推算日食月食的方法,是印度公元6世纪初时天文学水平的代表作。

古代印度一年分为6季:冬、春、夏、雨、秋、露,每季两个月。我国唐代时传入的印度《九执历》,定一个朔望月为29.53日,19年设7个闰月,与我国的历法很相似。

印度在吠陀时代认为天地之间有一座大山,叫须弥山。天如伞盖,由须弥山支撑着,日月五星都绕着须弥山运行。大地是由4只大象驮着,大象则又站立在浮于水中的乌龟背上。这种认识与中国古代的"盖天说"有相似之处,但是又有印度自己的特点。我们从中看得出地理环境与物产对人的宇宙认识的影响,也可以看出这种认识与印度神话的联系。公元5、6世纪之际,阿利耶毗陀曾说过大地在转动着,但这种观点未被大众接受。12世纪时,婆会迦罗说有7重天,日月五星分别位于一重天上,这种观点显然已经受了古希腊天文学的影响。

古代印度也把天球亦道附近的恒星分为二十八宿，与中国古代相似。“二十八宿”究竟源于中国还是源于印度，是天文学史上的一大悬案。依据现在掌握的资料，中国的二十八宿体系形成要比印度早。

四、古代印度的医学

印度古代医学知识既古老又丰富。属于医学的知识体系，在印度古代称为“阿柔吠陀”（ayurveda），意为“长寿的知识”。它与现在的医学知识体系的侧重面有些不同，不仅关心治病，还很重视防病和养生。

在吠陀时代，印度人认为人体与万物一样都是由“五大”，即“空、风、火、水、地”五大元素组成。其中“地”和“空”分别对应于躯体和空腔，比较稳定，而“水、火、风”分别对应于体液、胆汁和气，它们比较不稳定，人体生病是这三大元素失去平衡的缘故，治病就是恢复平衡，防病和养生就是维持它们的平衡。佛教时代认为万物由“地、水、火、风”四大元素组成，人体内任何一大元素不调就会引起疾病。

印度古代医学分为“八科”：内科、外科、五官科、精神病科（由魔鬼引起的疾病）、小儿科、老年科、毒物科（毒蛇咬伤或食物中毒）、保健科。据印度古代医学的说法，这种分科方式始于吠陀时代。在较早医学文献中，巫术的成分很重，以后才逐渐发展为以医学治疗为核心。《钎罗迦集》（Caraka-samhita）和《妙闻集》（Susruta-samhita）这两部医学经典的出现，是古代印度医学知识体系成熟的标志。《钎罗迦集》以药物治疗为主，被认为是内科体系的经典；《妙闻集》以手术疗法为主，被认为是外科体系的经典。但是，这两部书究竟成书于何时仍不得而知，其基本内容被上溯至公元前5~6世纪，而最后成书时间可能晚至公元后5~6世纪。

印度古代医学有些疗法很特殊，如用水蛭吸脓，用各种药物制成湿布祛风去寒等。古代印度医学的外科也很有成就，据说很早就会用外科手术治疗疝气、痔疮，能进行剖宫产。金针拨眼白内障，更是印度古代医学的一朵奇葩，这种技术唐代传入中国。从养生到追求长生，于是发展出了炼丹术，印度古代医学的这种发展与中国道家是一样的，而且也是以硫磺和汞为炼丹基本原料。印度的医学和炼丹术，对阿拉伯帝国有重要影响。

●复习思考题

1. 简述古代两河流域的科学技术的主要成就。
2. 简述古埃及的科学技术的主要成就。
3. 简述古代印度的科学技术的主要成就。

第三章　古希腊、罗马时代的科学技术

近代科学的诞生得益于诸多条件，但追溯其思想根源却不能不说是来自古希腊。2000多年前，古希腊人所创造的光彩夺目的科学文化成就为现代文明奠定了基础，古希腊是名副其实的科学精神发源地。正如著名科学史专家丹皮尔（W. C. Dampier）所言，古代世界的各条知识之流都在希腊汇合起来，并且在那里由欧洲的首先摆脱蒙昧状态的种族所产生的惊人的天才加以过滤和澄清，然后导入更加有成果的新的途径。

相对而言，罗马人虽然擅长治理国家，在军事、行政和立法方面有优异的能力，但在学术方面却没有多少创造力。当然，他们也编纂了许多著作，说明他们对自然界的对象也有很大的好奇心。他们的艺术，他们的科学，甚至他们的医学，都是从希腊人那里借来的……罗马人似乎只是为了完成医学、农业、建筑或工程方面的实际工作才对科学关心的。他们使用知识之流，而不培其源①。

第一节　古希腊的科学思想和科学技术

一、古希腊的自然哲学

古代希腊并不只是今天我们从地图上所看到的巴尔干半岛南端的希腊半岛这块地方。创造科学奇迹的古希腊人生活在包括希腊半岛本土、爱琴海东岸的爱奥尼亚地区、南部的克里特岛以及南意大利地区在内的这些地方。这一地区似乎是欧洲同时伸向亚洲和非洲的触角，而古代非洲文明的中心埃及和亚洲古老的巴比伦文明正处于它的面前。

公元前8~公元前4世纪是古希腊的城邦奴隶制时期，在几万平方千米的土地上遍布200多个城邦。自公元前5世纪起，雅典在各城邦中取得盟主地位，建立了奴隶主民主政治，这是古希腊经济文化的大繁荣时期，史称“雅典时期”。

公元前4世纪~公元前2世纪中叶，是亚历山大帝国时期，又称“希腊化时期”。这时，北方马其顿王国征服了希腊，建立了地跨欧、亚、非的大帝国，在所属埃及境内建立了一个希腊化的亚历山大城，这一时期的科学技术发展达到了高峰。

从城邦奴隶制到雅典时期，产生了科学和哲学融为一体的自然哲学，它既是希腊人对自然界的哲学思考，又是早期自然科学的一种特殊形态。到亚历山大时期（希腊化时期），科学则又从哲学中分化出来，产生了自然科学早期理论，尤其是天文学、数学和物理学达到了古代的最高水平。

（一）古希腊科学的特点及形成原因

在人类历史上，希腊人第一次形成了独具特色的理性自然观，这正是科学精神最基

---

①［英］W. C. 丹皮尔．1997．科学史及其与哲学和宗教的关系．上册．北京：商务印书馆：98

本的因素。许多古老的民族,或者只有神话、宗教式的自然观,或者缺乏对自然界的系统看法。自然界被认为是混乱、神秘、变化无常的,人在自然面前完全只有听从命运的摆布。而希腊人则不同,他们把自然作为一个独立于人的东西加以整体看待;把自然界看成一个有规律的、其规律可以为人们把握的对象。他们还创造了一套数学语言,力图把握自然界的规律。

像世界其他地区一样,早期希腊人的自然观也是神话自然观,自然物被赋予神话色彩,自然现象被神化为神的行为。就此而言,古希腊科学和哲学是从希腊神话中脱胎而来的,它为后来西方哲学和科学的发展所奠定的基本观念,同样可以在希腊神话中找到根据。

与其他民族和地区相比较,古希腊神话有两个突出的特征。一是奥林匹斯山上的诸神与人类相似但不是人,即人神相异同构。他们像人一样有个性,有情欲,爱争斗,但同人有严格的界限。人神之别,反映了对象性思维的原始形式,而人神同构,则导致了古希腊的有机自然观念。希腊神话的第二个突出特征是它完备的诸神谱系,任何一个神都有其来龙去脉,在神谱中的地位非常清楚明白。这种完备的诸神谱系,实际上是逻辑系统的原始形式。如果把诸神进一步作为自然事物的象征,那么,神谱的系统性可以看作对自然之逻辑构造的原始象征。在这种神谱中,弘扬了秩序、规则的概念,是古希腊理性精神的来源之一。希腊神话的这两大特征,不仅表现出希腊人特有的思维方式(思想的对象性和逻辑性),同时也正是自然科学赖以产生的基本前提。

在希腊人看来,自然界不仅是有别于人的东西,也不仅是有规律、有秩序的,更重要的是其规律和秩序可以为人把握,因为它是数学的。对数学的重视,是希腊人最为天才的举动,也是他们留给近代科学最宝贵的财富。希腊人相信心灵是掌握自然规律最可靠的保证,因而极大地发展了逻辑演绎方法和逻辑思维。在一些特殊的科学领域,希腊人成功地将它们数学化,并得出高度量化的结论,这些领域包括天文学、静力学、地理学和光学。它们不仅在古代达到了该领域最高的水平,而且对近代科学的诞生起了一种示范作用。

可以说,科学成为一种独立的精神活动,最早起源于希腊。希腊人最早对自然界形成了一种独立于神话而又系统的理性看法,而且创造了一套数学语言来把握自然界的规律。希腊第一个哲学家泰勒斯(Thales,约公元前624~公元前547)提出万物源于水的命题,奠定了西方哲学追究本源的形而上学精神。泰勒斯学生的学生阿那克西米尼(Anaximanes,约公元前550~公元前475)进一步提出,万物由气构成,不同的物质由气的浓密稀疏所致,由此开辟了把握世界的实体构成主义传统。这一传统主张,只有找到自然现象背后的实体,并且通过这一实体将自然现象重新组合构造出来,才算是认识了自然。古代的原子论实际上是第一个比较成熟的实体构成主义模型,原子论者找到了原子作为基础,并将大千世界的多样性和复杂性还原为原子的不同排列组合。与此相对照的是由毕达哥拉斯(Pythagoras,约公元前582~公元前500)学派开辟的形式主义传统。在他们看来,理解世界的关键不在于找出构成实体,而在于找出构成方式。他们认为,数是万物构成的基本形式,因此,数有着至高无上的本体论地位。柏拉图(Plato,公元前427~公元前347)学派后来进一步精致化了这些主张,从哲学的高度进一步强化了形式的重要性。实体构成主义和形式主义这两大传统后来为近代科学所继承。

古希腊圣贤之一亚里士多德（Aristotle，公元前 384～公元前 322）在其《形而上学》一书中说，哲学和科学的诞生有三个条件。第一是"惊异"（即好奇心和求知欲），是人们对自然现象和社会现象所表现出来的困惑和惊奇。有了惊异也就感受到了自己的无知，自知其无知者为了摆脱无知就求知识，求知并非为了实用的目的，而纯粹是一种对智慧的热爱。第二个条件是"闲暇"，知识阶层不用为了生活而劳碌奔波，整天从事繁重体力劳动没有闲暇的人是无法从事求知这种脑力劳动的。第三个条件是"自由"，哲学知识是自足的，它不以别的什么目的而存在，纯粹是为了自身而存在，它是一门自由的学问，自由地思考、自由地发表意见，不受他种目的和利益所支配。总的来说，亚里士多德强调了哲学和科学之来源的非功利性，也说出了古希腊成为科学和哲学发祥地的道理：因为她提供闲暇，提供自由，因为希腊人有着强烈的求知欲，对智慧无比地崇尚。希腊奴隶制保证了贵族和自由民优裕的生活及闲暇，但也正由于手工作业都由奴隶完成，希腊哲学家一般来说不重视亲自动手观察自然现象、亲手制造仪器工具。他们发展了高度发达的思维技巧，提出了极富天才的自然哲学理论，在实验科学方面却严重不足。

因此，古希腊科学是有缺陷的，这主要表现在它不重视对自然现象实际、细致入微的考察，它注重的是说明和理解自然，不是支配和征服自然，因而它本身未构成物质性的力量，这是与近代科学根本不同的。如果说东方人发展的科学知识和技术成就主要为的是实用目的和宗教的需要，那么只有希腊人才试图用科学技术给出自然界的理性理解，试图超越具体个别的现象进入一般的认识。

（二）古希腊自然哲学的主要流派

希腊人开启了西方哲学也开启了科学，因为哲学一开始主要关注的是自然界的问题，是自然哲学。从公元前 500 年左右开始，希腊人中出了一大批才智卓越的哲学家和科学家，他们是以后许多学科的鼻祖。在这些光辉灿烂的群星中，有最早期的自然哲学家泰勒斯、阿那克西曼德（Anaximande，约公元前 611～公元前 547）、阿那克西米尼、赫拉克利特（Heraclitus，约公元前 550～公元前 475）、巴门尼德（Parmenides，公元前 5 世纪）、芝诺（Chnod，约公元前 490～公元前 430）、恩培多克勒（Empedokles，约公元前 495～公元前 435）、阿那克萨哥拉（Anaxagoras，公元前 500～公元前 428）、留基伯（Leucippus，约活动于公元前 5 世纪中期）、德谟克利特（Democritus，约公元前 460～公元前 370）；有人文哲学家普罗泰哥拉、高尔吉亚、苏格拉底（Socrates，公元前 469～公元前 399）；有体系哲学家柏拉图、亚里士多德；有天文学家欧多克斯（Eudoxus，公元前 409～公元前 356）、阿利斯塔克（Aristarchus，约公元前 310～公元前 230）、希帕克斯（Hipparchos，约公元前 190～公元前 120）、托勒密（Ptolemy，约 90～168）；有数学家欧几里得（Eukleides，活跃于公元前 4 世纪）、阿波罗尼乌斯（Apollonius，约公元前 262～公元前 190）、希罗（Hero，公元前 2～公元前 1 世纪或 1 世纪）、刁番都（Diophantu s，公元前 300～公元前 250?）；有物理学家阿基米德（Archimedes，约公元前 287～公元前 212）；有医学家希波克拉底（Hippokrates，公元前 460～公元前 377）、盖伦（Galens，129～199）；有地理学家埃拉托色尼（Eratosthenes，约公元前 273～公元前 192）；有生物学家塞奥弗拉斯特（Theophrastus，公元前 372～公元前 287）。这些天才人物不仅在某一个领域作出了他们的开创性工作，而且在许多个领域均有建树。如亚里士多德，几乎在每一个知识领域都发表了他卓越的见解，是一位不折不扣的百科全书式人物。希腊科学在每一领域、每一问题上几乎都留下了思考，是近代科学的真正先驱。

古希腊人最先从哲学的角度明确地思考了以下两个问题：万物的本原是什么？事物运动变化的原因是什么？这也是人类意识产生以来，理性最早摆脱神的困扰，试图独立解决自己所面临的一个根本的谜。由此，不同程度、不同方式的思考与探索，使得古希腊自然哲学形成了不同的流派。

1. 古希腊最早出现的哲学派别——米利都学派

这个派别主张世界万物都是由一种原初的物质变化而来的。泰勒斯创立了这一学派，他认为水是万物的始基。古巴比伦虽有过类似的神话，但泰勒斯至少在三个方面是高于前人的：第一，假定宇宙是自然的，用普通知识和理性可以探讨和解释，从而把超自然的鬼神逐出了宇宙论；第二，形成了一个变化循环的观念，认为水、土、空气经过动植物本身，复归于空气、土、水，提供了一个能激发人们观察与思考问题的模式；第三，用这个假说(命题) 解释其他自然现象，认为地球像一个扁平圆盘在海水中飘动，回答了大地靠什么支持这个古老的问题。米利都学派的第二个学者是阿那克西曼德，他认为大地形状像一个圆柱，人是由鱼衍生出来的。万物都出于一种简单的始基，但不是水，而是一种混沌状态的具体物质“阿培隆”，即“无限”，其内部蕴藏着对立倾向，能产生一切事物。米利都学派三杰中的最后一个是阿那克西米尼，他说万物的始基是气。灵魂是气，火是稀薄化的气，气凝聚时变成水，再凝聚就变为土，最后变为石头，由此即把万物间一切区别解释成量的变化。他还认为大地的形状像一个圆桌，而且气包围着万物，仿佛世界也是呼吸着似的。稍后的赫拉克利特仍然遵循着米利都学派的思路，他说世界万物的始基是“火”，因为“火”的性质最活泼并且变化无定。他最有影响的论断是“一切皆流，万物常新”，即万物永远处于运动变化之中。

2. 毕达哥拉斯主义

一种单纯的物质如何能演化出如此丰富多彩的世界万物呢？这当然是个难以回答的问题，于是有人提出了另外一些想法。继米利都学派之后，在意大利的克罗顿出现了一个带有神秘色彩的新学派，创始人是毕达哥拉斯。他们不是从感觉对象出发解释自然界，而是从抽象的“数”出发构造宇宙模型。

这个学派从圆和球是完善图形的观念出发，首次倡导地球说，并认为日、月、行星也是球形的。从 10 是最完善的数出发，认为天上发光体必然也是 10 个，由于只看到 9 个，便臆造了一个看不见的“对地星”。该学派也认识到，如果假定地球是运动的，就可以更简单地解释天体的视运动。地球绕着空间中一个固定点转动，这个点是宇宙的祭坛，中央有火。正如在琴弦的张力相同时弦长之间成比例才能发出和谐悦耳的声音一样，各个行星与地球间的距离也应符合比例关系，从而奏出和谐的“天体音乐”。他们已经知道用正三角形和正方形可以构成四种正多面体，并用来代表火、土、气、水“四大元素”，后来又发现了正十二面体，就代表宇宙气体，即“ 以太”。

在毕达哥拉斯学派看来，作为万物本原的应当不是任何一种具体的物，但它又为万物所具有、可以准确认识，这种东西就是“数”。数不仅是万物的本原，而且决定着万物的性质和状态，万物的运动变化也都服从数。虽然毕达哥拉斯学派颠倒了物和数(物的属性)的关系，但他们重视数的思想，把世界上的一切都看作是可以用数来表述的秩序的观念,在科学史上有着极为重要的影响。

3. “四根说”、“种子说”

把某一种物或者抽象的数看作是万物的本原并不都能使人们信服。于是恩培多克勒提出了“四根说”。他认为世界万物都是由水、火、土、气这四种基本物质所构成,犹如画家用几种颜色就能描绘出绚丽多彩的图画那样。在一定意义上,“四根说”也就是早期的元素说。

大约与恩培多克勒同时,阿那克萨哥拉提出了“种子说”。他认为构成万物的是无限小的、种类又无限多的“种子”。一些物由同类种子构成,另一些物则由多种类种子所构成,种子的结合与分离就是万物的变化。实物有生有灭,种子则是永恒的。

4. 原子论思想

“原子论”可以说是古希腊自然哲学的最大成就之一。这个派别的创始人是留基伯,主要阐述者是德谟克利特和伊壁鸠鲁(Epikouros,公元前341~公元前270)。这个派别认为世界万物都是由“原子”组成的,原子是肉眼所不能看见的物质微粒。原子自身是密实的,不可分割的,它在种类上和数量上都是无限的。永恒的运动是原子的本性,自然界中一切变化的实质就是原子的聚散和原子的运动。德谟克利特认为原子的运动遵循着某种必然性,后来伊壁鸠鲁又补充说还存在着偶然性。在原子论者看来,整个世界由原子和虚空所构成。所谓虚空就是不存在任何原子的绝对的空,那是原子的运动场所。从这样一种世界图景出发,原子论派的学者们在解释自然现象上作过许多努力,有过许多猜测。

5. 亚里士多德主义

把经验资料作为科学研究的真正目的,这种认识起源于亚里士多德学说,结果形成了对于自然界的彻底经验主义态度。寻找一般规律特别是关于运动的一般规律,探索规律的起因的种种努力,以及把观察到的物质多样性归结为由有限量的基本物质组成的复合物的思想,都源发于亚里士多德这里。没有任何一个希腊哲学流派像亚里士多德学派这样长期有力地影响了科学的实践,即使在中世纪实际上也没有限制住它对欧洲思想的影响。对天文学和物理学的影响一直到17世纪仍可感觉出来,而对化学的影响则延续到18世纪。

亚里士多德的哲学博大精深,自成一体。他不同意柏拉图的“理念说”,认为事物的本质寓于事物自身,是内在的,不是超越的。为了把握世界的真理,必须重视感性经验。亚里士多德重视经验考察,特别在生物学领域取得了卓越的成就。他的哲学目的在于找出事物的本性和原因,因而发展了一套“物理学”,以究事物之道理。

作为雅典时期最后一位哲学家和古希腊最博学的人物,亚里士多德对许多领域进行过系统的探讨,提出许多权威性的思想。他所处的时代决定了他承前启后的研究方向,他最后一个提出了完整的世界体系,又率先着眼于具体问题的研究,在他的著作中哲学和自然科学已开始分化。在关于世界本原的问题上,他提出两种“实体”说,即第一性的实在(具体的感觉对象)和第二性的实在(共相或理念)。由此在一般与个别的关系问题上陷入混乱,把一般与个别作为两种并列的实体。为论证实体说,他还进一步提出关于物质之所以存在的“四因说”,即质料因、形式因、动力因、目的因,却又将形式因和目的因放在最重要的决定性地位。在讨论世界的物质组成时,他把天上世界与地上世界作了严格区分,认为地上世界由热、冷、干、湿四种性质结合而成火、土、气、水四元素,其运动是直线运动;而天上世界则由另一种神圣纯洁的“以太”组成,是不朽和永恒的,其运动是完美的匀速圆周运动。地上物体都有其天然的处所,而所有的物体都有回到其天然处所的趋势,这一趋势即所谓的天然运动。土和水是重的,其天然处所在下,因此它们有向下的天然运动;气和火是轻的,其天然处所在上,因此它们有向上的天然运动。重性越多,下落速度越快。除了天然运动外,还有受迫运动,受迫运动是推动者加于被推动者的,推动者一旦停止推动,运动就会立刻停止。在自然界中也有等级之分,重的东西不如轻的东西高贵,天尊地卑,推动者比被推动者高贵,灵魂比身体高贵。此外,亚里士多德在科学史上最大的贡献是创立了古典形式逻辑,探讨了思维规律,提供了科学研究的方法。

二、古希腊的科学技术

古希腊人面向自然界,注重于对基本规律的探索,并崇尚理论思维,促使其自然科学最早走向理论化、系统化。希腊科学的历史延续了近 10 个世纪,从爱奥尼亚的思想火种、雅典的哲学睿智到亚历山大城的科学精英,浓缩着古希腊自然科学的历史沿革与成就。

(一) 天文学

与世界上其他地区一样,古希腊人也需要制订自己的历法,也有自己的占星术,为此他们也观测天象。不过,注重数理的希腊人在天文学方面的兴趣更多地集中在宇宙模型的构思上。除了了解和学习埃及、巴比伦人的天文学知识,希腊人在天文学方面有自己独特的创见,他们是以更清醒的态度来看待迷人的宇宙,并以更大的理论热情来探索天体运行规律。据说泰勒斯能够预言日食,还发现了北极星,腓尼基人是根据他的发现在海上航行的。阿那克萨哥拉设想月亮上有山,月光是日光的反射,用月影盖着地球的设想解释日食,用地影盖着月亮的设想来解释月食。毕达哥拉斯学派关于天体和整个宇宙都是球形、均匀地按圆周运动的设想一直主宰着天文学,甚至还主宰了哥白尼的思想,只是开普勒(Kepler,1571~1630)才把它推翻。这些早先的大胆设想给天文学的数学和几何模型提供了一个基础。由此,柏拉图创办的学校里的学生欧多克斯依据对天体的观察,建立了一个同心球宇宙几何模型,第一次把几何学同天文学结合起来。他的宇宙模型是以地球为中心的,日月和五大行星及恒星分别附在一些透明的同心球壳层上围绕地球匀速旋转,行星的运动由四个大小不等的同心球的复合运动所致,而整个宇宙中的同心球共有 27 个,继承其工作的亚里士多德更把同心球数量增加到 55 个。这个模型能够解释日食和月食,但对日月视运动的变化不能作很好解释,而且繁琐得令一般人不敢问津。当然,它用数学和几何学方法描述天体运动的思路是正确的,开创了希腊数理天文学的基本模式。希腊化时期的天文学家希帕克斯抛弃了这一同心球壳模型,提出了以地球为中心的“本轮-均轮”说。他认为天体沿本轮作匀速圆周运动,这些本轮的中心又沿着各自的更大的均轮以地球为中心作匀速圆周运动。为了解释日、月、行星运动的变化,他规定日月在本轮上的运动方向与本轮本身沿均轮运动的方向相反而速度相同,行星在本轮上的运动方向则与其本轮本身在均轮上的运动方向相同而速度不同。阿利斯塔克是当时唯一提出地球绕太阳运动的人,被后人誉为古代的哥白尼(N. Copernicus,1473～1543),对哥白尼创立日心说有直接影响,但当时没有被人们所接受。

(二) 数学

古希腊的数学成就与毕达哥拉斯学派的数理思想直接相关,他们的主要兴趣集中在几何学方面。毕达哥拉斯学派没有留下任何数学著作,据传他们已经证明了几何学中关于平行线、三角形、圆、球和多面体的许多定理,包括勾股定理在内。希腊人对几何学比较重视,可能与无理数的发现(即所谓"第一次数学危机")有一定关系。毕达哥拉斯学派在研究等腰直角三角形时发现斜边是每一直角边的2倍,它不能用该学派所认识到的任何数(有理数)表示出来,这样就产生了严重的矛盾。后来他们从可以用几何方法(一固定线段)表示这一数看到了几何的优越性,从而促使人们将注意力转移到几何学方面。希腊人在几何学方面的成就是惊人的。他们把埃及人、巴比伦人的经验及智慧提炼并升华为一种新的体系,有了这一体系,后人便不再必须通过经验而只需通过书本和逻辑就能够掌握几何学了。

在雅典时期,智者学派(也称巧辩学派或诡辩学派)中对数学感兴趣的人们提出了有名的三个几何作图难题,即要求只运用直尺和圆规两种工具来解决:化圆为方;二倍立方;三等分任意角。虽然这三个难题后来被证明是不能解决的,但在试图解决这三个难题的过程中,希匹阿斯(生于公元前460年)发明了割圆曲线;安提丰(公元前5世纪)提出了把圆看成无穷多边的正多边形的思想;布莱生(公元前5世纪)则以圆外接正多边形的方法来思考。当欧多克斯把他们的工作进一步推进之后,已经预示着微积分思想的萌芽了。

此外,欧多克斯的学生美尼克谟(约公元前375～公元前325)在解决这三个难题时发现了圆锥曲线:抛物线、椭圆和双曲线。这些曲线后来成了伽利略(Galileo,1564～1642)、开普勒、牛顿(Newton,1642～1727)等人一系列伟大发现的工具。

数学在希腊化时期达到了最高水平,产生了一批较为系统的理论成果。首先,由欧几里得将演绎推理应用于数学,以公理为基础,将初等几何学知识构成一个严密完整的体系,其名著《几何原本》是古代数学知识系统化的重要标志。其次,阿波罗尼乌斯对圆锥曲线作了详尽的研究,使后人在这一领域几乎无插足之地,他的著作《圆锥曲线论》是古希腊最杰出的著作之一。他证明三种圆锥曲线(抛物线、椭圆、双曲线)可以由同一个圆锥体的不同剖面得到。而阿基米德在数学上的成就被认为是古希腊数学的顶峰。他着重研究了一些形状比较复杂的面积和体积的计算方法,如发现球体的体积和表面积均是其外切圆柱体的体积和表面积的2/3,后人在他的墓碑上刻上了这个题的图形,以纪念他的卓越贡献;他计算了螺旋线($\rho=\alpha\theta$)所围面积;他还运用穷竭法(增加圆内接与外切正多边形边数的方法)求得圆周率π值大于3(10/71)、小于3(10/70);他首次系统处理了高阶等差数列,创造了一套记大数的方法等等。在研究方法上,阿基米德比前人高明之处在于把抽象的理论与解决实际问题相结合、把计算技巧与严格的逻辑证明相结合,从而对数学的发展有深远影响。

(三) 生物学和医学

希腊人中对生物学贡献最大的要数亚里士多德。亚里士多德所采用的解剖和观察方法,在生物学史上是首创的,而且他的许多研究结论都有一定科学价值。他对动物进行过认真的观察和解剖工作,按照动物的外部形态和胚胎的差异,对540种动物进行了初步的等级分类,并指出等级间有连续性,植物趋向于动物,动物趋向于人类。他还发现了类似“生长相关律”的现象:没有一个动物同时具有长牙和角,反刍动物有几个胃,但牙齿不锋利。他还观察了小鸡胚胎的发育,提出了生命起源的“自然发生说”。

有人类生活的地方就有医学,希腊文明作为一种高度发达的文明,不仅有医(医生和医药),而且有成系统的医学体系。毕达哥拉斯学派的阿尔克芒(Alcmaen,公元前6~公元前5世纪)被称为希腊的医学之父,他在了解古埃及人知识的基础上解剖过人体。他这样做是为了研究人的生理构造,埃及人却是为了制作木乃伊。在解剖中,阿尔克芒发现了视觉神经以及联系耳朵和口腔的欧氏管(咽鼓管),还认识到大脑是感觉和思维的器官;他的工作实际上为西方解剖生理学的传统开了先河。阿尔克芒主张医学的研究应当重视哲理,认为人体的健康就是体内各种物质的和谐,人体是一个小宇宙,是大宇宙的缩影,这一说法曾长期影响着西方医学界。

古希腊最著名的医生是希波克拉底,以他的名义流传下来的著作《希波克拉底文集》,共有70篇文章。希波克拉底最大贡献是将医学从原始巫术中拯救出来,以理性的态度对待疾病、治病,注意从临床实践出发总结规律;由此他也创立了自己的理论,这就是体液理论。希波克拉底认为,人身上有四种体液,即血液、黄胆汁、黑胆汁和黏液,这四种体液的流动维系着人的生命,它们相互协调,人便健康,不协调则产生疾病。这种体液理论一直在西方医学中流传,就像中医的阴阳五行说一样,成了西医学的理论基础。

此外,希波克拉底不仅以医术高超著称,而且以医德高尚为人称道。在他周围,形成了一个医学学派和医生团体。著名的希波克拉底誓词,强调医生的道德责任,是医德教育的经典,后世许多医生都是比照此誓词宣誓。

(四)物理学

亚里士多德是古希腊第一个最认真研究物理现象的人,他所著的《物理学》也是世界上最早的物理学专著。他着重研究了有关力学即机械运动的问题,对后世影响较大的有两个重要观点:一是认为物体在不受外力作用时将保持自然状态(静止、重者下落或轻者上升);一是认为重物比轻物下落快。这两个观点在物理学上一度被奉为经典,但后来都被伽利略通过实验而推翻。在物理学上取得最大成就的是古代科学巨匠阿基米德,后人称他为“静力学之父”。在理论方面,他的主要贡献是通过观察和数学推理证明了浮力定律和杠杆原理,还解决了许多形状复杂的物体求重心的问题。从研究方法上看,他是古代世界第一位也是最伟大的重视实验和推理的物理学家。古希腊人对光现象也有所研究。随着对光线的几何研究,精通几何学的欧几里得以几何学的方法研究光学现象,从而开创了“几何光学”。

(五)工程技术

建筑是一项综合性技术,很能反映一个社会的总体技术水平,任何一个古老的文明都可以通过其建筑反映出来。古希腊的建筑具有一定的艺术风格,渗透了不少几何学知识,为后来欧洲建筑所沿袭。从公元前2000年克里特文化时期的米诺斯王宫,到公元前

1400年迈锡尼文化时期的卫城，可以依稀看出希腊建筑的宏伟气象。古典时代最重要的建筑多出在雅典，雅典城南面的巴台农神庙（雅典娜处女庙）是雅典建筑最杰出的典范，其基座长68米，宽30米，基座上耸立着56根10多米高的柱子，高大华丽的列柱是希腊建筑别具一格的反映。希腊人喜用柱廊，经长期发展形成了多利亚、爱奥尼亚和科林斯三种风格，到了雅典时期，多利亚式和爱奥尼亚式最为流行。多利亚式建筑庄严朴实，其石柱不设柱基，柱身上细下粗，并刻有凹槽；爱奥尼亚式建筑明快活泼，其石柱下有基座，上有盖盘，柱身细长，凹槽密集。

到亚历山大时期，时尚鼓励科学与技术结盟，除了建筑工程，在水路和陆路运输工程、军事工程等方面也都有很多建树，尤其在机械制造方面，更是有不少杰作问世。例如，古代科学巨匠阿基米德在亚历山大城求学期间，曾发明了一种螺旋提水器，现今仍被称作阿基米德螺旋，而且到20世纪，埃及还有人使用这种器械。据说他还制作了一个利用水力作动力的天象仪，它可以模拟天体的运动，演示日食和月食现象。更具传奇色彩的是，在阿基米德晚年，也就是公元前3世纪末叶，罗马军队从海路和陆路同时进攻叙拉古。阿基米德运用杠杆原理造出了一批投石机，有效地阻止了罗马人的攻城；而阿基米德发明的大吊车更将罗马军舰直接从水里提了起来，使海军根本接近不了叙拉古城。还有一次，阿基米德召集全城所有的妇女老幼手持镜子排成一个扇面形，将阳光汇聚到罗马军舰上，将敌人的舰只全部烧毁。这些新式武器使罗马军队十分害怕，叙拉古城久攻未克，攻城的罗马军队统帅也苦笑着承认这是一场罗马舰队与阿基米德一人的战争。

此外，早期的工程师克特西布斯（活跃于公元前285~公元前222年间），对技术发明有浓厚的兴趣，并且开创了亚历山大时期的工程传统。据历史记载，克特西布斯曾利用平衡原理为他当理发师的父亲设计了一个可以自由升降的镜子。他发明了压力泵可以压缩空气；利用压缩空气作为动力，他制造了一种弹弓和风琴。克特西布斯最为著名的工作是改进了埃及的水钟，让水滴入一个圆筒中，圆筒内有一浮标，浮标上的指针可以在筒壁上指示时间。

亚历山大的工程传统在希罗那里达到了高峰，他大约是公元1世纪的人，有不少科学著作通过阿拉伯文而传世。在他的《机械术》中记载了许多机械发明，包括杠杆、滑轮、轮子、斜面、尖劈等机械工具的组合使用，这些都是杠杆原理的实际运用。在他的《气体论》中，他指明空气也是一种物质，水不能进入充满了空气的容器，他还认识到空气是可以压缩的。在利用空气动力方面，希罗制造了一个很著名的装置即蒸汽机，这是一个带有两段弯管的空心球体，当球中的水被烧沸之后，蒸汽通过弯管向外喷，产生一个反冲力使球体转动。由于时代的局限性，这个装置只是一个玩具，并没有真正用于生产上。

第二节　古罗马的科学技术

罗马人的祖先大约与希腊人的祖先同时进入地中海地区，正当希腊古典文化处于繁荣之时，罗马人在意大利北部建立了自己共和制的国家。

一、古罗马帝国的建立与自然哲学的衰落

罗马帝国的前史同一系列的对外战争联系在一起。公元前390年，高卢人越过阿尔

卑斯山劫掠了爱达鲁斯坦人的城市和罗马，罗马人在屈辱地用重金赎回城市之后，便重整旗鼓，大约在公元前 265 年，首先征服了整个意大利半岛，接着开始向地中海其他地区扩张。

当时同罗马人对立的是希腊人和北非的迦太基人。希腊人用步兵方阵征服了波斯帝国，罗马人却在总结了以往作战经验的基础上，于公元前 312 年完成了一场军事技术的改革：建立了以小分队组成的军团。这种战斗队形比方阵机动灵活，能够适应较复杂的地形作战。罗马人首先打败了迦太基，随后运用军事力量和老练的外交手段，征服了四分五裂的希腊世界，到公元前 30 年，罗马共和国走完了 200 多年腥风血雨的征战历程，建立了横跨欧亚非三洲的环地中海大帝国——罗马帝国。

作为军事奇才和政治行家的罗马人，在科学（自然哲学）方面实在是令人不敢恭维。他们的面前摆着希腊古典时代和希腊化时期留下的丰富的科学遗产，但他们却几乎没有在此基础上增添新的贡献，甚至将遗产逐步丢弃。

罗马人总的国民性格是重技术轻科学，重政治轻艺术，重实际轻思想，重国家轻个人。在罗马帝国兴起的过程中，紧张而频繁的内外政治事务和军事斗争使他们忙于应付和解决实际问题，而很少把精力放在抽象的理论和学术方面。罗马人侧重于政治、法律和军事问题的钻研，帝国初期的公共工程建设和管理同样必须全力以赴。因此，古罗马人在有关军事工程和城市建设等方面的技术上有些发明创造，而对纯粹科学则贡献很少，使得代表希腊人自由探索精神的哲学和科学渐趋衰落，以致罗马帝国初期的杰出学者西塞罗（公元前 106～公元前 43）也不得不说，希腊人在纯粹数学上遥遥领先，而我们只能做点计算和测量工作。有学者在评论阿基米德被罗马士兵杀害一事时说过一句更意味深长的话："从没有一个罗马人是因为全神贯注于对数学图形的冥想而丧生的。"

意大利半岛上的罗马人虽然不像希腊人那样去研究科学和纯粹的理论，但他们也尊重希腊人的学术成就。在这个包括古埃及、两河流域大部和希腊世界的环地中海大国里，希腊时代已经培育出来的灿烂科学花朵没有完全枯萎，它在帝国的土地上散发着余香，并从这里吸收新的养料而存活，直到把勉强成熟了的种子洒落下来，最后深埋在中世纪欧洲社会的深层土壤里。

二、希腊科学的余晖：托勒密学说和盖伦学说

罗马人在自然哲学或理论科学方面的工作基本上是复述希腊人的知识成就。如果说他们也有自己的科学的话，那么维特鲁维（Vitruvius，活跃于公元前 1 世纪）就是最杰出的代表人物。这位凯撒大帝的军事工程师是罗马人，他受过相当好的希腊教育，但作为罗马人，他热衷的是将希腊知识运用到实际中去。他最为有名的著作是 10 卷本的《论建筑》，这部一直广为流传的著作被称为建筑学上的百科全书，维特鲁维也因此被称为西方建筑学之鼻祖。虽然维特鲁维研究了不少天文学和数学问题，但在这方面他表现出罗马人的不足之处，其理论修养还不足以达到希腊人的水平，比如他算出的圆周率远不如早他 200 年的阿基米德算得准确。

自然哲学家卢克莱修（Lucretius，公元前 99～公元前 55）是罗马人中对希腊文化继承得比较好的学者，他以其长诗《物性论》闻名后世。该书是古代原子论唯一流传下来的文献，因而具有重要的历史意义。

罗马时期另一位重要的科学人物是博物学家普林尼(公元23~79),著有37卷的《自然史》。这部巨著是对古代自然科学知识百科全书式的总结,内容涉及天文、地理、动物、植物、医学等科目。普林尼以古代世界近500位作者的2000多本著作为基础,分34707个条目汇编自然知识。他在复述前人的观点时忠实而缺乏批判性,各种观点不论正确与否一概得到反映,特别是谈到动物和人类时,许多神话鬼怪故事夹杂其中,像美人鱼、独角兽等传说中的动物也被当作真实的东西与其他生物并列。《自然史》对第二手材料的忠实,为后人研究古代人的自然知识提供了珍贵的依据。

然而,在整个罗马时期最出色、称得上古代科学余晖的科学家应该是天文学家托勒密和医学家盖伦。托勒密沿着欧多克斯、希帕克斯等人的道路,集古希腊天文学的大成,把地心说发展到了最高峰。在托勒密体系中,地球位于宇宙的中心静止不动,地球之外有11层天,依次是月亮天、水星天、金星天、太阳天、火星天、木星天、土星天、恒星天、晶莹天、最高天、净火天。太阳和月亮直接绕地球运转;最高天即原动天,全部球层受原动天推动,自东向西绕地球作周日旋转;除恒星之外,恒星以内的七重天又都有各自的与周日旋转相反的运动,周期从月亮的一月、太阳的一年……到土星的30年。地球坐落在宇宙的中心,一切重物都被吸到地球上来,日、月、星辰如果不是被固定在各自的天球上,也会趋向宇宙的中心。

托勒密设想,行星仍在本轮上匀速运行,本轮中心在均轮上运行则是不等速的,但对于偏心圆周内某一点仍保持角速度相等,这一点不是均轮的中心,而是另一个叫做"等距偏心点"。这个点位于圆心的另一侧,与偏心点对称。为了回答水星和金星附日而行、受太阳控制的问题,托勒密假定水星、金星本轮的中心总是处在地球-太阳的连线上。

托勒密在亚历山大城完成了系统总结希腊天文学优秀成果的名著《天文学大成》,这部13卷的著作被阿拉伯人推为"伟大之至",结果书名就成了《至大论》。其中,第1、2卷描述了地心体系的基本构造,并用一系列观测事实论证这个模型;第3卷讨论太阳的运动以及与之相关的周年长度的计算;第4卷讨论月球的运动;第5卷计算月地、日地距离;第6卷讨论日食和月食的计算方法;第7、8卷讨论恒星和岁差现象;第9~13卷,分别讨论了五大行星的运动,本轮和均轮的组合主要在这里得到了运用。托勒密的体系(地心说)由于较好地容纳了望远镜发明之前的天文观测,所以一直被作为最好的天文学体系,统治了西方天文学界1000多年。

出生于小亚细亚帕尔加蒙(今土耳其的贝加莫)的盖伦,他在医学中的地位就像托勒密在天文学中的地位一样,曾经统治西方医学1000多年。作为希腊医学的集大成者,盖伦的主要贡献是系统总结了希腊医学自阿尔克芒、希波克拉底以来的成就,创立了自成体系的医学理论。他的理论基于自己大量的解剖实践和临床实践,对人体结构和器官的功能有比较正确的描述和说明。他的人体生理模型("三灵气说")是这样的:人自食物中所摄取的营养至肝脏内变成静脉血,静脉血带着支配生长的"自然灵气"经心脏右侧流向全身又沿原路返回;流经心脏的静脉血的一部分穿过心脏膈膜上的微细孔道进入心脏左侧,从那里流经肺与空气接触并带上支配运动的"生命灵气"转变成为动脉血,循动脉流向全身也沿原路返回;流经大脑的动脉血中的生命灵气又在那里变成"动物灵气",动物灵气通过神经系统支配全身的思想活动。虽然这个模型没有血液循环的概念并且带有许多臆测成分,但它终究是企图全面阐明人体生理的早期尝试。由于盖伦的学说包括了医学理论与实践的各个领域，很长时间以来一直被人们遵从，由此也奠定了西方医学的基础。

三、古罗马的技术成就

在实用技术和公益事业上，罗马人有非常杰出的创造和伟大的业绩，这特别反映在农业、建筑工程等方面。

古罗马是一个以农业为主要生计的国家。帝国时期的农庄、果园和牧场规模增大，埃及地区的灌溉系统也得到了改善。带轮的铁犁，改进了的锄、耙、锹、镰和打谷工具以及二圃制和粪肥，标志着这个奴隶制帝国的农业技术水平。

版图广大的罗马帝国为了巩固自己的统治，非常重视交通运输和通信事业的发展。罗马帝国时期四通八达的道路网总长达到 8 万千米，干线和分支延伸盘绕在以今意大利为中心的帝国身躯上。这些公路的设计有一定的标准，多数地段以石板铺地面，并在沿途竖有里程碑，遇河架桥、逢山凿洞，它们的残迹今天还依然可见，“条条道路通罗马”的成语正是当时的写照。

罗马人的引水工程尤其著名。从公元前 4 世纪起，罗马人为供应城市用水，逐步修筑了 9 条总长达 90 千米的水道工程。在帝国时期，水道工程扩展到其他区域，并且还用于灌溉。引水渠通过洼地的时候以石块砌成高架拱槽，在法国和叙利亚境内的引水渡槽有的高达50～60 米，还采用了虹吸技术。

罗马的公共建筑也不亚于希腊建筑，它们规模宏大、结构坚固，用的是大理石和罗马人自己发明的速凝混凝土。最著名的建筑物中有万神庙和圆形竞技场，万神庙是罗马皇帝哈德良于公元 120 年至 124 年建造的，它的屋顶是圆的，直径达 42 米，前门由两排 16 根列柱支撑，带有希腊式神庙的建筑风格。罗马可里西姆大圆形竞技场建于公元 72 年至 80 年间，直径 180 米左右，四周是四层高高的看台，据说可容纳 5 万人观看奴隶角斗。除了神庙和竞技场外，罗马的公共建筑还有凯旋门、纪功柱、公共浴场等。

第三节　古罗马、古希腊后欧洲的科学技术

欧洲科学的发展有一个明显的特点，就是大起大落。公元 476 年以前为希腊、罗马时期，科学技术发展处于世界高峰。但到了 476 年以后，随着西罗马的灭亡，科学技术也衰落下去，欧洲从此进入长达 1000 年的封建社会，史称中世纪。直到 12 世纪以后，欧洲科学又开始发展，并在此基础上形成近代科学。

一、欧洲中世纪前期科学技术的衰落及原因

（一）欧洲中世纪前期科学技术的衰落

中世纪的欧洲基督教会有很大的势力。从 8 世纪起教会实际取得了社会的政治权力，占有西欧 1/3 的土地，并向全体居民征税。教会还垄断思想文化，禁绝任何违背宗教教义的思想言论。在中世纪前期，由于教会的摧残，学术没有了生机，科学技术停滞不前。教皇格里哥利一世(590～604)曾公然宣称：“不学无术是信仰虔诚之母”，并亲自下

令焚毁了罗马图书馆。教会推行的信条和准则是“启示高于理性”、“知识服从信仰”、“哲学(包括科学)服从神学”。于是,科学成了“教会恭顺的婢女”。数学被用来计算耶稣复活的时刻,天文学要论证上帝在天上的位所,就连古生物化石也被说成是造物主的遗弃物。这些倒行逆施使欧洲在几百年里熄灭了理性思维的火炬,断送了学术研究的生机。古希腊科学思想的余晖在古罗马时已经黯淡,经中世纪前期的摧残更荡然无存了。

中世纪前期欧洲手工业衰败,一些昔日繁华的工商业中心城市几乎成了废墟。各国封建主修建了一块块的庄园,罗马时代的大型水利工程、高架引水桥、公路等都变得无用了。除了农业技术略有进步外,从整体上看,中世纪前期欧洲的技术和罗马帝国兴盛时期相比是大大倒退了。

因此,科学史上将这一时期称为“黑暗时代”。

(二) 欧洲中世纪前期科学技术衰落的原因

贝尔纳(J. D. Bernal,1901~1971) 认为,“科学在所有基督教国家里进展迟缓,这主要不是由于教会本身,而是由于若干经济条件,它们如此长久地维持教会充当了蒙昧主义者的角色。在封建环境下,进步不可能再快一些。”这种观点值得商榷,因为封建制的经济条件一定会比奴隶制高,在封建时期起码科学应保持过去的水平,但事实情况是倒退。也有人把这种倒退看成是战争的结果,但战争并未毁灭一切城市文明,亚历山大城、安提阿城、君士坦丁堡都没有遭到破坏,而且还维持着有秩序的行政,这些是当时希腊科学繁荣的地方。就是战争毁了其他地方,尚存的这些地方的文明也应会很快传播开去,所以,仅用战争使欧洲文明倒退的观点也说不通。对欧洲中世纪前期科学衰落的原因,应当进行综合分析,即综合考虑战争、政治、宗教等因素的共同影响。

1. 战争使古希腊文明大部分遭到破坏

查阅翦伯赞主编的《中外历史年表》一书可以发现,从公元 476 年开始到欧洲中世纪晚期,几乎年年都有战争,有的是内战,有的是国家间的战争。其中比较重要的有波斯和拜占庭帝国之间的战争;阿拉伯人和拜占庭之间的战争;查理曼同撒克森人之间的战争(804 年结束);神圣罗马帝国的奥托一世(Otto Ⅰ,912~973)的三次意大利远征;十字军东征(1099~1291);英法之战(1109~1113,1224~1227 年)等。连年的战争必然带来环境动荡,物质生产难以为继。

2. 日耳曼民族的入侵

公元 4~5 世纪,由于从东方来的匈奴人的逼迫,原来居住在中欧一带的日耳曼人大批南下,与罗马帝国境内起义的奴隶相呼应,于公元 476 年摧毁了西罗马帝国,在南欧、西欧建立了一批小国,开始向封建制过渡。日耳曼人入侵前处在氏族制刚解体阶段,远远落后于罗马的奴隶制;加上随后建立的一批小国很快进入自给自足的自然经济,政治上的分裂使文化交流受到阻碍。我们知道,古希腊文明是围绕地中海展开的,他们凭借地中海互相沟通,并传播各地的思想、文化与商品。罗马人统治时期,仍把地中海作为帝国的中心,各行省的活动仍集中于此,以致罗马人把地中海称为“我们的私海”。文化与商品的交流一旦受阻,城市也只能衰落下去。

帝国的解体使长途贩运的商业停止了,每一个采邑只好自己发展手工业生产;帝国的灭亡又使原有的奢侈品工业失去了市场,这方面的技术渐渐中断;帝国的灭亡也使大规模的引水工程、灌溉工程、道路系统成为多余的。这些与希腊时代相比都是倒退。

3. 基督教的兴起

罗马帝国时期，罗马皇帝实行了一系列的军事暴政，造成广大奴隶生活困苦，阶级矛盾尖锐，代表没落奴隶主思想的斯多葛派、新柏拉图主义、怀疑论学派应运而生。他们悲观失望，只好求救于宗教。从公元 2 世纪起，炼金术和宗教势力抬头。基督教最初出现在犹太人中，犹太人在公元前 11 世纪在现今的以色列和巴勒斯坦建立了以色列王国。它处于西亚到北非的狭长走廊地带，是历史上的兵家必争之地。亚述帝国、新巴比伦、波斯、马其顿、罗马都多次蹂躏过这个国家，致使这个地区的人民，尤其是下层人士、奴隶，不得不长期远离家园。他们生活很悲惨，需要精神上的安慰，基督教就是适应这一需要建立起来的。

基督教摆脱了原先犹太教的犹太民族神宠论（认为犹太人是神的选民，特殊受到神宠），又保留了犹太教中为群众所倾心的一切，并创造出耶稣为了人类不再受难而牺牲自己的动人故事，这不仅具有情感的动员力，而且改变了许多宗教中都有的不断向神献出动物祭品和与之相关的繁琐的宗教仪式，减轻了信徒的精神和实践压力（比如他们无法拿出祭品时）。

基督教宣扬的灵魂不灭、可升入天堂的引诱作用也是相当大的，尤其是罗马统治下的平民、奴隶，他们受的压迫最严酷，对尘世中的未来他们不抱希望，也不畏惧日后被天火烧光的结局。这些人参加基督教的很多。到了公元 2 世纪，随着人数增加，就成立了与国家相平行的教会组织，政府多次迫害，都不能摧毁它。于是政府变镇压为利用，给以基督教合法地位，后来竟连皇帝君士坦丁自己也加入了该教。教会有了权力，能赏能罚，它就对不赞同基督教的其他哲学进行迫害。529 年，信奉基督教的皇帝查士丁尼（Justinian，483～565）又封闭了雅典学校，赶走了教授。以后的发展是知识要服从于信仰。当然科学之成为神学的婢女，并不全是认识论或意识形态上的原因，主要还由于科学自身还不够强大，还没有成为足以和宗教势力相抗衡的社会力量。

从科学产生过程中它和宗教之间的亲密关系以及从基督教势力的蓬勃发展看，科学依附于宗教是必然的一个阶段。从本质上看，宗教和科学是对立的，宗教的活跃意味着科学退步。这是由四个方面的原因决定的：

第一，教会使用暴力来统治人们的思想。1220 年教皇洪诺留三世（Honorius Ⅲ ？～1227）下令设立宗教裁判所，并规定，只要有两人作证，控告即可成立，一切有利于被告的证词将不再起作用。证人若想收回证词，就视为同谋；被告不认罪，就反复用刑拷问；再不认罪就处以火刑；认罪后终身监禁。也可不经审判就将被告处死。这种高压政策对科学发展是不利的。

第二，宗教把圣经看作一切知识的集合，完全排斥了世俗文化。他们宣传说，只有基督教才代表真理。正如奥古斯丁（Saint Augustine，354～430）说，从圣经以外获得的任何知识，如果它是有害的，理应加以排斥；如果它是有益的，那它是会包含在圣经里的。早期基督教神学家德奥图良（Tertullianus，150～222）说得更直接，在有教会以后，我们不需要任何求知欲，不需要作任何研究。

正因为如此，389 年基督教人捣毁了公元 2 世纪重建的亚历山大图书馆，392 年焚烧了存有大量图书的塞拉庇斯神庙；在教会宣布“数学是魔鬼的艺术”的同时，公元 415 年亚历山大最后一位数学家希帕亚(Hypatia ,约 370~415) 被西里耳教长指使狂徒将他处以裂刑。

但圣经总不能包含一切知识,也无法扼杀人的好奇心。当人被经验事实所吸引后,奥古斯丁就告诫人们,在家里坐着的时候,与其将注意力被蜥蜴抓住苍蝇或者蜘蛛用网套住苍蝇这些小事吸引过去,不如不要忘记赞美无所不能地创造出万物的神。当这种告诫不起作用时,他们就动用宗教裁判所的力量:1327 年意大利的阿斯科里(Ascoli,? ~1327) 说地球是球形的,被宗教裁判所用火烧死;1611 年有一个主教说虹是水滴反光的结果,被开除教籍,死于狱中,死后尸体还被砍碎。有人甚至因为说事物会变化,过去人们的生活同现在不同,也被割了舌头并烧死。15 世纪西班牙宗教裁判官托尔奎马达一人就判了 1 万多人火刑,平均每天要烧死一个异教徒。

在圣经就是一切的思想指导下,许多修道院把古代学者写在羊皮纸上的著作刮去,改抄圣经。到 7 世纪末,西班牙首府托利多的主教图书馆内,古希腊罗马的著作只剩下西塞罗一个人的作品了。他们的认识水平早已倒退到毕达哥拉斯以前的水平,如 535 年基督教徒科兹梅写了一本《基督教的宇宙形象图》(全名叫“以基督教徒所不容怀疑的圣经证据为基础的基督教的宇宙形象图”) ,其中提到,我们要跟先知者以赛亚同样地说,笼罩着宇宙的天具有圆穹的形状;我们要跟约翰同样地说,天和地是连成一片的;而跟摩西同样地说,地球长比宽大一些。这是典型的天圆地方说,是早期的宇宙理论。

就连最有用的医学也倒退到蛮荒时代的水平。6 世纪下半叶法国格列高利(Saint Gregory,539~594) 主教说,敬拜死去的圣徒能治百病,吃神龛上的一撮土能治胃病,舐圣徒墓前的栏杆能治喉痛,任何东西只要放在圣徒墓周围,就能得到神奇的能力,能治百病,驱百邪。难怪中世纪每年死于天花的就有 150 万人,人的平均寿命只有 25 岁。

992 年,在罗马举行宗教会议时,竟找不到识字的神职人员来做记录,这足证基督教统治下的文化荒漠化现象十分严重。

第三,把智力引导到无用的求证上。一方面经院哲学用抽象、繁琐的推理来论证神学教条,另一方面又引诱人们从概念到概念,沉溺于玄想空谈之中。如天使是否要睡觉?一个针尖上能站几个天使? 都成了他们长篇论文的主题。对鼹鼠是否长眼睛的问题也可以引经据典,争论不休,就是不肯捉一个来看个究竟。

第四,把亚里士多德神化。1200~1225 年,亚里士多德(Aristotle,公元前 384~公元前322)的著作被重新发现,书中深奥的哲理和丰富的内容,给中世纪的欧洲展示了一个新的思想世界。若由此发展下去,也许会很快导致复兴运动的到来。但 1209 年,巴黎教会把亚里士多德的著作列为禁书。见禁止无效时,教会又改变了策略,1231 年教皇格列高利九世下令重新修订与评注亚氏的著作,加以歪曲,并使之与神学教义相一致。正如列宁(V. I . Lenin,1870~1924)说:“僧侣主义扼杀了亚里士多德学说中活生生的东西,而使其中僵死的东西万古不朽。”把亚氏神化,则使他的错误思想得以广泛流传。如直到 1614年,研究亚氏的著名学者凯克尔曼仍然把亚氏如下话当作经典:“重力起因于寒冷、密度和大小”;“水在水中或水面上没有重量,因为它在自己所在的地方”;“水在水泵里的上升是因为自然界厌恶真空……”当波义耳(R. Boyle,1627~1691)发表他的跟亚氏观点相矛盾的流体力学的实验结果时,也不得不在“流体静力学佯谬”这一标题下提出。

伽利略(G. Galilei,1564~1642)也曾讲过一个故事,能说明亚氏的错误思想阻碍了人们对新事物的接受:一个经院哲学家从亚氏书中读到“神经会合于心脏”,在解剖学实验室中他又看到,“神经会合于大脑”。他宁愿相信亚氏的话,也不相信事实。他说:“这件事情使你我看得非常清楚,如果不是因为亚里士多德的课本上讲的和这相反,我将不得不承认它是事实。”在事实和书本面前,究竟应该以什么作判据,这个十分明白的问题居然被完全颠倒过来了。

二、欧洲中世纪后期科学技术的复苏及原因

从11世纪开始,教会为了扩张自己的势力,以宗教为借口,对地中海东部沿岸的伊斯兰教国家先后发动了8次十字军东侵。这场延续近两个世纪的战争在给被波及地区的经济、文化造成重大破坏的同时,也给西欧带来了阿拉伯文化。从而促进了中世纪后期技术的发展和学术的复兴。

(一)阿拉伯文化的传入

十字军东侵前,西欧的科学文化远比东方落后,古希腊文化在那里几乎已被人们遗忘,大量的学术典籍也散失殆尽。而此时的阿拉伯人为了学习和研究古希腊学术,曾经花费很大气力去搜集、整理和翻译古希腊的学术文献,使其得以在他们的手中保存下来。同时,他们也大量吸取埃及、印度和中国的科学文化,并在天文学和数学等领域取得了重大成就。十字军东侵客观上促进了东西方文化的交流,许多用阿拉伯文保存下来的古希腊学术著作以及东方的科学技术成就,都在这个时期传入西欧。欧洲人从阿拉伯人那里重新认识了古希腊文化,认识了古印度和阿拉伯的科学,也知道了中国的四大发明和其他许多先进技术。欧洲的科学文化从此出现了转机。

(二)技术上的巨大进步

随着东方技术的传入,西欧的技术水平有了显著的提高。中世纪后期,西欧人已逐步掌握了铸铁、造纸、印刷、制瓷、养蚕、丝织等技术,发明了火炮、印刷机和多种生产机械,学会使用指南针和船尾舵进行航海,等等。此外,在水力和风力的利用上也前进了一大步。在不过几百年的时间里,欧洲人一下子接受并且掌握了许多世界上最先进的技术,一个原来比较落后的欧洲便很快地赶上来了。

(三)欧洲学术的复兴

东方的先进技术促进了欧洲生产力的发展,而古希腊文化的重现又解放了人们的思想。随着以工商业为中心的城市的兴起和作为资产阶级前身的市民阶层的形成,在学术上也出现了复兴的趋势。人们渴望获得新的知识,追求新的思想文化,大胆冲破当时居于统治地位的经院哲学的束缚。在12、13世纪,学习阿拉伯文化、翻译古希腊学术著作的活动形成高潮。从这时起,一些城市陆续兴办起大学,如法国的巴黎大学、英国的牛津大学和剑桥大学、意大利的帕多瓦大学等都产生于这个时期。至14世纪末,欧洲已有大学65所。大学的兴办对激发人们的求知欲和学术活动的复兴起了重要的促进作用。大学成了学术讨论的场所,成了市民阶层的思想文化阵地。大学中的许多知识分子成为宣传理性与科学、反对封建相宗教神学统治的重要力量。如罗吉尔·培根对实验和数学方

法的倡导、冲力派对亚里士多德的力学理论的批判等，都表现出了反叛的精神，动摇了神学统治的基础。中世纪后期欧洲学术的复兴，预示着自然科学争取解放的运动行将到来。

目前对中世纪的认识是：中世纪决不全是黑暗时代。它并不像人们以往常常认为的那样，整个中世纪都是处在思想闭塞的环境中，只是进行语言繁琐的辩论，对近代科学的形成只起了阻止的反动的作用。

在西欧的近代科学得以发展的背后，有过一个漫长的基督教世界的长期思想进展。特别是在12世纪，通过阿拉伯传入希腊科学新知识以来，出现了活跃的自然研究新动向，这些新动向和1277年以后的亚里士多德批判相结合，在14世纪达到顶点。在谈到这个问题时，科学史家萨顿（G. Sarton，1884～1956）曾在《科学史导论》一书中说："中世纪不是黑暗的，中世纪黑暗，实际是我们有关中世纪的知识太贫乏了。"

●复习思考题

1. 简述古希腊科学技术的历史地位。
2. 简述古罗马科学技术的历史地位。
3. 中世纪前期欧洲科学技术的衰落，并分析其原因。
4. 中世纪后期欧洲科学技术复苏的原因是什么？有哪些？

第四章　古代中国的科学技术

中国是世界四大文明古国之一。考古资料表明，中国是人类发源地之一。大约在七八千年前，长江和黄河流域已进入农业社会。从地理环境上看，中国的北面是寒冷的沙漠和西伯利亚荒原，古籍中泛称之为“北海”；东南方面是辽阔的海洋，古人以为那是大地的尽头；西面有喀喇昆仑山脉、喜马拉雅山脉，阻断了中国与西方的交通。由于这样的地理环境决定，使得中国的先民与其他文明古国长时间缺少交往，中国的文明独立发展，自成体系。

中华民族自称炎黄子孙，有5000年文明史。中国历史上第一个王朝是夏朝，约建立于公元前21世纪。第二个王朝是商朝，约建立于公元前18世纪，自商代起有了文字。自西周共和元年(公元前841年)起，中国开始有正式的史书纪年，中国历史上的年代可以与公元纪年准确对照。中国古代文明一直延续至今没有中断，这是世界历史上的奇迹，绝无仅有。中国有近3000年的准确记载的史料，使得中国的史料格外有价值。

中国目前可考的科学萌芽于商代，甲骨文记载了中国最早的科学知识。一直到西周，中国没有科学著作流传下来。比起古埃及和两河流域，中国科学的发展要晚很多。春秋战国时期，随着社会的大动荡、大变革，中国出现了“士”这个社会阶层，思想空前活跃，科学有了迅猛发展。从战国末年到汉代，中国的天文学、数学、医学和农学都形成了自己的知识体系，出现了一批经典著作，为中国以后的科学发展奠定了基础。魏晋南北朝之后，中国的科技逐渐走到了世界的前列，到宋元时代达到高峰。按照李约瑟的观点，中国从公元3世纪到13世纪的大约1000年间，科学技术的水平为西方望尘莫及，各种发明和发现远远超过同时代的欧洲，促使西方走向近代的发明大约一半是自中国传入的。

中国古代科技史的内容浩如烟海，我们只能简要论述它的发展与特点。

第一节　古代中国的科学与技术

一、古代中国的科学成就

(一) 古代中国的天文学

中国古代天文学在星象观测和历法制订方面都有辉煌的成就。统治者的重视是中国古代天文学发达的重要原因。中国以农立国，历法与农业生产关系极大；中国古代迷信占星术，认为星象的变化预兆着人世间的变化，这两个因素使得中国历代统治者都非常重视天文观测。《尚书·尧典》中说：“乃命羲和，钦若昊天，历象日月星辰，敬授人时”，表明中国从传说中的帝尧时代开始就已有专职的天文官员了。在后来，朝廷中一直有管天文的官员，这也可算是中国古代的一个特色。

中国从远古时代就已开始根据星象观测确定季节。《尚书·尧典》中说，根据黄昏时位于南方天空的是什么恒星，可以确定一年的四季。据传反映夏代知识的《夏小正》中讲到，一年12个月都有一些显著的天象为标志。殷商甲骨文准确地告诉我们，商代的历法是阴阳历。战国时的四分历,已经把一年的长度精确到 365. 25 日,所以中国古代分圆周为 365. 25 度,太阳在天上每天移动一度。这个规定是中国古代天文学体系的一个特点,是中国古代天文学自成体系的标志之一。

到汉代时,中国的历法基本定型。从内容上说,它不仅是确定年、月和二十四节气,安排闰月,还包括日月食和五大行星运行的推算,类似于现在的天文年历。以后的历法制订工作,主要是进一步提高精度。古希腊天文学以讨论宇宙结构为主要内容,古代中国、古代印度都是以历法制订为天文学的主要内容。

天象观测是中国古代天文学另一项主要内容。在二十四史中,历法制订的内容在《律历志》中,而天象观测结果记载在《天文志》中。中国史籍中保存有 2000 多年来关于日食、月食、彗星、新星、太阳黑子等天象的丰富观测记载,是现代天文学研究难得的宝贵资料。

中国古代对恒星的观测成果,反映在历代的星表和星图中。战国时代的“石氏星表”,是世界现存最早的星表。在敦煌发现的唐代星图,是世界现存的最早星图。中国古代为了认识恒星和观测天象,把恒星几个几个地组合起来,这样的组合叫星官,每个星官都有名字,其中最重要的三垣二十八宿,成为中国古代的星空区划体系,这也是中国古代天文学的一大特点。二十八宿中部分星宿的名字,在《诗经》中就已经出现了。根据考古资料,中国至迟在公元前 5 世纪已形成完整的二十八宿体系。

到元代时,中国古代天文学成就达到高峰。元代历法《授时历》定一年长度为 365. 2425 日,是世界历法史上最精确的数值,比欧洲早采用 400 年。由于腐朽的封建统治者害怕有的天文学家“妖言惑众”,于自己的统治不利,严令禁止在民间进行天文学研究。这种政策造成明代天文学人才极缺,使中国天文学开始走下坡路。统治者对天文学的重视曾是促进中国古代天文学发展的原因,到后来又转化为中国古代天文学发展的桎梏,真是“ 成也萧何,败也萧何”。到明朝末年,中国人自己已经没有能力修订历法了,只好请西洋人帮忙。

(二) 古代中国的数学

中国古代数学有据可查的资料始于商代,比古代埃及和两河流域要晚。从殷商甲骨文反映的数学水平也可看出,那时中国数学还在萌芽阶段。但自汉代以后,中国数学逐渐走到世界前列。中国数学较早实行了十进位值制,这是一个特点,也是一个优点。商代甲骨文中有 13 个基本的数字符号,是一、二、三、四、五、六、七、八、九、十、百、千、万,表明是十进制。表示几十、几百、几千、几万的方法,商代是用合文书写,如上边一个五字、下边一个百字,合起来表示五百。这样的书写方式较容易向位值制演变。李约瑟曾说:“商代的数字系统总的说来要比同时代的古埃及和巴比伦更先进,更科学。”

春秋战国时代是中国数学迅速进步的时代,乘法运算和分数运算,在这个时代都肯定出现了。最早的数学著作,可能也是在战国末年出现的。筹算制度是中国古代数学特有的制度。它的计算工具是算筹,不需纸和笔就可进行数学计算。珠算制度是到宋元时代从筹算制度演变出来的。筹算制度有方便快捷的优点,但是它不保留运算过程,对进行数学研究有不利之处。它对中国数学的发展可能有过促进作用,但到后来是妨碍中国数学向更高层次发展的限制因素。

《九章算术》是中国古代数学的经典著作，其成书年代不晚于西汉。全书共讲述了246个问题的解法，它们被分为九章即九大类。对于每一个问题，书中都是先给出问题，再给出答案，又介绍算式。至于为什么应当这样列算式，书中没有明示，所以明代徐光启说这是“鸳鸯绣出从君看，不把金针度于人”。书中的解题方法涉及分数四则运算、负数运算、解联立方程组、双设法、开平方和开立方等，表明那时中国数学已有较高水平，某些解法已走到世界前列。《九章算术》的编撰方式、解题方式，对以后中国的数学著作影响很大，可以说是起到了楷模的作用。此书的出现，既是汉代中国数学水平的代表，又是中国数学体系形成的标志。从重实用、以实际问题为纲编撰数学著作这个方面来说，中国古代与古埃及、两河流域和古代印度是相同的，这些地区古代都没有出现像欧几里得《几何原本》那样的重理论、重演绎推理的数学著作。

隋唐宋元时代中国数学水平不断提高。贾宪、秦九韶、李冶、朱世杰等数学家取得了领先于世的数学成就。同时，改进筹算乘除法，发明珠算盘，完成了计算工具的改革。

贾宪是北宋数学家，著有《黄帝九章算经细草》九卷，创造贾宪三角和增乘开方法，将整次幂二项式的系数摆成一个三角形，将传统开方法推广到任意高次。贾宪三角，超前其他文明4~6个世纪，西方叫帕斯卡三角。

秦九韶是南宋数学家，1247年著成《数书九章》，分大衍、天时、田域、测望、赋役、钱谷、营建、军旅、市易等九类81题。其军事问题之多且复杂，反映当时社会经济状况之翔实，超过以往任何数学著作。其中大衍总数术与正负开方术是其主要贡献。大衍总数术是系统的一次余式组解法，其核心部分是大衍求一术。欧洲18、19世纪数学大师欧拉拉格朗日、高斯经过60多年的努力，才达到相同水准，但已在秦九韶之后五百五十多年了。正负开方术把高次方程正根的解法发展到十分完备的程度，欧洲19世纪才出现同类方法。

李冶（1192~1279）是金元数学家，1248年著《测圆海镜》，1259年著《益古演段》，是现存最早使用天元数的数学著作。天元术是中国传统数学列方程的方法。立天元一相当设未知数x，在一次项旁边记一“元”字表示天元多项式。根据问题的条件列出两个等的天元式，两者相消便得到一个一元方程式。

杨辉是南宋数学家、教育家，著有《详解九章算法》、《杨辉算法》，在总结民间乘除捷算法、幻方造法上有贡献。

朱世杰是元代数学家，著有《四元玉鉴》，创造四元消法，即多元高次方程组解法，对垛积术、招差术的发展是本书最大的贡献，是代表中国传统数学最高水平的著作。

可能是中国封建社会缺少推动数学发展的动力，还可能有中国数学体系自身的原因，使得明代没有产生出更高水平的数学著作，甚至无人能懂朱世杰的著作。中国数学悲壮地衰落下去了，实用的商业数学和珠算倒是发展起来了。

（三）古代中国的医学

医学是中国古代四大传统学科之一。经过长期医疗实践和积累，中国古代医学发展成具有鲜明民族特色的医药体系：生理病理学以脏腑、经络、气血、津液为内容；治疗学强调以“四诊”（望、闻、问、切）进行临床诊断，以“八纲”（阴阳、表里、虚实、寒热）辨证施治；药物学以“四气”（寒、热、温、凉）、“五味”（酸、甘、苦、辛、咸）来概括药物性能；方剂学以

“君臣佐使”、“七情和合”来配药；针灸学以经络、腧穴为主要内容；还发明推拿术、气功、导引等治疗方法。

中国古代医学的突出特点是：以阴阳五行演说为指导，从生理、病理、诊断、药物、治疗、预防等各方面，强调整体治疗，不是简单地“头痛医头”、“脚痛医脚”。中医药学代代相传，不断得到充实和提高，至今仍是重要学科。

正如其他传统学科一样，中国古代医药学的重要成就也与一批著名医学家和医书典籍紧密联系在一起，并流传至今。

中国正史上记载的第一位著名医学家是扁鹊，约生活于春秋末年。他医术高超，通内、外、妇、儿、五官各科，擅长针灸，精于望诊、脉诊，并创立了脉学理论。

迄今已知中国最早的一批医学著作是1973年在湖南长沙马王堆汉墓出土的帛书与竹简《足臂十一脉灸经》、《阴阳十一脉灸经》、《脉法》、《五十二病方》、《养生方》、《杂疗方》等十余种医书。

《黄帝内经》是托名于“黄帝”的医学著作，是先秦至汉医学家的成果总结。内容包括人类的生理、病理、医理、药理等理论和诊断、针灸、预防等方法，对后世中医学发展具有深远影响。

《难经》又称《八十一问》、《黄帝八十一难经》，约成书于东汉时期，以自问自答的方式，提出了医学中存在的八十一个问题。包括脉诊、经络、脏腑、病候、腧穴等方面。该书针中国传统的阴阳五行学说应用于医学理论与治疗方法，构成完整的理论体系。

《神农本草经》是中国最早的药物学著作，约成书于东汉，记载药物365种，分上、中、下三品，上品为营养滋补药物，中品为抑制疾病药物，下品为作用较强的猛药。其中许多药物临床实践验证有很好疗效。

张仲景（约150~215），著名医学家，撰有《伤寒杂病论》，将外感热病分为六个阶段，论述了每个阶段的症候，病理与施治方法，提出辨症施治的原则；总结了复方配伍，对后世医学产生有很大影响。

华佗（约145~208），著名医学家，精通内科、外科、妇产科、针灸科，尤其擅长外科。发明全身麻醉术，用服麻沸散，配合外科手术施用。创造“五禽戏”，即模仿虎、鹿、猿、熊、鸟五种禽兽的动作姿态，做保健操。

王叔和，汉末晋初的医学家。精通脉学，撰《脉经》10卷，总结归纳为24种脉象，该书是现存最早的脉学著作。

皇甫谧，魏晋间医学家，《针灸甲乙经》，该书对前人的针灸理论进行加工整理，并提出了将穴位与经脉理论体系贯通的主张，对针灸学的发展起了重要作用。

《诸病源候论》成书于610年，由隋太医博士巢元方等人受命编写，撰述内、外、妇、儿、五官、传染等科疾病的病因、病理和症状，是中国历史上最早也是内容最丰富的一部病因病理著作。

《新修本草》是上唐高宗敕令撰著的药典，完成于公元659年，这是中国也是世界上最早由国家颁布的药典。全书共54卷，分正文、药图、图注三部分，收载药物844种，在药物收集的广泛性、可靠性和实用性方面，均超过了以前的本草著作。

孙思邈是唐代杰出的医学家，医药学著述近百卷，名著为《千金方》。《千金方》是《千金要方》和《二金方》的合称，主要内容包括中医理论和临床各科的诊疗、预防等，特点是重视妇科、儿科、食疗、民间方药、医德;《千金翼方》除对《千金要方》进行补充外,还收载中药物800多种。

公元8世纪,藏医学家宇妥·元旦贡布曾多次到内地及印度等邻近国家学习医学,与其他几位藏医学家一起编写出《四部医典》,该书包括医学理论与临床实践,讲述病因病理、诊疗方法、药物方剂等,奠定了藏医学的理论基础。

道家著作《正统道藏》中收录有烟梦子的六幅《内境图》,绘于10世纪中叶之前,是中国现存最早的人体解剖图。宋代解剖医学有重大的发展,在刑场实际解剖基础上绘制的《欧希范五脏图》和《存真环中图》,纠正了前人解剖图若干谬误。特别是《存真环中图》,对人体的胸腔、腹腔、消化、泌尿、生殖系统等都有较详细的描述,对元明解剖学的发展产生了重要影响。

南宋淳祐七年(1247)宋慈(1186~1249)写成《洗冤集录》,被誉为世界上最早的法医学著作。对人体解剖、尸体外表检验、现场勘察等有较全面的记载,并列举近20种死亡情况的特征与检验要点。该书被传播到朝鲜、日本和西欧。

金元时期,医学界形成"金元四大家"学派:刘完素认为大部病因是火热造成,提倡用寒凉药物,被称作"寒凉派";李杲主张脾胃伤害是致病的主因,要以补脾胃为主,被称作"补士派"张从正认为邪气病因,被称为"攻下派";朱震亨治疗善用滋阴隆火之剂,称为"滋阴派"。

宋代出现专门的儿科医家,编成《小儿药证直诀》、《小儿卫生总微论方》等著作。著名医师陈自明撰写的《外科精要》,反映了当时的外科学成就。元代的骨伤科有长足发展,《世医得效方》在骨折整复方面富有建树。

李时珍是明代著名医药学家,著《本草纲目》,收录药物1892种,插图1109幅,附方11096首。创立了本草学接近现代科学分类的纲目体系,纠正了前代本草学中的讹误。《本草纲目》被认为是药物学的集大成之作,也是一部百科全书式的博物学巨著。

人痘接种法是明代中医学的一项重要发明,其目的是预防天花。人痘接种是通过痘衣、痘浆、旱苗等方法使受到天花的轻微感染,从而达到免疫的目的。这种方法对预防天花有显著的效果,发明后影响逐步扩展,对欧洲牛痘接种法的发明有重要的启示作用。

(四) 古代中国的农学

中国自古以农为本,是历史悠久的农业文明古国,被世界公认为农业的起源中心之一,曾经创造了灿烂的古代农业文明和辉煌的农业科学技术成就,总结了一整套适合中国特点的精耕细作技术体系,使中国传统农业在一个相当长的历史时期内居于世界领先地位。

中国古代农学发展的特点是:历代农学家和官府编纂农书,推广和普及农业生产技术;从选种、整地、播种、中耕除草、灌溉施肥,防治病虫害到收获,逐步建立了一套完善的精耕细作技术体系。

1. 农书体系

中国古代农学著作约有五六百种之多,数量堪称世界第一。其中综合性农书以农业通论、谷物栽培、园艺、畜牧、桑蚕为基本内容,大都由官府组织纂修,或由地方官、朝廷农官亲自动手编写,篇幅较大,适用地区较广。明清时期,出现了大量由民间私人编写的小型地方性农书和论述农作物、畜牧、园艺、蚕桑等专业性农书。这些农书代代相传，构成了中国古代农学体系。著名农书如下：

《吕氏春秋》，战国末年秦吕不韦召集门客编撰，其中《上农》、《任地》、《辨土》、《审时》四篇是现存最早的农业政策和生产技术论文，对土地的利用、土壤耕作技术、作物栽培的时节和方法等有较详细的论述。

《氾胜之书》，西汉末年农学家氾胜之撰，记录了十几种作物的栽培方法，特别是记载了合理利用水肥、保证小面积高产的"区种法"和对种进行先期处理、达到防虫防旱增产效果的"溲种法"。

《四民月令》，东汉农学家崔寔著，首创以月令写作农书的体例，逐月记载当时的农业及其他方面生产和生活活动。

《齐民要术》，北魏农学家贾思勰著，全面记录了中国北方旱作农业技术，内容涉及作物栽培、耕作技术和农具、畜牧兽医、食物加工等方面。该书在中国农学史上占有非常重要的地位，后世综合性农书基本上都采用其体例。

《陈旉农书》，北宋末农学家陈旉撰。全书分三卷，上卷讲农业经验与栽培总论，中卷讲养牛，下卷讲蚕桑。属现存最早的谈论南方农业的书，认为任何土壤只要治得其宜，都可以栽培作物，并可经常保持土壤肥沃。

《农桑辑要》，成书于元代，是中国现存最早的官修农书。主要介绍蚕桑业成就，积极提倡种植苎麻和棉花。

王祯《农书》，成书于元代，是一部大型农学著作，全书共 36 卷，包括"农桑通诀"、"百谷谱"和"农器图谱"三部分，其中"农器图谱"有 100 多幅农具图。

《农政全书》，明徐光启撰，60 卷，50 余万字。是中国古代篇幅最大的一部农书，有农业技术百科全书之称。包括农本、田制、农事、水利、农田、树艺、种植等内容，系统地总结了中国传统农业的成就。

这些农学著作流传至今，其中所描述的有些农业技术仍然有生命力。

2. 精耕细作技术

在中国北方逐渐形成完整的农业旱作技术体系。这一体系的核心是耕、耙、耱相互配合的土壤耕作技术，加之一系列配套的农业技术规范，精耕细作，达到抗旱保墒，从而提高粮食产量。耕、耙、耱耕作技术是适应北方旱作农业的一整套农田技术。

在中国南方则形成了水田精耕细作技术体系，包括整地、育秧和田间管理三方面内容。整地技术以耕、耙、耖为核心，育秧技术包括浸种、播种、移植等步骤，田间管理则有耘田、荡田、烤田等内容。三方面相辅相成，形成一个技术体系。

土地是农业生产的根本。古代整地技术包括垄作、甽亩法、代田法、区田法、开发梯田、圩田和涂田、改良盐碱地桑基鱼塘。

垄作是农作物的一种分行栽培技术，商周时期已出现。战国时期又形成完善的"甽亩法"，将农田做成高低相间的行。高处称垄，即亩；低处为沟，即甽。"甽亩法有利于农田的中耕除草、抗旱防涝，又有利于农作物通风透光，生长发育，可提高农田的生产能力。

代田法是西汉农学家赵过发明推广的一种农田耕作方法。主要技术特点是沟垄相间，沟垄互换，耕耨结合，克服了广种薄收的耕作方式的弊病，能合理地利用地力，达到抗旱防风保墒、提高作物产量的效果。

区田法又称做区种法，是西汉《氾胜之书》中记载的一种抗旱高产的栽培方法。将农田分作若干宽幅或小区，在区内综合运用深耕细作、合理密植、施肥灌水、加强管理等措施。区田法对北方旱作农业技术体系的形成产生了重要影响。

梯田是利用山坡地形开发出的一层层大小不等的平地。南宋时期，福建、江苏、安徽、浙江、江西等地已有较多的梯田分布，在一定程度上弥补了平地良田的不足。

圩田是在长江下游水网密布地区，利用季节性浅水滩地、湖泊淤地围水造田。先筑围堰，再将围堰内水排出。圩田在唐代有新的发展，到宋代达到空前规模，一圩之田，常达千顷。

宋元时期，沿海地区利用海边滩涂，围垦造田，并利用雨水冲洗灌溉，改良土质，称为涂田；利用浮在水面的木排，在上面铺一层泥土，以种植庄稼或其他作物，称为架田。

改良盐碱地是明清时期土地开发利用的成就。除了继承引水洗盐、放淤压盐、种稻冶盐等传统方法外，还出现了绿肥治碱、种树治盐、深翻压盐，甘肃地区还使用砂田覆盖等治理盐碱地的新措施，这些措施采取生物方法和耕作方法治盐，成本低，见效快。

约从中期开始，珠江三角洲地区出现了一种新型农作方式：在低洼处挖水塘，塘堤栽种桑树，桑叶喂蚕，蚕粪养鱼，称为"桑基鱼塘"，这是一种生态农业方式。桑基鱼塘到清代又发展出桑、蚕、猪、鱼混养，其后又发展出蔗基鱼塘，形成了内容丰富的基塘生态农业。

明清时期发展间作套种，一岁数收，以充分利用地力，增加粮食产量。北方地区多采麦豆、桑豆、麦棉等间作套种，可达三年四熟或二年三熟。南方地区则发展了水旱轮作制，很多地区实行双季稻种植，达到一年二熟，华南地区、长江流域等地区则可达到一年三熟。

二、古代中国的技术成就

（一）冶金技术

冶金技术与金属工艺是其他技术和生产制作的技术基础，青铜冶铸与钢铁技术体现了中国古代的冶金技术水平。

1. 青铜冶铸

早在距今4000~5000年前的人类活动遗址中，就发现有利用自然铜制作的红铜工具。商代曾大量开采铜矿和炼铜，采矿技术已达到一定水平。

西周、春秋时期，铜矿开采技术又有较大提高。在湖北大冶铜绿山和安徽铜陵、南陵等地，都发现了这一时期的古铜矿遗址。此外还发现多座春秋时期的古冶炼炉。这是目前已知最早的炼铜竖炉。

铸造是人类掌握较早的一种金属热加工技术。夏代已能铸造青铜器。山西夏县东下冯遗址中出土有铸造铜器的石范，河南偃师二里头遗址中出土有夏代时期的铜爵。商代，青铜铸造业进入全盛时期。河南郑州出土的乳钉纹铜方鼎，是商代早期的大型铸件。商代中晚期，青铜器大量铸造。在河南安阳殷墟等地发现有种类繁多、造型复杂、花纹繁缛、工艺高超的青铜铸件。体魄硕大的司母戊鼎，重达832.84千克，是目前已发现的最重的青铜器。司母戊鼎用块范法分铸铸接成形，用多个竖炉同时熔炼浇铸。而造型精细的四羊方尊、龙虎尊、虎食人卣等,把人与动物形象塑造得栩栩如生。商代青铜铸件举不胜举,反映了商代青铜铸造业的生产能力和技术水平。

商代的青铜器多为陶范铸造。其工艺是先雕刻器物原型,再分别翻制内范、外范,最后熔铜浇铸。方彝铸范是河南安阳殷墟遗址中发现的比较完整的铸范,反映了商代制范工艺的先进水平。

现代熔模铸造在中国古代称失蜡铸造。失蜡铸造是中国古代铸造技术的一大发明,对世界铸造技术作出了重大贡献。最迟在春秋时期,中国已开始采用失蜡铸造技术。河南淅川楚墓出土的铜禁就是用失蜡法铸造而成的。

中国古代青铜冶铸技术首先用于制作礼器和兵器。

1978 年在湖北随州出土,约铸造于公元前 433 年左右的曾侯乙青铜编钟是中国特有的乐器,也是古代国之重器。在出土和传世的编钟中,其组别、数量最多,音律最为齐备,铸造精美,纹饰华丽,气势最雄伟。

吴越之剑,名闻天下,代表中国历史上青铜剑铸作的最高水平。著名的越王剑和吴王剑,近年多有出土。吴越铜剑从形制、选材、铸造、磨砺到装饰,都十分讲究。在剑身的不同部位浇铸了不同成分的铜合金,刃部狮,且不易折断。越王勾践剑的暗花纹,经检测是天然腐蚀生成,而无花纹的部分则因用高锡剂做过表面处理,得以保存原貌。

2. 钢铁技术

早在春秋时期,中国已发明了生铁冶铸术。战国时期,用生铁铸成的农具和手工工具已被广泛应用。早期的生铁都是白口铁,含碳量约 4. 3% 或更多一些,碳以碳化铁的形式存在,性脆易折。为此,古代工匠发明了铸铁柔化技术,将成型铸铁器件在高温下进行柔化处理,可得到强度、韧性大为改善的黑心韧性铸铁和白心韧性铸铁,铁器件得以在战国时期广泛应用。

西汉实行盐铁官营,全国设铁官 49 处。这一措施对推广冶铁技术,增加国库收入,增强国力,起了重大作用。从西汉到东汉,冶铁生产规模不断扩大,铁范、铸铁柔化技术等先进工艺更加普及,农事生产中广泛地使用了铁制工具。

汉代出现了大型炼铁竖炉,采用粒度较均匀的富铁矿,用木炭做燃料和还原剂,石灰石做熔剂,渣铁分离较好因炉温较高可以得到液态生铁。

鼓风技术是生铁冶炼的关键,早期使用皮囊鼓风。至迟在东汉,已采用水力鼓风装置——水排,从而大大节约了人力,提高了生产效率和铁产量。

汉代已出现有球状石墨的高强度韧性铸铁,其石墨性状和现代球墨铸铁相类似。

汉代还盛行叠铸技术。河南温县东汉烘范窑出土叠铸范 500 多套,用于成批铸造车马器。所铸器件规格齐整,尺寸,成本低廉,质优量大。这种工艺到南北朝仍广泛用于钱币铸造。

把生铁片加热到半熔状态,不断搅拌,促使碳含量降低,再经挤渣操作,就能得到成分、组织较为均匀的炒铁。将炒铁反复锻打,调整其碳分,得到的钢材习称为百炼钢,可用来锻制优质刀剑。“千锤百炼”、“百炼成钢”也成为人们熟知的成语。

早期冶铁都以木炭为燃料和还原剂,铁矿附近山岭常被砍伐成童山秃岭。魏晋南北朝时用煤炼铁,使冶铁业在更大规模上得到发展。

北齐时发明灌钢工艺。在熔融的生铁灌注到熟铁中再加锻打,使碳分得到调整,渣淬挤出，可得到含碳量较高的优质钢料。这是中国古代特有的灌钢工艺，对后代钢铁生产和经济发展具有重要意义。北齐綦母怀文制作的宿铁是灌钢的一种，可用作刃钢，外用熟铁包裹，刚柔兼备，既锐利又坚固，成为后世夹钢、贴钢的先河。

唐代钢铁技术趋于定型，形成以蒸石取铁、炒生为熟、生熟相各、炼成则钢为主干，辅以渗碳制钢、夹钢、贴钢等加工工艺的传统钢铁技术体系，其后长期沿用，成为定式。

明代已用焦炭炼铁。河北遵化冶的高炉高达一丈二尺，由机车装料，每 6 小时出铁一次，日产铁 3600 斤。用焦炭炼铁和用机车为高炉装料，是明清时期冶铁技术的重大改进，也是传统冶铁业向现代转化的端倪。

明代宋应星著《天工开物》18 篇，介绍农桑、矿冶、铸锻、纺织、制革、颜料、食品加工制作、陶瓷、造纸、舟车、兵器制造等生产技术和工艺流程，内容极其翔实丰富。其中讲述金属加工工艺的主要章节有五金、冶炼、锤锻三章，记载了一些非常具体的工艺和技术参数。该书作为中国古代科学名著，早就流传到世界各地。1771 年在日本刊行影响很大，成为许多日本学者的参考书。1830 年法国人儒连（Stanislas Julien，1797～1873）将《天工开物》的“丹青”一章译为法文，发表于巴黎的《化学年鉴》上。同年在该刊还发表了“五金”一章中的有关铜合金、白铜和乐器制造的译文。受译文的启发，欧洲人在仿制中国发明的白铜（铜镍合金）方面取得了突破性进展。此后《天工开物》中的“丹青”、“五金”、“乃服”、“彰施”、“杀青”五章又被相继译成法文发表，其中有些再被转译成英、德、意、俄等国文字，引起欧洲学界极大兴趣。

（二）四大发明

1. 造纸术

造纸术是中国古代科学技术的四大发明之一，它使书写材料发生了根本的变化。

考古出土的纸残片表明，在西汉时期已经有纸的存在。西汉纸用大麻和苎麻作原料，是世界上最早的植物纤维纸。公元 105 年前后，东汉宦官蔡伦总结了造纸经验，用树皮、麻头、破布、和渔网造纸，完成了对造纸术的重大改革，创造了“蔡侯纸”，使纸的质量大大提高，开创了造纸术的新时代。

魏晋南北朝时期，造纸技术得到进一步的发展，纸张变薄，表面光洁平滑，结构紧密，白净度有所改进，并发明了施胶纸，增强了纸张的抗水性。

隋唐时期，造纸技术逐步走向成熟。唐代造纸采用各种韧皮纤维作原料，能生产出品位极高的纸张，如竹纸、手工纸和皮纸。

宋元时期造纸技术已达成熟阶段，造纸原料从麻皮、韧皮纤维扩大到稻、麦等植物的茎干，能生产大幅纸、加工纸。

明清时期，造纸材料不断丰富，技术不断完善，纸张的质地和韧性大大提高。万年红表面涂有朱红色的铅丹，有杀虫驱虫的作用，是明清纸张中最具有实用价值的加工纸。染色纸表面涂布蜡质，撒金银屑，绘金银花，成为明清时代一种高档艺术品。而产于安徽泾县的宣纸至今仍享有盛名……

中国造纸术发明后，随着中外交通和交流的发展，公元 4 世纪前后首先传入朝鲜和越南，公元 7 世纪初传入日本，唐初传入印度和巴基斯坦，12 世纪经阿拉伯传入欧洲，对人类文明的发展作出了重大贡献。

2. 印刷术

中国古代的印刷术包括雕版印刷和活字印刷两种。

雕版印刷一般以纸为载体,利用反刻原理,将文字或图画原稿制成印刷品。雕版印刷术的发明,可追溯到西周时期的图章乐天知命和战国时期的纺织品印花版。中国大约在隋唐时期或更早已经发明了雕版印刷术。在韩国庆州佛国寺释伽塔内发现唐代早期印刷的《天垢净光大陀罗尼经》大约印刷于公元 702~751 年间,是中国雕版印刷的早期实物。在敦煌发现的《金刚经》刻印于唐咸通九年(868),镂刻精致,标志着雕版印刷已经成熟。宋代印刷业空前繁荣,雕版印刷技术进一步提高,用彩色套印技术印刷纸币。元代至元年间(1264~1294)发明了朱墨双色套印技术。明代发明了饾版和拱花技术。明末刊印的《十竹斋画谱》和清初刻印的《芥子园画谱》,是明清时期雕版印刷的精品。

活字印刷术,首创于北宋庆历年间(1041~1048)毕昇发明的泥活字印刷术。毕昇发明的泥活字印刷术,包括活字印作、拣字、排版、印刷、拆版、还字等工作,与现代铅活字印刷的原理和工序完全相同。泥活字印刷术大大提高了印刷的,是印刷史上的一次革命。出土的西夏印刷品表明,这个时期掌握了成熟的木活字印刷技术。元初,王祯组织刻制 3 万个木活字,并发明了轮转排字架,印刷了 100 部《旌德县志》,印刷效率比雕版印刷高出了许多。王祯所撰《造活字印书法》成为研究印刷技术史的珍贵文献。元代还出现了世界上最早的金属活字——锡活字。明代开始使用铜活字和铅活字印刷书籍。清代大规模使用活字印刷技术排印鸿篇巨著。

中国印刷术的发明,对世界文化的传播、交流与发展产生了巨大 推动作用。印刷术首先传入日本、朝鲜、越南等东亚国家,后经阿拉伯传入欧洲。

3. 火药

火药即黑火药,又称有烟火药,是一种混合炸药,以硝石、硫磺、木炭或其他可燃物为主要成分,点燃后能迅速燃烧或猛烈爆炸。因硝石、硫磺等在中国古代都是药物,混合后易点燃并猛烈燃烧,故称为火药。火药是人类掌握的第一种爆炸物,对于世界文明的发展曾起重大作用。

火药为在没有外界助燃剂的参加下能迅速燃烧并产生大量气体的药剂,属于不太猛烈的炸药,一般由 75% 硝酸钾、10% 硫磺和 15% 木炭研成极细的粉末,均匀混合而成。在火药的发明过程中,中国古代医药学家和炼丹家发挥了特殊作用。早在春秋战国时代,古代医药学家和炼丹家就已经使用硝石和硫磺炼制长生不老的丹药。秦汉时期,中国最早的药物典籍《神农本草经》,将硝石列为 120 种上品药中的第 6 种,硫磺列为 120 种中品药中的第 2 种。东晋葛洪在《抱朴子 · 仙药》篇中记载了用硝石、玄胴肠、松脂三物合炼雄黄的试验。南朝齐梁时期的陶弘景在《神农本草经集注》中记载了硝石燃烧后有紫青色火焰升起的试验。隋末唐初医学家、炼丹家孙思邈所撰《孙真人丹经》记载有“伏火硫磺法”。唐元和三年(808)炼丹家清虚子所著《太上圣祖金丹秘诀》记载“伏火矾法”,炼制了最原始的火药。

宋仁宗庆历四年(1044),曾公亮、丁度主编《武经总要》,记载三种火药的详细配方。明代戚继光在《纪效新书》卷十五《诸器篇》中记载有“制合鸟铳药方”。明代火药配方与现代标准军用黑火药基本相同,并能制作细而均匀的颗粒状火药,进一步改进和加强了火药的燃烧爆炸性能。

火药的发明和发展促进了各种军用燃烧爆炸器材和管型射击武器的发明和发展。公元10世纪,中国开始将火药应用于军事。从北宋到明代,火药箭、火球、炸弹、地雷、水雷、火枪、铜火铳、铁管火炮等大批火器相继问世,火器在战争中的作用和地位日益上升,传统冷兵器在战争中的作用不断得到削弱。

中国火药火器技术的发明和传播,对世界军事技术的发展和人类历史的变革,产生了巨大而深远的影响。从13世纪开始,中国发明的火药和火器技术传入阿拉伯地区,又由阿拉伯传入欧洲。大约在1280年,哈桑·阿里曼(1264~1295)用阿拉伯文撰写的《马术与军事策略大全》中记载有"飞火"、"中国箭"、"中国火轮"、"中国花"等。1320年,西方首先使用黑火药做枪炮发射火药。14世纪,铁炮已经在欧洲各国应用……直到19世纪末,黑火药一起是标准的枪炮发射火药和炸药。

4. 指南针

早在战国时期,人们就已经发现了磁石吸铁以及磁石"司南"的现象。并有制成"司南"用来定方向的记载。据古文献记载,汉代制作的"司南"由青铜地盘与磁勺组成,地盘上标示有东、南、西、北四个方向的24个方位,磁勺由天然磁体制成,置于地盘中心,勺把常指南方。这种类型的"司南"在中国曾被长期使用。

北宋时,利用磁性指南的工具与方法有了很大发展,出现了指南鱼、指南针等指南工具及多种指南方法,其中具有代表性的有缕悬法、水浮法等。缕悬法是用蚕丝将磁针悬挂在木架上,架下放置方位盘;水浮法是用灯草与磁针一起漂浮在盛水的瓷碗中,简便实用,被最早用于航海。在当时的两部重要著作《武以总要》、《梦溪笔谈》中,对指南针的功能和制作进行了较为详细的记载,记录了人工制造磁体以加强磁性的方法,并首次记录了对地磁偏角的认识。

指南针一经发明,很快就被应用于航海领域。在北宋就有用指南针航海的最早记录。到了南宋,已经出现了用磁针与划分方位的装置组装成的完整的仪器,当时称为盘针、经盘、地螺,后改称罗盘。

指南针在航海上的应用,推动了中国古代航海事业的发展。大约在12世纪末到13世纪初,指南针传入阿拉伯,并经阿拉伯传到欧洲及世界各地,促进了世界航海事业的兴旺,增进了各国人民之间的文化交流与贸易往来,对世界文明的发展作出了重要贡献。

(三) 陶瓷制作

陶瓷是人类通过化学变化改变物体的自然性质使之民为新物体的一种创造性活动。早在距今约1万年前的新石器时代早期,中国的先民们已开始制作并使用陶器。

商代,制陶技术有了新的突破,出现印纹硬陶和原始奖品。印纹硬陶在烧制时需要比一般陶器更高的温度,其胎质多呈灰色。原始瓷器是用高岭土制成,烧成温度在1200度以上,质地坚硬,吸水性弱,器外涂青绿色釉,已经具备了瓷器的基本特征。

原始瓷器经过商至西汉1000多年的发展,质量和产量都有了明显的提高。但这一时期的青釉瓷器仍属于原始青瓷,其特点是胎质坚硬,釉层较厚,釉色较深,一般呈青绿或黄褐色。到东汉时期,青瓷烧制技术趋于成熟。

从三国到南北朝的300多年间,中国青瓷的烧制技术进入了重要的发展时期,制瓷区域由南方扩大到北方,逐渐形成南北两大系统。产量、种类都急剧增加,装饰性花纹丰富繁多。最迟在6世纪前期，北方烧制出白瓷，这是制瓷技术的一个新突破。烧制白瓷必须将胎土及釉料中所含铁的成分提炼出去，使其含量不得超过1%；而且在烧制过程中还要有效地与使用氧化焰。白瓷的出现为后世的青花、釉里红、五彩、斗彩、粉彩等彩瓷的出现准备了条件。这一时期，在炉窑中还使用了匣钵，使坯件避开了明火，这一创举为以后历代烧制瓷器所沿袭。

隋、唐、五代时期，中国瓷器进入一个重要转折时期。生产规模扩大，一些新的技术和风格开始萌芽。南方越窑的青瓷和北方邢窑的白瓷代表了这一时期瓷器烧制技术的最高成就。越窑青瓷胎质细薄，釉色晶莹；邢窑白瓷如雪似银，纯净高贵。而色彩斑斓、绚丽多姿的三彩釉陶，以其丰富的内涵显示出了盛唐文化的风貌。

宋、元时期是中国瓷器制造的辉煌期，特别体现在人们把造型艺术与实用结合在一起，生产出精美绝伦的陶瓷器。除官窑外，各地兴办了若干民窑。宋代工匠熟练地掌握了配釉技术和窑炉内的火焰变化，成功地烧制出各种色彩的瓷器。此外还发了"窑变"、"开片"等具有特殊工艺水平的新产品。宋代的瓷窑结构和制瓷工具都有所改进。窑炉设计的进步以钧窑、耀州窑和龙泉窑最具有代表性。在窑具上，普遍采用匣钵，使瓷器在烧制过程中受热均匀，釉色更稳定，也提高了产品的质量。

明、清两代制瓷技术进一步发展，景德镇已成为全国制瓷业的中心，拥有众多的民窑和官办御窑，并形成整套制瓷工艺流程。制坯时以轮转旋刀代替了竹刀，提高了制坯效率。又以吹釉法代替蘸釉法，提高了施釉质量。单色釉出现了祭红、宝石红、孔雀蓝、翠绿、娇黄、甜白等新品种。青花和釉里红烧制技术完全成熟，成为瓷器生产的主流。

中国是瓷器的发明地和主要产地，素有"瓷器之国"的美称。自汉唐以来中国的瓷器源源不断地销往国外，其制作技术也随之流传向世界各地，对世界人民的生活发生了一定的影响。

（四）纺织提花技术

中国自古还是"丝绸之国"。从旧石器时代晚期到战国时期，人们发明了纺轮、原始缫车、原始手摇纺车、原始腰机和撸机，纺纱织布从纯粹的手工操作"緂麻索缕，手经指挂"发展到利用简单的原始机械，明显提高了工效。从秦汉到明清时期，采用脚踏传动装置，手摇缫车演变成脚踏缫车，手摇纺车演变成脚踏多锭纺车，单、双蹑织机演变成比综多蹑织机。这一时期还发明了机构最复杂的水力-畜力大纺车和花楼式束综提花机，使纺纱织布的产量和质量有了前所未有的提高。提花技术是中国古代纺织技术的精粹。

早在春秋战国时，中国已经掌握提花技术。这个时期的纹样呈几何形、对称纹，多是由直线和折线组成的菱形、回纹形，造型质朴大方。

秦汉至魏晋的纹样在几何纹的基础上，采用鸟兽、云气、山水、文字等，穿插组合，豪放活泼。西汉时期发明一百二十蹑的多综多蹑织机，用于织造比平纹、斜纹、和缎纹更复杂的花纹。东汉王逸的《机妇赋》最早描绘了花楼束综提花机的形象。三国时，著名机械制造专家马钧改进绫机，高12根脚踏杆，采用"组合提综法"，控制60多片综，既操作方便，又能织出奇妙无穷的花纹。

隋唐流行缠枝、团花、小朵花、小簇花等纹样，丰满肥硕，浓厚艳丽。现出土的唐锦大量使用通经通纬的纬线显花，证明唐代已经出现束综和多综多蹑相结合的提花机。

宋元时纹样转向清秀精细，配色文静素雅，写生折枝的花纹别具一格。明清时纹样设计更加注重形象的刻画和布局的合理，多用金线显花。明代花楼式束综提花机见于宋应星的《天工开物》和徐光启的《农政全书》。

第二节　古代中国科学技术发展的整体性剖析

一、中国古代科学技术发展的三次高潮

我国古代社会从五帝、夏、商、周、春秋战国直至清末，凡 4000 年，一直绵延不断，既不曾发生过像罗马帝国那样中断无继的历史悲剧，也不曾经历西欧中世纪的黑暗时代。这就使我国古代科学技术的发展得以世代相传、连续积累，并在这个基础上走向自己的巅峰。我国古代科学技术的发展，特别是科学思想的发展，既有连续性，又显示出阶段性高潮的特点。

世界著名科学史家李约瑟曾把中国古代各个时期的重要科技成就作为纵线，世纪年代作为横线，制作了一幅科技发展的示意图，它清楚地表明：无论是以前 4000 年，还是近 500 年来，中国科学技术"事实上一点没有退步"；而是"一直在稳缓地前进"。他在《中国与西方的科学与社会》一文中还指出："我常喜欢用一种相对来说缓缓上升的曲线来说明中国的演变，显然这曲线比欧洲同一时期，譬如说公元 2 世纪至 15 世纪的演变过程的曲线上升得高，有时高得多。"①我国四川大学周仲璧与四川科学技术出版社的周孟璞两位先生在《中国近代科技落后原因初探》②一文中也以中国的自然科学大事、西欧的自然科学大事和著名科学家的人数作为纵坐标，世纪年代为横坐标，制作了三条增长曲线，从中国的那条曲线看，同样显示出我国古代科学技术的增长是缓慢而连续的。

总体看来，中国古代科学技术发展是不平衡的，从它产生起至清代，虽没有像西方科学技术发展那样大起大落，但起伏仍然是存在的。

1975 年上海人民出版社出版的《自然科学大事年表》对世界上从古代至 1960 年的科学技术进行了整理，其中收入中国至清代的科学技术共有 192 项。统计分析结果显示，中国古代科学技术有三次发展高峰，一次是春秋战国时期，一次是秦汉时期，一次是唐宋时期。当然这是一个相对的概念。

1982 年，金观涛等在《自然辩证法通讯》杂志第 5 期上发表《历史上的科学技术结构》一文，也对中国古代科学技术的发展进行了统计分析。并分别画出了中国和西方科技发展的曲线。其分析结果也表明：中国古代科学技术发展也存在着发展高峰，其中唐宋时期和秦汉时期两次科技发展高峰与《自然科学大事年表》统计的结果是相一致的。

二、中国古代的科学技术取得了举世瞩目的成就

中国古代科学技术的确取得了举世瞩目的成就，这是世界范围内公认的无可争辩的一个事实。对这一时期中国科学技术取得的辉煌成就，国外许多学者都给予了充分肯定

①李约瑟．1956．中国与西方的科学与社会．上海．上海科技出版社：65～85

②周仲璧，周孟璞．1990．中国近代科技落后原因初探．自然杂志．13(11)：333

和高度评价。李约瑟(J. Needham,1900~1995)说,中国人“能够在许多重要方面……走在那些创造出著名的‘希腊奇迹’的传奇式人物的前面……并在公元3世纪到13世纪之间保持一个西方所望尘莫及的科学知识水平……中国的这些发明和发现往往远远超过同时代的欧洲,特别是在15世纪之前更是如此(关于这一点可以毫不费力地加以证明)”。美国学者戴维·博达尼斯也正确指出:“直到16世纪,在每一个研究项目上,他们(中国)都还遥遥领先于欧洲。”

三、中国封建社会科学技术取得辉煌成就的原因

(一)中国封建社会前期的封建制度与欧洲不同,具有有利于科技发展的条件

中国封建社会前期的封建制度与欧洲封建制度的不同主要表现在4个方面。

首先,经济结构不同。中国封建社会的经济形态是建立在个体小农业与家庭手工业相结合的自然经济的基础上的。欧洲也是自然经济,但属于庄园领主制,内部有明确的分工。而中国这种经济结构决定了它发展生产的手段极其简单,只要统治者采取适当的政策能保证劳动者与土地的结合,这种经济结构就可以促进生产的恢复和发展。自秦朝以来的历代统治者一直是重农抑商,我国农书之多,在世界上是首屈一指的:从春秋战国时候起,农业已经由粗放经营转入精耕细作。这样,中国的农业很早就已经发展到一个较高的水平,生产力已有很大提高,远远超过欧洲同时期的水平。欧洲的学者们对此也是深信不疑的,如19世纪欧洲农业化学家李比希(J. iebig ,1803~1873)就曾说过:中国农学“是以经验和观察为指导,长远地保持着土壤肥力,借以适应人口增长,而不断提高其产量,创造了无与伦比的农业耕作方法”。

其次,政治结构不同。中国自秦朝开始建立中央集权,这有利于封建制度的巩固和国家的统一,为科学技术的发展创造了有利的条件。中国许多科学著作、技术发明就是直接起因于怎样管理好幅员辽阔的国家这个目的。《宋史》记载,官府谷仓的总管袁燮为了执行救灾计划,曾下令每村都必须绘制一张能把田地、山脉、河流和道路详细标出的地图。至于内容无所不包、卷帙浩繁的地方志则是为了适应远离家乡去外地做官的人的需要,以便他们到任后尽快熟悉情况编写的。和发明雨量筒、雪量筒一样,地震仪的发明和当时的中央集权制也有一定关系。据《后汉书》记载,从公元46年到东汉末50多个郡共发生过25次较大的地震。高级官员很希望有一种仪器能早一点知道地震的发生,以便政府能及时对发生的天灾采取措施。适应这种需要,史官张衡(78~139)于公元132年发明了地震仪。

再次,相对的学术自由。欧洲是基督教的严格统治,中国虽从汉以来有“罢黜百家,独尊儒术”的政策,但实际上是在儒家旗号下把其他各家有利于巩固统治的思想都吸收进来。如佛教自东汉传入后,由于受到统治阶层的重视才传播开来:东汉时期道家十分活跃,魏晋玄学就是道家和儒家思想结合的结果。

最后,中国从奴隶社会向封建社会的过渡是在本民族内完成的,使原有的古代文明能持续向前发展。古希腊罗马的科学文化则备受蛮族入侵的摧残,表现出极大的起伏性。

（二）经验形态的科学需要经验的方法

中国古代科学以实用科学为主要发展形态。有人把这一特点看成是中国古代科学落后的具体表现，这是不够恰当的。因为从科学早期发展的历史看，凡要发现新的事物，几乎必先具备一个目标，而且常以实用为主要目标。为解决问题而研究科学，恰恰是科学发展的动力之所在。从人对自然界的认识过程来看，主要经过了猜测阶段、经验阶段和理论阶段。经验阶段的科学需要经验的方法，中国实用科学的特点和科学发展的第二阶段是相吻合的，取得的成绩也是很显著的。

四、中国古代科学技术的特点

（一）理论、实验、技术相互分离

近代科学在西方产生以来，它是加速发展的。若追究其中的原因，固然是多方面的，但其中一个重要原因是理论、实验、技术三者的相互影响和互相促进。这种相互影响，促进了科学的加速发展。而中国则恰恰相反，中国古代科学技术水平多是以技术水平来体现的，理论、实验、技术三者严重分离。这一点和西方形成鲜明对比。

（二）大一统技术和手工业技术在技术中占主导地位

众所周知，中国的四大发明闻名于世，但这是一些什么技术呢？它们与农业和手工业等直接满足吃穿住用所需要的创造发明不同，是为社会在广阔地域上组成强大、统一的国家机构服务的。纸、指南针、印刷术作为社会通讯工具自不待言，火药也主要用于制造火器。其他如历法、土地丈量技术、地图绘制技术以及体现皇权威严的皇宫建筑等都可以用大一统技术来称呼。从学术著述来看，中国历代著述中属于总结技术经验性质的占有绝大多数。即使在纯理论研究中，技术化倾向也很严重。如数学偏重于解题、运算技巧，生物学知识几乎完全存在于农学、医学之中；天文理论中盖天、浑天等学说2000年来发展迟缓，到了清代仍有人相信盖天说。在中国重技术轻理论的影响下，不为现实生活服务的技术被贬斥为“屠龙技术”，那些纯粹理论的命运就更可想而知了。

（三）对技术的精益求精

中国的技术历来被世人所称道，这种成就的取得，首先和无止境的追求精神有关。中国学者、工匠从不以可以应用为满足，而是不断改进，达到新境界。

（四）科学研究中的精细观测

为了发现自然的奥秘，中国古代学者不但进行实验，而且实验时观测还相当精细。宋朝李诫（？～1110）的《营造法式》中提到，凡设计和建造房屋，都要以（木）“材”作为依据，而（木）“材”的高宽比规定3∶2。按现代材料力学的原理，从圆木中锯出一根抗弯强度最大的材料，它的理想最佳截面的高宽比为$\sqrt{2}:1$，《营造法式》中的规定仅比现代最佳截面的抗弯强度偏低0.23%。与现代科学原理如此相符的“规定”，仅凭经验的积累是无论如何也做不到这一点的，“规定”只能来自实验，而且在实验中要进行抗弯检验，还要考虑到各种受力方式和因素,没有精细的观测是得不出科学结论的。

为了进行精细观测,中国古代学者也同时创造了能进行精细观测的手段或工具。如众所周知,用圭表测影长时,影子的上边缘往往是模糊的,致使测量难以准确。元朝的郭守敬(1231~1316)制成叫做“景符”的仪器很好地解决了这个问题,这是一个长4寸、宽2寸、安在一个小架子上、中间开有小孔的可以转动的薄铜片,当太阳过子午线时,把景符放在圭面上移动并转动铜片,令太阳光通过小孔再射到圭面上,形成一个米粒大小的、中间带有一条细而清晰横梁影子的影像。用这个“景符”测定的影长的精确度可达±2mm。在光学研究中也有这种情况,中国由于玻璃缺乏,透镜的制造有许多困难。但中国古代的学者巧妙地用冰取代玻璃制造透镜,在极不利条件下创造了研究透镜性质的可能性,这不能不令人惊讶。《向经堂丛书 · 淮南万毕术》记载:“削冰令圆,举以向日,以艾承其影,则生火。”

(五) 具有超前性的科学思想

科学思想的超前性是指科学思想的提出超越了当时社会的发展水平,超越了科学的发展水平和人们的理解水平,因而当时的作用是有限的,只是随着科学发展,才逐渐表现出它的合理性。如中国的八卦,它虽然玄秘,难于理解,但如果以“坤”为首,先把“坤”卦重叠,然后把其他七卦依次叠在“坤”卦之上,再将其他七卦逐一重复这个步骤,64卦便衍生出来。若以数字0代表阴的符号,以1代表阳的符号,就可得到0至63的二进位计数法。可以说,八卦中包含有二进制的思想,这就是莱布尼兹(G. W. Leibniz,1646~1716)看了《易经》的64卦后,认为能印证他的二进制思想的道理。

近年来,随着微观物理学的发展,人们越来越发现中国的传统思想和微观物理的相似性(如阴阳学说和玻尔互补性的相似;中国传统思想中的统一观和对宇宙基本作用力统一性的追求的相似;以及“色即是空,空即是色”和虚空不存在的完全一致性等)。卡普拉甚至说:“现代物理学的主要理论所导致的世界观与东方神秘主义有着内在的统一和完善的协调。”这样,有人就试图将解决现代物理学困境的希望寄托在中国传统思想上,这就是西方掀起一股中国文化热的原因之一,也是中国科学思想具有超前性的表现。

(六) 较多的经验形态,而理论知识相对不足

经验形态的描述性的认识在科学著作和科学研究中是必要的,但脱离理论的单纯的描述性记述则是一种缺点。中国古代的科学著作就带有这种明显的缺点。它表现在中国科学真正形成定律、原理的学说不多。比如生物学著作主要是记述生产经验,很少提出规律性的认识;天文学主要是记载观测数据及观测到的现象,对隐藏在现象背后的原因不加深探究;医药学也基本上是经验的汇编。

长期停留在经验形态使中国科学既没有科学的基本概念,也缺乏系统的理论体系。后人只能在这知识的汇集里增加一点“量”,不可能从根本原理上有什么重大突破。中国科学从来没有发生革命,其主要原因正在这里。

这种经验形态的描述性的特征给科学造成的影响还在于它阻碍了学者进一步的思考。明末刘献廷在《广阳杂记》中曾谈到他和别人的一次有关“磁石吸铁,何物可以隔之”的对话:“犹之阿孺曰:‘惟铁可以隔之耳’,其人去复来曰:‘试之果然。’余曰:‘此何

必试,自然之理也。'"像刘献廷那样,不主张对结论进行试验或进一步追究的人是不在少数的,因为他们的描述传统认为这样做是多余的。就连孔子这样的圣人也无法摆脱这种传统,《孔子家语》中说,孔子对鲁庙中一个欹器很感兴趣,他无法解释它的原理,又不愿意深究,只好搪塞地说:"恶有满而不覆者哉!"

理论体系的不足,原理上认识的模糊,又造成许多发明的接二连三的失传。有些发明即使没有失传,每隔一段时间后,也不再有人会制造,只好重新摸索,重新试制。指南车汉初出现,但到三国时就无人会造了,马钧重造指南车,引起满朝大臣的敬佩。以后晋、唐、隋、宋代的指南车都是像马钧那样重新摸索制造的。这就使得一些技术只能由个别精工巧匠凭经验摸索,反复得而复失,就是得到皇廷珍爱的欹器也摆脱不了这种命运。西晋杜预、隋朝耿询制造的欹器,都是重新摸索出来的。

(七)纯粹的科技研究者未能出现

科学技术发展需要有相对稳定的研究主体,他们以研究为己任,一代又一代地接力,保证科学发展的持续性。但在中国,由于官本位思想的束缚,读书人苦读寒窗的目的是作官,科学研究只是一种业余爱好。在官本位思想影响下,古人认识自然规律的目的,带有很强的功利性,即是为了更"合理地"解剖、分析社会和人性。

《荀子·天论》先说"天行有常,不为尧存,不为桀亡",这是指自然规律。接着又说"应之以治则吉,应之以乱则亡,强本而节用,则天下不能贫,养备而动时,则天下不能病",说的又是治国方略。前面提到的自然规律明显是为后面服务的。但为了这个目的而去研究自然规律,就不需要十分详尽,能有个笼统和整体看法就足够了。

《梦溪笔谈》一书中说磁"南北有异……未深考耳"。为什么不去深考一下呢?书中说"莫可测其理"。既然无从下手,只有存疑。这就是中国古代学者对待难题的态度。这种原因固然是多方面的,但为官之人把科研看作一种副业和对科学要求不需要那么深是原因之一。

在官本位思想的影响下,社会上看不起科学研究。明代宋应星(1587~1666)在《天工开物》中说:"大业文人弃置案头,与功名进取毫不相关也。"《庄子·天地篇》说到一个灌溉的老农不用机械,而是用一个罐子,不辞辛苦,来回在一个坑里打水。问其原因,他理直气壮地说:"吾非不知,羞而不为也。"把使用机械完全看作一件令人羞耻的事了。老子主张"绝圣弃智","绝巧弃利",因为"人多利器,国家滋昏","人多技巧,奇物滋起",怎么办呢?只有"常使民无知无欲"。又如《礼记》提出,以"奇技奇器以疑众,杀!"这样,创造新器、发明新学就成了死罪。结果,"人民以惧死刑,不敢从事"。

在官本位思想的影响下,古代知识分子的使命就是"格物、致知、诚意、正心、修身、齐家、治国、平天下",无论从层次上、数量上对自然界的探索都只占极小部分。这里的"格物"、"致知"并不全是科学研究,甚至干脆就不包括科学技术。朱熹(1130~1200)曾说过:"欲致吾之知,在极物而穷理也"," 如今为此学而不穷天理、明人伦、讲圣言、通世故,乃兀然存心于一草木、器用之间,此是何学问?"

在官本位思想的影响下,人们看重的是政绩,而不是科技成果。《后汉书》在为张衡作传时,大量篇幅说他如何刚正不阿,为官清廉,对他发明的地动仪则谈得很少。这种做法又反过来矫正着学者的工作重心,使他们更不把科学研究放在首位。在多种因素的影响下,导致中国知识分子的地位具有非独立性,使纯粹的科技研究者一直没有在中国出现。

第三节 中国古代科学技术的衰落

一、判别科学技术落后或先进的标准

中国科学技术是否后来落后了?对此有不同的看法。一些学者认为,这种提法本身就有问题,因为中国的科学技术历来落后于西方,不只是后来才落后的问题。也有的人认为:“17 世纪后,中国科学技术之所以落后西方,实际上是因为西方科学技术出现了加速发展的结果。”这是一种比较论,认为中国古代科学技术一直持续缓慢发展,并不存在停滞倒退的现象。第三种观点认为,中国后期科学技术明显落后了。如李约瑟认为,“从 14 世纪初以后,中国呈现出显著的衰退现象”。

分歧的存在,反映出在如何看待科学技术的先进或落后问题上,标准还不统一。一些人主张从科学、实验、技术三者的成果总和(即科学的成果指标)作为衡量一个时期各国科学技术先进或落后的标准,但科学指标除了包括成果指标外,还应当包括经费指标、人力指标、专利指标、劳动生产率指标、对外贸易的入超与出超指标等,仅从其中挑选一个指标作为判断的标准,很显然是不够全面、充分的。

也不能从各个具体学科的发展水平来考察中国科学技术在总体上落后于西方的时间,因为中国古代科学技术的各个学科发展是不平衡的。和西方的科学技术比较,落后的时间也相差很大。自哥白尼(N. Copernicus,1473~1543)于 1543 年发表《天体运行论》起,中国天文学就已经落后了;数学只是在进入变量的关键时代,在解析几何和微积分的大门前才停顿下来;中国物理学的落后则开始于经过伽利略至牛顿建立力学体系时期,这已相当于清朝初年了;至于冶金领域的全面落后更可以推迟到 18 世纪。因此如果从各个具体学科的发展水平考察中国科学技术在总体上落后于西方的时间,也只能给出一个大致的模糊时期,而且这个时期的确定,无论用什么办法都是不可能完全科学和精确的。

判断一个时期科学技术先进或落后的最好标准是看“带头学科”的发展水平。因为自然科学的发展不是齐头并进的,一个时期总有一门“先导科学”走在其他学科的前面,带动其他学科的发展。这种被凯德洛夫称之为“先导科学”的学科的发展规定了这一时期科学技术发展的速度、规模和成就的大小,是科学发展的本质属性。用它作为判断一段时期内科学水平高低的标准也突出了近代自然科学产生以来科学发展的特点。近代自然科学的第一个先导部门是力学,产生于 17 世纪。在力学这个带头学科的促进下,近代自然科学的各学科先后发展完善起来。至 19 世纪初,当力学完成了自己作为近代自然科学第一个单一先导的作用时,科学革命的第一阶段也同时完成了。在差不多相同的时间里,中国传统的科学内部不但没有产生出可以充当第一个先导科学的近代力学,而且甚至很难找出能够充当自己传统科学体系内的先导科学来。和西方比较,中国科学技术从近代力学产生的时候起就开始落后了则是毫无疑义的。

二、一条曲折的认识道路

从17世纪以后,中国科学技术从总体上开始落后了,认识到这一点是非常不容易的。经过了一条曲折的道路、付出了血的代价以后,才对此有所领悟。这一方面是因为现状和习惯束缚了人们的头脑,另一方面则由于闭关自守政策的影响。中国封建社会的前期,科学技术取得了辉煌的成就,经济、军事实力也达到一个空前的水平。1640年,中国丝织品在秘鲁市场的售价只有同样的西班牙产品价格的1/3,可见中国丝绸工业生产技术的先进。又如17世纪,荷属东印度公司为了维护他们的香料垄断贸易的特权,常诉诸武力迫使香料群岛的人民签订垄断贸易契约,到达中国沿海以后,他们也想强迫中国人签订这种条约。但中国是一个大国,就海上力量而言,当时中国平底帆船式的大战舰的大小不下于荷兰船只,吃水却比荷兰船浅,它可以顺利地通过令荷兰船只望而兴叹的浅滩。在作战技巧上,中国人又比荷兰人聪明,常使用自己之长,制敌之短。因此,虽面对着荷属东印度公司的挑衅,中国政府仍无所畏惧。当荷兰人抱怨说,他们足迹遍全世界,也从来不受几年一次贸易的时间限制时,中国政府针锋相对地回答说,考诸历代故事,尚无给外人以永久居留、设立贸易站和经常来华贸易的惯例。

这些经济和军事上的实力在封建统治者的头脑中渐渐形成了骄傲自大心理和无需向外界学习的傲慢态度。直到18世纪,当中国国力已经相当虚弱的时候,中国统治者还在狂妄自大,处处以"天朝上国"自居,吹嘘中国物产丰盈,无所不有,原不籍外夷货物,以通有无。长期形成的这种认识像紧箍咒一样束缚着中国统治者的头脑,睁眼也看不到世界变化的现实。因此,他们看不到西方科学的突飞猛进,看不到中国科学技术自身在走下坡路,这是丝毫不足怪的。

有两件大事促成了中国知识分子的觉醒。第一是传教士来华。自1552年10月,天主教传教士圣方济各·沙勿略到达广州起,一大批西方传教士陆续来到中国,同时也带来了西方先进的科学和技术。中国士大夫阶层的一些先进人物,从这股自西方吹来的风中朦胧看出了中国科学的落后,徐光启(1562~1633)就是这些人物中的出类拔萃者。他通过翻译介绍西方的科学知识,希望能改变中国的落后局面。但他的行动表明,他没有去思考造成中国科学技术落后的原因是什么。

第二是鸦片战争的爆发。这次战争使中国衰败落后的状况进行了一次彻底的亮相。鸦片战争开始时,英国的远征军只有配有大炮的兵船(帆船)16艘,轮船4艘,其全部海陆军人员仅5000多人。战争后期虽增加了兵力,也只有兵船25艘,轮船14艘,共载炮700多门。用这点兵力,在一个远离英国本土、具有4亿人民的中国边境作战,却非常容易地轰开了素有"金锁铜关"之称的虎门,先后占据了中国的许多沿海城市,在中国沿海、内河横冲直撞。战争的双方,一边使用着新式的坚船利炮,一边是弓箭、刀矛、一二百年前的大炮和火药。一个强盛,一个落后,形成了非常鲜明的对比。

战争的失败使中国当时的一些先进人物为之震惊。血的教训使他们又开始思考200多年前徐光启等人思考过的问题。从战争的失败中,他们不但承认了中国的落后,同时也在思考着造成中国科学技术、经济、军事实力落后的原因及改变这种落后状态的办法。可以说这是研究中国近代科学落后原因的真正的开始!林则徐(1785~1850)提出,要想改变这种状况,只有学习西方国家的制造枪炮、军舰的技术。他主张"制炮必求极利",

"造船必求极坚"。后来,魏源(1794~1857)提出了"师夷长技以制夷"的口号,主张先学习西方的军事技术,再向民用方向转化。林则徐、魏源、李鸿章(1823~1901)等人虽看到中国国力落后的原因在于科学技术落后,却没有找到造成中国科学技术落后的根本原因是什么,即他们没有看到当时的根本问题在于统治阶级不重视科学技术;在于当时的封建社会制度对科学技术的需要是有限的。他们主张发展科学技术,却没有想到要去触动当时的封建统治这个根本问题。但新的生产力是同封建主义的生产关系及其上层建筑不相容的,是不能在封建主义的外壳里发展起来的,因而,他们的失败也是必然的。

以康有为(1858~1927)为首的维新派比之洋务派进步的地方在于,他们看到了造成中国国力衰弱及科学不发达的原因在于中国内部,因而主张维新变法,革除这些不利因素,但以不破坏君权为限度。这样的变法也不可能使中国的科学技术得到任何复兴。

这一时期真正能回答中国科学何以落后的只有孙中山。在孙中山创立的"兴中会"里,华侨占委员总数的78%,其中48%按其社会地位是华侨资产阶级。这些人深知西方的科学技术比落后的封建中国要先进得多。孙中山本人为了说明中国科学技术的落后,特地举了一个非常耐人寻味的例子:从表面上看,中国"生活最廉",人民以极少数的货币收入糊口。可是如不用货币,而用劳动量来衡量,工人每天工作长达10多小时,工资仅能糊口,可见为得到最低必要生活资料而付出的劳动代价实在不是"最廉",恰是生活"最贵之国"。为了改变中国落后局面,孙中山不仅领导辛亥革命推翻了清朝政府,建立了"中华民国";而且他于第一次世界大战后,还写了《实业计划》一书,满怀希望地预言:"十年、二十年之后,不难举西人之文明而尽有之,即或胜之焉,亦非不可能之事也。"但是他们认为,阻碍科学发展的根本原因在于满人统治,而不是整个封建制度。这种认识上的不正确使得他们发展中国科学技术的各种宏伟计划最后只能是一场梦!可见,仅仅看到中国科学落后,找不准造成这种落后的根本原因,这在当时的条件下想改变落后是无济于事的。但他们的失败也证明了造成中国科学落后的根本原因正是封建社会制度!在探讨中国科学为什么落后这个问题上,他们的功绩也正在这里。

这一时期除围绕着社会制度这个根本问题进行探索、改革外,对影响科学发展的其他方面,也曾有所揭露,有所触及。梁启超、严复(1854~1921)把科举制度看作影响科学发展的又一大因素,因而主张从培育人才着手。严复痛斥科举制度只能使人"消磨岁月于无用之地",起到了"锢智慧、坏心术、滋游手","使天下无人才"的作用。梁启超大声疾呼"变法之本在育人才,人才之兴在开学校,学校之立在变科举。"他认为,"八股和一切学问都不相容,而科学为尤甚。……所以科举制度,我认为是科学不兴的一个原因。"严复还从中西科学的对比中认识到,中国科学不发达的另一个原因在于缺乏科学方法的指导。他认为西方的强盛来源于科学,而科学的发达归根于新的认识论的产生。他曾说过,"是以制器之备,可求其本于奈端;舟车之神,可推其源于瓦德;用灵之利,则法拉第之功也;民生之寿,则哈尔斐之业也。而二百年学运昌明,则又不得不以柏庚氏之摧陷廓清之功为称首。"西方科学的兴旺发达还在于"三百年来科学公例,所由在在见报不可复摇者,非必理想之妙过古人也,亦以严于印证之故"。"一理之明,一法之立,必验之物物事事而皆然,而后定之为不易。"相反,中国文化学术上存在的根本问题就是主观臆造。如严复所说,"旧学之所以多无补者,其外籀(即演绎法——引者注)非不为也,为之又未尝不如法也,第其所本者,大抵心成之说。"由于中国古人"不实验于事物,而师心自用,抑笃信其古人之说者”。“其例之立,根于臆造,而非实测之所会通也。”由此,严复认为,中国科学的落后是必然的,“其为祸也,始于学术,终于国家”。基于上述认识,为了提高中国科学水平,严复不仅自己编著《名学浅说》,开名学会,讲演名学,传播西方的科学方法,而且还用唯物主义经验论批判了中国哲学上阻碍科学发展的先验论。他指出,“夫陆王之学,质而言之,则直‘师心自用’而已。自以为不出户可以知天下事,与其所谓知者,果相合否?不径庭否?不复问也。”严复认为,由于中国传统哲学的概念极不严密精确,用此哲学“与梦呓又何以异乎”?“出言用字如此,欲使治精深严确之科学哲学,庸有当乎?”

20世纪20年代以后,科技史真正形成了一门独立的学科,对“中国近代科学为什么落后”这一问题的探讨增加了新的动力,也使对这一问题的研究进入了一个新时期。这一时期的观点归纳起来主要有以下几方面原因。

从社会发展上找原因。如李约瑟认为:“无论是谁想要解释中国社会未能发展出近代科学的原因,那他最好是从解释中国社会为何未能发展商业的以及后来的工业的资本主义入手。”朱伯康和竺可桢提出:“中国最痛心者,为历史发展之不长进”,“中国自身只有上古史、中古史,而无近代史之意义相合。”“中国农村社会的机构和封建思想,使中国古代不能产生自然科学”。

从上层建筑找原因。如认为:“中国科学的不发达,可说是受了儒家学说的影响。”因为“儒家传统反对……研究实物”。也因为“中国的哲学家没有科学求证的要求……他们所要了解的只是他们自己。在同样的情形下,他们也不要求科学的力量,因为他们所要驾驭的亦是他们自己”。这样,“从中国式的自然哲学向我们所知道的近代科学或精密科学转化,不能不产生很大的困难”。所以,“中国没有科学,是因为按照他自己的评价标准,他不需要任何科学”。

从理论和实践的关系进行探讨。竺可桢指出,“科学实验最重要的工具,是人们的两只手。不用手无论什么实验也难做得的。”而“中国古代人大都不能把理论和实践结合起来,因为一般所谓士大夫都把实际工作看作是卑贱的事”。“以致每一儒生……极其珍视没有时间和机会去从事体力劳动的书生生活的规矩。用双手工作的人都不是读书人,读书人因此不会遇到作坊里的工匠和需要新技术的艺徒。”这种手与脑的分家,从两个方面造成近代科学在中国不发达,“一是不晓得利用科学工具,二是缺乏科学精神”。

从科学方法的角度进行研究。如费正清认为,“科学未能发展同中国没有订出一个更完善的系统有关。中国人不会应用逻辑方法以一种思想来考验另一种思想,用一种说法系统地印证另一种说法。”陈立则更明确指出,中国科学不发达是因为“没有工具思想的直观方法,没有逻辑”。

还有少数学者从农业决定论出发,认为“中国思想家们的智力,并没有用在那可以形成机械学体系的各种工业生产问题上面:并没有把处理这些问题作为紧急任务。这个远东大国的根本智能,集中到了其他课题,即农业秩序所产生的、直接和农业秩序有关的或在观念上反映着农业秩序的各种课题”。

此外,学者们还从民族性格、教育、经济等方面作了论述,这些论述集中到一点,就是“中国没有产生足以动摇中世纪的力量”,因而中国近代科学发展动力缺乏,只能长期停留在中世纪的水平上。

●复习思考题

1. 简述古代中国有哪些科学技术成就。
2. 论述为什么 16 世纪以前中国能取得先进的科技成就？
3. 论述为什么中国古代科技最终落后于西方？

第二篇　近代科学技术的发展与自然观变革

到了近代,科学技术发展的中心已从东方转移到了欧洲,在长达1000多年的欧洲中世纪(公元5世纪~15世纪中叶),由于自给自足的封闭式自然经济的束缚和宗教的残酷统治,窒息了科学技术的发展,在科学技术史上没留下什么值得赞叹的成果,因此欧洲的中世纪被称为"黑暗的中世纪"。真正有系统的实验科学是从近代才开始的。从公元15世纪下半叶起,到19世纪止,是近代科学技术在古代科学技术的基础上兴起与发展时期。它一方面继承和发展了古希腊科学技术中最优秀的部分——以欧几里得几何体系为代表的高度理性和逻辑严密的科学传统;另一方面也充分吸取了东方中国、印度和阿拉伯等国古代丰富的实用科学技术知识。在此基础上,终于形成了理论与实验紧密结合的近代自然科学体系。

第五章　近代前期自然科学的产生与第一次技术革命

说到近代自然科学技术,自然免不了要对"近代"做个界定。本书认为,从15世纪下半叶到19世纪末,是近代科学兴起和发展时期。在这400年的时间里,自然科学冲破宗教神学的束缚和统治,获得了独立,各门自然科学因此得以全面发展,近代自然科学是真正现代意义上的科学,它与古代和中世纪的科学分属于两种完全不同的科学传统,人类因此进入了"科学时代"。

第一节　近代前期科学技术产生的历史条件

近代前期科学技术的产生有其必然的历史条件。近代前期资本主义生产方式的兴起、资产阶级革命、宗教改革、基督教衰弱、地理大发现、文艺复兴、"自然界有秩序"观念、中国文化等在向人们提供了勇于开拓、积极进取的精神的同时,也为近代科学技术的产生提供了必要的历史条件。

一、资本主义生产方式的兴起

中世纪之后,近代科学能迅速发展起来,其首要原因应归结于资本主义生产方式的兴起。资本主义生产方式是指以社会化的机器大生产为物质条件、以生产资料的资本家私有制为基础、以资本剥削雇佣劳动为主要特征，主要是手工作坊和大工厂生产。手工工场的出现标志着资本主义萌芽的产生。手工工场可分为分散的手工工场（即简单协作）和集中的手工工场（即工场手工业）两个阶段。简单协作没有改变手工的劳动工具和操作方法，仅是在同一资本家指挥下协同劳动；工场手工业是以手工技术和雇佣工人的分工为基础的资本主义大生产，它是手工业生产向资本主义机器大工业过渡的准备阶段。手工工场和手工作坊相比，不仅表现在生产规模、技术分工上的进步，关键是手工工场已是资本主义性质的生产组织形式，这是与手工作坊的本质区别。

公元 14 世纪，资本主义生产方式首先在意大利兴起，然后波及英、法等国。当时，意大利的手工技术已有较高水平，且手工行业分工较细，仅佛罗伦萨就有毛纺工场 3000 多家，毛纺工人多达 30000 人，他们一无所有，受雇于资本家。造船业也比较发达，已能制造大型坚固的帆船，当时的威尼斯造船厂每年可造上千艘船只，并有了纵横于地中海的商业船队。

受意大利影响，西欧一些国家的资本主义生产方式也于 15～16 世纪逐渐形成，纺织、造纸、酿酒、玻璃制造、采矿、金属加工等手工业技术有较大进步。德国已有了以水力和马力为动力的抽水机，使深坑采矿成为可能，1525 年德国采矿工人已达 10 万人。15 世纪后半期，在德、法、意等国已出现了高 10 英尺以上、直径 5 英尺的大型熔铁炉和鼓风炉炼铁法。1546 年英国拥有 2000 多工人的纺织工场，资本主义工场手工业已成为城市经济的主要形式。

资本主义生产方式的兴起，一方面迫切需要先进的科学技术做依托，另一方面又为学科技术发展提供了研究课题、资料和必要的物质手段。近代科学技术就是在资产阶级创业过程中诞生和发展起来的。

二、资产阶级革命、宗教改革和基督教的衰落

16 世纪，英国开始发生了一场资产阶级革命，这场革命的反封建矛头首先对准了教会，要求对宗教进行彻底改革，消除英国国教会（圣公会）中的天主教影响。这场历史上有名的“清教”运动产生了许多新教派，但它们有一个共同的价值核心，那就是信教伦理，其中包括：

（1）对“善行”的看法的改变。他们认为，不论什么行为，只要它能使人类的生活变得更甜蜜，在上帝眼里就是善行。这种“知识按其有用性来评价”的原则，无疑会把科学的价值大大提高。

（2）“颂扬上帝”内涵的改变。过去认为，颂扬上帝就是读《圣经》。现在信教认为，“公益服务是对上帝的最伟大的服务”，并把研究自然现象看作是从上帝的作品中研究上帝，是促进赞颂上帝的一种有效的手段。

新教徒观念的变化促使他们对阻碍科学发展的障碍进行批评或反对，甚至身体力行，为科学发展做出了具体贡献，如皇家学会初期的 68 个会员中有 49 人是清教徒，该学会的创始人威尔金斯和莫里都是清教徒，他们对近代科学的贡献是不可磨灭的。

三、地理大发现

地理大发现的出现不是偶然的，它有深刻的经济根源、社会根源及技术准备。

首先是经济上的动因。14~15世纪西欧商品货币经济的发展,使流通中所需货币量急剧增加,黄金作为货币的职能日益突出,成为最贵重的交换手段,占有黄金就意味着占有一切。《马可波罗行记》对中国、印度等地的夸张描述,使西欧贵族、商人、航海家把东方看成遍地黄金,到东方实现黄金梦是促进开辟新航路的重要原因。

其次,商品生产和交换的发展以及资本主义萌芽的产生使西欧迫切希望加强东西方贸易,为工业品寻找新的市场。而当时东西方贸易的三条通道都以东部地中海为中心。由于奥斯曼帝国的崛起,商路为阿拉伯人控制,东方商品需多次转手才能到西欧,价钱非常昂贵。因此西方商人和贵族为了发展同东方的直接贸易,迫切需要开辟一条绕过地中海直达东方的航路。

第三,传播基督教是推动西欧人向海外发展的一种精神动力。基督教以人类博爱为教旨,以全人类的宗教自命,充满着一种强烈的使人人都接受基督教的要求。中世纪发动的十字军东侵,即是以武力扩张基督教信仰的反映。东方祭司王约翰信奉基督教的传说盛行于西欧,使西欧基督徒梦想与之联合攻打穆斯林,传播基督福音于全世界。公元1500年前后欧洲航海家们从事海上冒险活动的动机之一,便存弘扬基督教于海外诸国之想。

第四,15世纪末,西班牙和葡萄牙两国都完成了政治统一,建立了中央集权的国家,他们希望开辟新航路来发展对外贸易,增加收入和扩张自己的势力。贵族、商人以及教会都希望从海外冒险中开辟新市场,掠夺黄金。这一切使西、葡两国商人和贵族充当了第一批远洋探险和殖民者的角色。

第五,西欧生产力的发展和科学技术的进步,为开辟新航路准备了必要的物质和精神条件。航海技术得以改进,西欧能制造适于远航的大船,罗盘和占星仪广泛使用于航海,人们相信"地圆说"。而且海上武器和战术也有很大进步,商业上复式簿记,银行和信贷业的发展,股份公司的出现等,给西欧商业带来了活力,从而加强了西欧向海外殖民扩张的力量。

于是,航海探险和殖民活动开始发展。比较著名的航海家有:迪亚士、哥伦布、达·伽马、麦哲伦等。

1487年,葡萄牙人迪亚士(Bartholmeu Dias,1450~1500)到达非洲南端好望角。迪亚士1450年出生于葡萄牙的一个王族世家,青年时代就喜欢海上的探险活动,曾随船到过西非的一些国家,积累了丰富的航海经验。为了开辟到印度的航道,迪亚士率领一只由3条船组成的探险队从葡萄牙的里斯本出发,经过非洲西海岸向南航行,到达非洲南端。时值暴风雨,故把此地命名为"风暴角",返回后国王认为这个岬角正是通往东方世界的希望的标志,便把"风暴角"改为今天沿用的"好望角"。迪亚士是一位先行者,1988年,一些欧洲人和南非白人曾举办庆典,纪念葡萄牙航海家迪亚士发现好望角500周年。

1492年,意大利人哥伦布(Christopher Columbus,1451~1506)发现了新大陆。哥伦布,1451年出生在意大利,热那亚一个纺织工人的儿子,从小过着海上生活,没有受过正规的教育。但是他十分好学,利用闲暇的时间阅读了大量书籍。《马可·波罗游记》使他对东方产生了强烈的向往,仿佛印度和中国到处是黄金,他说,"黄金是一个可以令人惊叹的东西,谁有了它,谁就能支配他所欲的一切。有了黄金,就是要把灵魂送到天堂也是可以做到的"。同时,关于大地呈球形的地球概念以及托勒密那里传下来的关于地球周长的数值,使哥伦布相信西行也可以更快地到达亚洲。于是,在西班牙国王的支持下,哥伦布率领船队,从西班牙出发,直奔大西洋,以寻找通往印度的航道。经过 70 天的艰苦航行,到达中美洲的巴哈马群岛的华特林、古巴和海底等岛屿。哥伦布认为,巴哈马群岛就是印度的边远地区,并把当地的土著人称为印度人。事实上,这块大陆并不是印度,而是一块新大陆,即后来的阿美利加州,此地的土著人也不是印度人,而是我们今天熟知的印第安人。

1497 年,葡萄牙贵族达·伽马(GamaVasco,da,1460~1524)到达印度。达·伽马,葡萄牙航海家,从欧洲绕好望角到印度航海路线的开拓者,生于葡萄牙锡尼什,卒于印度科钦。青年时代参加过葡萄牙与西班牙的战争 ,后到葡宫廷任职 。1497 年 7 月 8 日受葡萄牙国王派遣,率船从里斯本出发,寻找通向印度的海上航路,船经加那利群岛,绕好望角,经莫桑比克等地,于 1498 年 5 月 20 日到达印度西南部卡利卡特 。同年秋离开印度,于 1499 年 9 月 9 日回到里斯本。伽马在 1502~1503 年和 1524 年又两次到印度,后一次被任命为印度总督。伽马通航印度,促进了欧亚贸易的发展。在 1869 年苏伊士运河通航前,欧洲对印度洋沿岸各国和中国的贸易 ,主要通过这条航路。这条航路的通航也是葡萄牙和欧洲其他国家在亚洲从事殖民活动的开端。

1519 年,葡萄牙人麦哲伦完成环球航行。麦哲伦(Magelhaes,1480~1521),1480 年出生于一个贵族家庭,是著名的航海家和探险家。1519 年 9 月 6 日,麦哲伦在西班牙国王的资助下,率领一支由 5 艘帆船 266 人组成的探险队,从西班牙塞维利亚港起航,开始了他名垂青史的环球航行。

麦哲伦率领船队起航,穿过大西洋到达南美洲火地岛,历经千辛万苦,穿过麦哲伦海峡进入太平洋。在太平洋上航行了三个月,水尽粮绝,以吃木屑、老鼠、皮带、饮污水为生,船员因坏血病并死亡数很大,但船队始终前进不止。在途经菲律宾群岛时,探险队与岛上的土著人发生冲突,麦哲伦受伤身亡 ,余部 18 人乘 1 只船,经印度,绕过好望角,沿非洲西海岸北上,于 1522 年 9 月 7 日返回西班牙,历时 3 年,实现了从西方向西航行到达东方的计划,完成了第一次环球一周的航行。

麦哲伦的突出贡献不在于环球航行本身,而在其大胆的信念和对这一事业的出色指挥,以及他顽强拼搏的精神。他是第一个从东向西跨太平洋航行的人。他以 3 个多月的航行,改变了当时流行的观念:从新大陆乘船向西只消几天便可到达东印度。麦哲伦船队的环球航行,用实践证明了地球是一个圆体,不管是从西往东,还是从东往西,毫无疑问,都可以环绕我们这个星球一周回到原地。这在人类历史上,是永远不可磨灭的伟大功勋。

地理大发现直接或间接推动了科学技术的发展。首先,它证明了大地是球形,纠正了托勒密地球周长值的误差,又发现了新大陆,这就加深了人们对地球的认识;同时,它也推动了天文学、大地测量学、数学和力学的发展。因为,航海必备的工具是精确的星图、星表和航海地图,而通过航海又推动了与这些制造技术相关的力学和数学的发展。地理大发现开阔了欧洲人的眼界,使他们从狭小的欧洲走向广阔的亚、非、美,所见所闻丰富了他们的头脑和思想,使他们从古典作家的绝对权威的迷信中解放出来。地理大发现向人们展示了一种开拓进取的精神,激励人们为探索其他自然奥秘而努力。

四、文艺复兴

文艺复兴发生在公元14~16世纪,在欧洲历史上泛指一个特定的时期,是一场复兴古典文化的运动,一场新时代的启蒙运动,是资产阶级在意识形态领域发动的一场反封建、反宗教的文化运动。文艺复兴(Renaissance),仅就字面而言,在法语中由“再”(re)和“生”(naitre)两词复合而成,因而包含了某种“再生”的含义,原意系指“希腊、罗马古典文化的再生”。需要强调的是,这里的所谓再生,不仅仅局限在文学,即丹皮尔所说“文艺复兴绝不限于文学。有许多因素结合起来造成了一次空前未有的知识发酵,虽然文学是最早而且最重要的一个因素”①,它泛指那个时代古希腊与罗马学术与思想所获得的再度弘扬。人们将那个时代的思想解放运动称之为文艺复兴,主要原因是那个时代的精神与思想集中体现在当时的文学和艺术作品里。

文艺复兴发源地在今天意大利国家的北部。从地理上来说,这里拥有威尼斯和热那亚两大欧洲著名的商业港口。它们不仅为当地的经济带来繁荣局面,而且造就了一个新兴的上流阶层。这个阶层凭借着经商带来的财富上升到社会的统治地位。这个新阶层的新兴贵族,纷纷在城里建起了豪宅。这些豪宅不仅是他们从事商业和贸易活动的中心,而且成为人们增进知识和思想交流的重要场所。意大利北部成为文艺复兴发源地的另一个原因是,1453年土耳其人攻入了东罗马帝国的首都君士坦丁堡。一批希腊学者带着大批古希腊典籍逃到了这里。于是,搜集、整理、翻译和研究这些典籍成为那个时代人们的时尚和需求。这也就使人们感受到了其中所蕴含的那种自由探索的活力。这种活力充满了反抗现实和开创未来的强大动力。

文艺复兴以复兴古典文化为手段,它的核心是提倡“以人为中心”,充分肯定人的价值,认为人是现实生活中的创造者和享受者,赞扬人的智慧和才能;反对“以神为中心”、贬低人的作用的旧观念,赞颂世俗生活,反对来世观念和禁欲主义,认为人是伟大的,人应享受人生的快乐,应该掌握自己的命运;批判了宗教宣扬的来世思想和禁欲主义;鼓吹人性、个性解放和个人自由。文艺复兴的基本内容可以概括为:提倡人权、反对神权;提倡人性,反对神性;歌颂世俗,藐视天堂;推崇理性,反对神启。提倡个性自由,反对宗教桎梏。因而,文艺复兴一词的真正涵义是自由的新生——人类精神恢复意识和自我决定的力量,经由艺术认识外部世界和人体的美,解放科学中的理性和宗教上的良知,将文化重返理性,建立政治自由的原则。从文艺复兴以来,人性一直朝着这个方向运行。可见,文艺复兴具有明显的反封建、反宗教的倾向性、是一场思想解放运动。

文艺复兴的主要代表人物有但丁、波堤切利、拉斐尔、米开朗基罗、薄伽丘、达·芬奇、塞万提斯、莎士比亚、哥白尼等人。

封建的中世纪的终结和现代资本主义纪元的开端,是以一位大人物为标志的,这位人物就是意大利人但丁,他是中世纪的最后一位诗人,同时又是新时代的最初一位诗人。但丁·阿利格里(Dante Alighieri ,1265~1321),意大利人,出身贵族家庭,青年时期曾参加过新兴市民阶级反封建的政治运动,被选为佛罗伦萨行会执政长老。罗马教廷势力抬头后,在他37岁,即于1302年被判处终身流放。他的代表作《神曲》,它原本是由于思恋他童年的女友碧亚特利(24岁去世)而写诗,后来由于被流放,他的诗也就发展为政治

①丹皮儿.1997.科学史及其与哲学和宗教的关系.北京:商务印书馆:156

诗。《神曲》共 100 首，长达 14000 行，由“地狱”、“炼狱”、“天堂”三篇组成，将纷繁复杂的素材纳入严谨的构架之中。每 3 行分节，各部诗行也大致相符等，不仅工整、匀称，结构本身也富有象征含义。诗中的许多人物虽然是但丁笔下的鬼魂，但由于均有现实依据，因此写得血肉丰满，性格鲜明，令读者难以忘怀。诗人继承了先知文学和启示文学的传统，将澎湃的激情与匪夷所思的幻想相结合，将对现实的评判与对“天国”诚挚的信仰相结合，展示出诗人惊人的想象力，把以梦幻、寓意、象征为特点的中世纪文学艺术推向了高峰。

但丁于 56 岁时病死，尸体置入石棺，至今尚存。

波提切利（Sandro Botticelli，1445～1510），文艺复兴早期佛罗伦萨画派的最后一位画家，也是 15 世纪 80 年代和 90 年代佛罗伦萨最出名的艺术家，文艺复兴时期的代表人物，被认为是拉菲尔的前奏。他的创作题材非常广泛，且宗教人文主义思想明显，充满世俗精神，后期的绘画中又增加了许多以古典神话为题材的作品，风格典雅、秀美。特别是他大量采用教会反对的异教题材，大胆地画全裸的人物，对以后绘画的影响很大。《维纳斯的诞生》是最能体现他绘画风格的代表性作品。在这幅画作中，波提切利使维纳斯这位古希腊罗马艺术中的美丽女神重新从贝壳中站起，她那洋溢着青春与活力的形象将美丽重新带给人间，体现了那个时代人们对中世纪禁欲主义的抗争和追求现世幸福的愿望。

拉斐尔（Raffaele，1483～1520），意大利画家，1483 年生于乌尔比诺，原名拉法埃洛 · 圣乔奥 。他的一系列圣母画像，都以母性的温情和青春健美而体现了人文主义思想。其中最有名的是《带金莺的圣母》、《草地上的圣母》和《花园中的圣母》。1512～1513 年绘成的大型油画《西斯廷圣母》，人物形象和真人大小相仿，由圣母、圣徒组成的三角形构图，庄重均衡，圣母和耶稣的体态健美而有力量，她的简朴的衣装和赤裸的双足让人感到她的确实意为人间慈母，表现了母爱的幸福与伟大。尽管宗教在那个时代仍然主导着人们的生活，然而拉斐尔所带给人们的却已是一种更接近于人性和人情的基督和圣母。圣母带着他那温柔而又悲悯的目光托起怀中的婴儿，似准备把他献给多难的人间，而逗人喜爱的圣婴眼中似乎也含着一种非同寻常的严肃，仿佛已经决心做出牺牲，反映了作者的人道精神和那个时代人们的审美趣味。另一幅更为高大的是祭坛画形式的《福利尼奥的圣母》和稍后创作的《椅中圣母》、《阿尔巴圣母》，都堪称是他完美无缺的作品。1509 年后，他被罗马教皇尤里乌斯二世邀去绘制梵蒂冈皇宫壁画，其中签字厅的壁画最为杰出。这批遍布大厅四壁和屋顶的绘画，分别代表了人类精神活动的 4 个方面：神学、哲学、诗学和法学，作品除发挥了他特有的绘画风格外，还特别注意到了绘画表现与建筑装饰的充分和谐，给人以庄重显明、丰富多彩之感。这期间重要作品还有为埃利奥多罗厅绘制的《埃利奥多罗被逐出神殿》和《波尔申纳的弥撒》，为火警厅绘制的《波尔戈的火警》和为法尔内西纳别墅绘制的《加拉泰亚的凯旋》等。这些作品的形象塑造和光色运用都达到了新的境界，被誉为古今壁画艺术登峰造极之作。他的肖像画也有很高成就。特点是形神兼备，气韵盎然。多采用微侧半身姿态，将背景隐去，唯以人物自然亲切的神态突出于画面 。代表作为《卡斯蒂廖内像》和《披纱女子像》。

米开朗基罗（Michelangelo，1475～1564），意大利文艺复兴时期伟大的绘画家、雕塑家和建筑师，文艺复兴时期雕塑艺术最高峰的代表，文艺复兴时期的巨匠之一。米开朗基罗六岁时丧母，养在一个石匠的妻子的家里，因此从小就对雕塑发生兴趣。十三岁进入佛罗伦萨画家画室学画,1489 年转到另一个画家学雕塑。后来当上美术学校的学生兼助手。那里是文艺复兴运动的中心,人文主义学者集中的地方。他在那里干了十四年,在思想和艺术上被培养成一个伟大的艺术家。1496 年,米开朗基罗来到罗马,创作了第一批代表作《酒神巴库斯》和《哀悼基督》等。1501 年,他回到佛罗伦萨,用了四年时间完成了举世闻名的《大卫》。1505 年在罗马,他奉教皇尤里乌斯二世之命负责建造教皇的陵墓,1506 年停工后回到佛罗伦萨。1508 年,他又奉命回到罗马,用了四年零五个月的时间完成了著名的西斯廷教堂天顶壁画。1513 年,教皇陵墓恢复施工,米开朗基罗创作了著名的《摩西》、《被缚的奴隶》和《垂死的奴隶》。1519~1534 年,他在佛罗伦萨创作了他生平最伟大的作品——圣洛伦佐教堂里的美第奇家族陵墓群雕。1536 年,米开朗基罗回到罗马西斯廷教堂,用了近六年的时间创作了伟大的教堂壁画《末日审判》。之后他一直生活在罗马,从事雕刻、建筑和少量的绘画工作,直到 1564 年 2 月 18 日逝世于自己的工作室中。

米开朗基罗代表了欧洲文艺复兴时期雕塑艺术的最高峰,他创作的人物雕像雄伟健壮、健美,气魄宏大,充满了无穷的力量。他的大量作品显示了写实基础上非同寻常的理想加工,成为整个时代的典型象征。他的艺术创作常常以现实主义的手法和浪漫主义的幻想,表现当时市民阶层的爱国主义和为自由而斗争的精神面貌。体现了很强的人文主义色彩。

薄伽丘(Giovanni Boccaio, 1313~1375),中世纪意大利杰出的小说家,他是一个佛罗伦萨的商人和法国女人的私生子,1313 年生于巴黎,从小失去母亲。父亲续娶后,他被接回佛罗伦萨,在严父和后母的冷酷家庭中度过了童年。他自幼立志作诗,被小伙伴们称呼为"诗人"。1328 年,父亲强送他去学经商,但他没兴趣。后来,父亲又把他送到那不勒斯学法律,但他同样毫无兴趣。尽管如此,那不勒斯这段生活,却对薄伽丘留下了深刻的影响。当时,那不勒斯宫廷比较开明,在国王周围聚集着一批著名的学者,薄伽丘有机会进入宫廷,接触到宫廷和贵族骑士的生活,接触到人文主义者,读到很多古罗马的文学著作,扩大了文化方面的见识。在这里,他还爱上了那不勒斯王的私生女儿玛丽亚。这一段浪漫生活,在他的创作中留下痕迹。他为玛丽亚写的诗文中,将玛丽亚化名为"菲亚美达"。

薄伽丘一生著作很多,著名的有:《亚洛柯洛》、《苔塞伊达》、《爱情的幻影》、《菲亚美达》、《但丁传》等。影响最大的是短篇小说集《十日谈》,作者通过那 100 个故事,嘲笑了教会的腐败无能,僧侣的奸诈虚伪,反对禁欲主义,歌颂爱情,倡导社会平等和男女平等,抒发了自己反封建、反宗教、争取民主的情怀。《十日谈》被视为是《神曲》的姐妹篇,对西欧文学产生过巨大影响。

达·芬奇(Leonardo da Vinei,1452~1519)出生在佛罗伦萨,是一位名律师与农家女的私生子。没有受过正式的教育,主要在家里随父亲读书自学,但从小聪明过人,兴趣广泛,努力学习绘画艺术、文学与自然科学技术等很多方面的知识。他反对盲目崇拜古代的学术权威和著作,提出以造化为师,鼓励人们向大自然学习。他认为"自然是一切教师的教师",只有依靠直接的观察和实验,积极进行实践,才能获得正确的认识。他强调,"实践应以好的理论为基础",而"理论脱离实践是最大的不幸"。达·芬奇对宗教蒙昧说教也深表怀疑与厌恶。他曾经将天主教会比喻为"一个贩卖欺骗的店铺",同时指出,

"真理只有一个,它不是在宗教之中,而是在科学之中"。达·芬奇的最大特点就是怀着永无休止的探索精神,孜孜不倦地研究自然和人生中的一切奥秘,最终成为闻名遐迩、永垂青史的大学者。

达·芬奇给人类留下了丰厚的精神财富。除了大量宝贵的艺术作品外,还留下了7000多页的未经系统整理的手稿。这些手稿每页长8寸,宽6寸,有的两面皆有文字,其中不少夹有各种图形,如建筑设计、人体解剖、几何图、机械图乃至各种植物的叶子与花朵等。为了避免教会的迫害,这些手稿是达·芬奇用左手自右而左反写过来的,后人必须借助镜子的反射,才能辨认出其中的内容。这些手稿用古意大利文写成,现在已译成多国文字。后人根据这一手稿,已经整理出版了《水的流动与测量》、《鸟的飞翔》、《生理解剖学》和《论绘画》四部书。

在艺术创作上,达·芬奇被称为世界画坛的一代宗师。他善于选择贴近现实社会生活与抒发完美理想的题材,善于运用光学与透视学的方法来描绘具体的场景和人物。他发明的明暗转移法更使画面具有丰富的层次感与凹凸感,留下了许多艺术精品。他的名作《蒙娜丽莎》完全摆脱了传统宗教题材的束缚,直接取材于现实生活,栩栩如生地展示了一位市民阶层妇女的时代风貌,揭示了新时代女性追求人生幸福的强烈愿望和乐观主义精神,达到了思想性和艺术性的高度统一。

在自然科学领域,达·芬奇的科学视野与知识水平已经超越了他的时代,其中有着诸多的天才预见和发明。在医学方面,他熟悉人体解剖知识,发现了血液对人体所发挥的新陈代谢的作用,对血液循环有了朦胧的认识,认为动脉硬化是缺乏运动,被后人看作是近代生理解剖学的始祖。在数理化方面,他被公认为是加(+)、减(-)符号的首先使用者,是立体几何学中关于正六面体、球体和柱体面积之间关系方面的规律之发现者。在物理学上,他预示了惯性原理,发展了杠杆原理并丰富了阿基米德的液体压力的概念。他还研究到空气的波动和声音的传递。对有关物质的原子原理,他也有科学的预见。在光学上,他还设计过人造眼球、望远镜等。达·芬奇还亲自做过化学实验,留下了一些相关的简单记录和化学仪器的构图。在生物学上,达·芬奇提出了"人和动物大同小异"的见解,并探讨过许多植物的生长过程及其规律。在天文学上,他曾经指出地球不是太阳系的中心,更不是宇宙的中心,而是一颗以椭圆形的轨道绕太阳运动的行星,太阳本身是不动的。而哥白尼的"太阳中心"说则是在达·芬奇去世后24年才发表的。在机械学方面,他在研究了当时的劳动工具后,设计了印刷机、织布机、纺纱机、剪毛机、抽水机、挖土机、起重机等。在水利工程上,达·芬奇设计过开凿运河、修改河道与建造水库、水闸等,并曾经在米兰主持过运河灌溉工程的施工。在建筑工程上,他留下了大量有关城市的桥梁、下水道、教堂、剧场、街道、房屋的设计图案,由他设计并监造的米兰的护城河,至今仍为专家所称道。达·芬奇在军事科学方面的成就更是惊人,有学者推断出他的成就已经达到第二次世界大战时的水平。他曾经发明了机关枪、坦克车、潜水艇、蛙人潜水呼吸器等,设计过军用的轻便桥梁、云梯、火炮、战舰等。他还是飞机发明的先驱者,设计过各种飞行器械。他甚至还计划建造大的巡洋潜水艇,只因担心这一秘密泄露会使某些邪恶之人用来在海底作恶,才将此计划毁掉。

纵观达·芬奇的一生,他孜孜不倦地将人文主义精神贯穿于诸多知识领域的探索之中,把艺术和科学、理智和感情、形体和精神熔于一炉,将艺术创作推进到一个前所未有的高度,同时在自然科学方面作出了巨大贡献。正因为如此,恩格斯称他“不仅是大画家,而且也是大数学家、力学家和工程师”,将他列为文艺复兴时代的第一位“巨人”。达·芬奇的一生也清晰地展示,正是从封建制度向资本主义的社会转型,为他这类文化“巨匠”的产生提供了广阔的历史舞台,而这样一批文化“巨匠”则反过来又为当时的新旧交替的时代变革,开拓出新的知识领域,提供了新的精神食粮。

塞万提斯(Miguel de Cervantes Saavedra,1547~1616),文艺复兴时期西班牙小说家、剧作家、诗人,西班牙文学世界里最伟大的作家。塞万提斯 1547 年出生在西班牙的一个没落贵族家庭,22 岁到意大利给红衣主教当随从,有幸到过意大利许多名城,接触到许多名人、志士。1570 年入伍,在与土耳其海战中失去左臂,成为独臂人。他的代表作是《堂吉·诃德》,被评论家们称为文学史上的第一部现代小说,世界文学的瑰宝。该书共分两部,第一部写于 1605 年,第二部写于 1615 年,主要描写一个瘦弱的没落贵族堂吉诃德因迷恋古代骑士小说,竟像古代骑士那样用破甲驽马装扮起来,以丑陋的牧猪女作美赛天仙的崇拜贵妇,再以矮胖的农民桑丘·潘札作侍从,3 次出发周游全国,去创建扶弱锄强的骑士业绩。以致闹出不少笑话,到处碰壁受辱,被打成重伤或被当作疯子遣送回家。小说中出现的人物近 700 个,描绘的场景从宫廷到荒野遍布全国。揭露了 16 世纪末到 17 世纪初正在走向衰落的西班牙王国的各种矛盾,谴责了贵族阶级的荒淫腐朽,展现了人民的痛苦和斗争,触及了政治、经济、道德、文化和风俗等诸方面的问题。小说塑造了可笑、可敬、可悲的吉诃德和既求实胆小又聪明公正的农民桑丘,这两个世界文学中的著名典型人物,将现实主义和浪漫主义有机地结合起来。既有朴实无华的生活真实,也有滑稽夸张的虚构情节,在反映现实的深度、广度上,在塑造人物的典型性上,都迈上了一个新的台阶。其写作宗旨为“把骑士小说那一套扫除干净”。该书广泛描绘了当时西班牙的社会生活,是欧洲历史上最早的优秀现实主义作品之一。塞万提斯一生站在人民方面,主持正义,反对教会统治。

莎士比亚(William Shakespeare ,1564~1616),文艺复兴时期英国剧坛上的一位“巨人”,被本·琼生称为“时代的灵魂”,他的戏剧在欧洲戏剧发展史或文学发展史上占有重要地位。于 1564 年出生在英国的斯特拉福城,家境贫寒,未曾读过大学。18 岁时与一位 26 岁女子结婚,未满 21 岁时有了三个孩子;3 年之后去伦敦,成了演员和剧作家;30 岁时开始走红;34 岁时家庭经济宽裕,艺术取得成功,被公认为新崛起的剧作家。莎士比亚独自生活在伦敦的 20 年中,他的妻子一直住在斯特拉福。近 40 岁时,莎士比亚才回到斯特拉福直到去世。一生共创作了 37 部戏剧、2 部长诗和 154 首十四行诗。

莎士比亚的主要代表作品主要有:《罗密欧与朱丽叶》、《威尼斯商人》、《哈姆雷特》、《奥赛罗》、《李尔王》等,其题材多取材于历史记载、小说、民间传说和老戏等,反映了当时的英国的政治、经济、思想、文化、风俗和习惯。他继承并发扬古希腊罗马戏剧和英国民间戏剧的优秀传统,不顾“三一律”之类的清规戒律,突破喜剧和悲剧的界限,从内容到形式进行创造性的革新。针对中世纪封建制度和禁欲主义的束缚,他尊重妇女、歌颂爱情,塑造出一系列理想化的资产阶级新女性的可爱形象。在历史剧和悲剧中,他又刻画了一系列封建暴君的形象,无情地揭露和批判封建暴政。他还在戏剧中提倡人道以反对中古神道,把人比作天神,强调人的伟大和力量,说人是“宇宙的精华,万物的灵长”,并常常在剧中揭露宗教的伪善。同时,基督教文化中的奉献精神、原罪精神、博爱精神在充分尊重个体价值的基础上重新得到了诠释;情感与理性、欲望与道德、个体与社群、自尊与谦卑也被深入讨论过。这些作品反映了封建社会向资本主义社会过渡的历史现实,宣扬了新兴资产阶级的人道主义思想和人性论观点。

文艺复兴运动中,也出现了一批卓有建树的自然科学家和数学家。如天文学家托斯卡内罗(1397~1482),是他鼓励哥白尼远航的;数学家阿尔贝提被机械、测量等都有研究;另一位数学家帕西奥里(L. Pacioli,1445~1514)著有《总论算术、几何、比例和比例性》;还有大天文学家哥白尼等。

文艺复兴在为资产阶级争取政治统治权作舆论准备的同时,也为科学技术的发展起了鸣锣开道的作用,它冲破了宗教设下的种种禁锢,拉开了科学技术发展的序幕。

五、"自然界有秩序"观点的确立

"自然界是有秩序的",之一观点导源于中世纪的神学。但是,这一信仰却是近代科学赖以建立的基础。有了这样的信仰,科学家才肯花力气去寻找这样的秩序,才敢于在提出一种不成熟的理论后,再想办法用实验去检验它。上述的研究模式就是先提出假说,然后再去检验。

六、中国文化的影响

中国文化对近代科学的影响表现在两个方面。

(1) 四大发明的影响。马克思称火药、指南针、印刷术是"预告资产阶级社会到来的三大发明","火药把骑士阶层炸得粉碎,指南针打开世界市场并建立殖民地,而印刷术变成新教的工具。总的来说,中国的四大发明变成科学复兴的手段,变成精神发展创造必要前提的最强大的杠杆。"恩格斯认为,中国的四大发明"不仅使希腊文学的输入和传播、海上探险以及资产阶级宗教改革真正成为可能,并且使他们的活动范围大大扩展,进程大为迅速"。

(2) 有关中国的著作及中国的思想道德对西方产生的影响。《马可波罗游记》是14~15世纪对欧洲人影响最大的一本有关中国的著作,书中那大量生动的描写使欧洲人大为惊奇。它极大地刺激了欧洲人要改变现状的信心和决心。

中国哲学对西方也有很大影响。笛卡尔曾热情地颂扬了中国人的智慧和理性;发明二进制的莱布尼兹非常赞赏中国人的八卦;中国的孔子成了17~18世纪欧洲思想界尊崇的目标之一,他的仁学思想和教育思想成为欧洲当时进步思想的来源之一。尤其是欧洲的启蒙运动也深受中国哲学的影响,他们用中国哲学之"天"作为他们启蒙运动的旗帜。由于启蒙文化是用理性文化推翻中世纪的宗教文化,用理性权威代替上帝权威,他们必然会借用中国哲学作为他们崇理性代替上帝的武器。正如李约瑟所说:"启蒙时期之哲学家……固皆深有感于孔子之学说……社会进步只思想,未有依赖人性本善之学说,方有实现之望。"

因此,一定意义上说,中国文化是近代科学诞生的一个重要的源头,也是一个必不可少的条件。

总之,以上六个方面就是近代科学技术产生的历史背景和条件。

第二节　哥白尼的天文学革命

资本主义生产方式的兴起、航海和地理大发现以及文艺复兴运动虽然为科学技术的发展创造了有利条件,但是并没有铺平科学技术发展的道路,尤其是自然科学,为了生存和发展还必须同宗教神学的禁锢展开针锋相对的斗争,乃至献出生命,在这场斗争中首当其冲的是哥白尼和他的太阳中心说。

一、哥白尼的“太阳中心说”

哥白尼(Nicolaus Copernicus ,1473~1543)诞生于波兰托伦城。他10岁丧父,迫于生计,由舅父抚养。悲惨的人生经历激起了他的斗志,促使他努力学习。18岁时,以优异的成绩进入克拉科夫大学学习医学至毕业,但仍对天文学发生兴趣。1495年留学意大利。1499年被罗马大学聘为天文学教授。哥白尼在意大利生活了10年后回到波兰。

回国后,哥白尼一边任教士,一边从事天文学研究,他常常在自家阁楼上进行天文学观察,并用了6年时间(1506~1512)写下了代表作——《天体运行论》,创立了近代天文学。成书后又用了三十年的时间进行修改。1543年,哥白尼处于弥留之际,纽伦堡出版了《天体运行论》,遗憾的是他只摸了摸书的封面就与世长辞了。

《天体运行论》一书共分为6卷:这本书共六卷,第一卷为宇宙论,简述了整个宇宙的结构,是全书的精髓。这一卷分四章,先后论述了“宇宙是球形”“大地也是球形”“天体的运动是均匀永恒之圆运动或复合运动”。哥白尼说,“天体的这种旋转运动对于球来说是固有的性质,它反映了球形的特点。球这种形状的特点是简单、没有起点、也没有终点,旋转时不能将各部分相区别。而且球体形状也正是旋转作用本身造成的。”在第一卷中,哥白尼将行星以及地球绕日运转轨道进行排列,并刊载了他的宇宙模型图。这张我们现在看似普通的天球次序图,在当时却是人类认识宇宙的一次巨大飞跃。第二卷是论地球的自转,指出地球是绕太阳运转的一颗普通行星,它一方面以地轴为中心自转,一方面又循环着它自己的轨道绕太阳公转。为了说明地动,他用水上行船的例子来说明,“当船只平静地向前飘移时,外界的一切东西都像是在运动,其实是船在运动,而船里的人却感觉到他们自己和船上的一切都是静止的。”第三卷论岁差,即地球自转轴的运行使春分点沿黄道向西缓慢运行,其速度每年为50.2角秒。第四卷论月球的运行和日月食。第五卷、第六卷论五大行星。这就完整地提出了太阳系结构的理论——日心说,即:太阳居于宇宙的中心静止不动,而包括地球在内的行星都绕太阳转动。离太阳最近的是水星,其次是金星、地球、火星、木星和土星。只有月球绕地球转动。恒星则在离太阳很远的一个天球上静止不动。哥白尼把统率整个宇宙的支配力量赋予太阳,而各个天体则都有其自然的运动。《天体运行论》标志着太阳中心说的形成。

太阳中心说的基本观念是:太阳是宇宙的中心,行星都是围绕太阳运动,地球是运动的,是绕太阳运行的一个普通星球,它本身也在绕轴自转;月亮是地球的卫星,绕地球一周为一个月,地球带着月亮绕太阳运行;行星在太阳系中的排序及绕太阳运行的周期,由近到远,分别是:水星为80天,金星为9个月,地球和月球为1年,火星为2年,木星为12年,土星为30年,处于这些行星中心的是太阳。

哥白尼的太阳中心说剥夺了人在宇宙中的特殊地位,人不再是万事万物的中心,万事万物也不再围绕人而运动。这样的思想一旦传播,不仅震撼了人类的宗教观,而且导致了人类整个思想的大地震。

哥白尼太阳中心说的创立具有重要意义。第一,它大体描绘了太阳系的真实结构,正确说明了一些天象。如人们看到的日月星辰东升西落是由于地球自转造成的;火星、木星等行星有时顺行、有时逆行是它们绕日运行的轨道和速度不同的综合表现。第二,哥白尼的理论是天文学史上的一项重大突破。在 1543 年,世界上无论哪一种文化都把地球安置在宇宙的中心。而哥白尼的学说却否定了包括地心说在内的当时的天文观念及圣经传统,从而掀起了一场科学革命,使近代科学世界观的建立迈出了第一步,因此,它也是世界历史的一个转折点。第三,它是自然科学向宗教神学的一次挑战,使自然科学从宗教神学的禁锢中解放出来。按照宗教神学的观点,地球是宇宙的中心,人是天之骄子,上帝创造万物都是为了满足人类的需要。比如,创造太阳为了给人类以光和热,创造月亮为了给人类夜间照明,创造其他天地为了给人类预告吉凶。在太阳、地球、月亮及其他天体之外,就是上帝居住的天堂。哥白尼的太阳中心说的创立,推翻了宗教神学的宇宙结构体系,否定了有所谓神灵居住的天堂,从根本上动摇了欧洲中世纪宗教神学的理论支柱。恩格斯在《自然辩证法》中对哥白尼给予了高度的评价:"自然科学借以宣布其独立并且好像是重演路德焚烧教谕的革命行动,便是哥白尼那本不朽著作的出版,他用这本书(虽然是胆怯地,而且可说是只在临终时)来向教会权威挑战,从此自然科学便开始从神学中解放出来。","科学的发展从此便大踏步前进"。正因为如此,教会在 1616 年 2 月 14 宣称该书是异端邪说,列为禁书,并对捍卫与发展哥白尼太阳中心说的思想家、科学家进行残酷迫害。

二、布鲁诺和伽利略对哥白尼太阳中心说的捍卫和发展

(一) 布鲁诺的捍卫和发展

布鲁诺(Giordano Bruno,1548~1600),文艺复兴时期意大利伟大的哲学家、科学家,出生于意大利那不勒斯附近的诺拉镇。他幼年丧失父母,家境贫寒,所以由神甫养育长大,意大利思想家。出生在一个贫苦家庭,15 岁入多米尼克僧团,成为一名修道士,受文艺复兴的影响,广泛阅读各种书籍,靠顽强的毅力自学成为当时著名的学者。他是哥白尼中心说的忠实捍卫者和发现者,在近代科学史上是向宗教神学斗争的勇士。他虽然是教徒却离经叛道,服从真理,成为自然科学发展的卫士。

1575 年,由于他坚决抨击教皇的黑暗和经院哲学的虚伪,所以成了宗教的叛逆,被指控为异教徒并被革除了教籍。公元 1576 年,年仅 28 岁的布鲁诺出逃,并且长期漂流在瑞士、法国、英国和德国等国家,在日内瓦、图卢兹、巴黎、伦敦、维登堡和其他许多城市都居住过。尽管如此,布鲁诺仍然始终不渝地宣传科学真理。他到处作报告、写文章,还时常地出席一些大学的辩论会,无情地抨击官方经院哲学的陈腐教条。漂泊不定的生活没有改变他对哥白尼太阳中心说的信仰,他不时地写文章、做演讲,宣传日心说,用他的笔和舌毫无畏惧地积极颂扬哥白尼学说,使相信这一学说的人越来越多,因而屡遭逮捕。

1584 年他在英国出版了《论无限性、宇宙和诸世界》,宣传并发挥了哥白尼的太阳中

心说,提出了多太阳系和宇宙无限性思想。他认为:宇宙是无限大的,其中各个世界是无数的。太阳并不是宇宙的中心,而是千万颗普通恒星之一,不仅太阳有行星,其他恒星也有行星,甚至也可以有居住的星球;宇宙有统一的法则,但无中心;宇宙是物质的。在哲学上,他认为最好的哲学是"最符合自然的真理"。

1592年5月他回到了威尼斯,由于有人告密,于5月27日被引渡给罗马宗教裁判所,并投入监狱,遭受酷刑和8年监禁,1660年2月宗教裁判所判处布鲁诺火刑,布鲁诺以轻蔑的态度听完判决书后,正义凛然地说:"你们对我宣读判词,比我听判词还要感到恐惧"。行刑前,刽子手举着火把问布鲁诺:"你的末日已经来临,还有什么要说的吗?"布鲁诺满怀信心庄严地宣布:"黑暗即将过去,黎明即将来临,真理终将战胜邪恶!"他最后高呼:"火,不能征服我,未来的世界会了解我,会知道我的价值。"52岁的布鲁诺在熊熊烈火中英勇就义。他死后,教会甚至害怕人们抢走这位伟大思想家的骨灰来纪念他,匆匆忙忙把他的骨灰连同泥土一起抛撒在台伯河中。

伟大的科学家就义了,但真理是不死的。1889年的6月9日,在布鲁诺殉难的罗马鲜花广场上,人们树立起他的铜像,以作为对这位为真理而斗争,宁死不屈的伟大科学家的永久纪念。这座雄伟的塑像象征着为科学和真理而献身的不屈战士永远活在人民心中。

(二) 伽利略的捍卫和发展

伽利略(Galileo Galilei ,1564~1642),近代实验科学的先驱者,意大利文艺复兴后期伟大的天文学家、力学家、哲学家、数学家、物理学家,也是近代实验物理学的开拓者,被誉为"近代科学之父"。生于比萨,其父精通音乐理论和声学,著有《音乐对话》一书。1574年全家迁往佛罗伦萨。伽利略自幼受父亲的影响,对音乐、诗歌、绘画以及机械兴趣极浓,也像他父亲一样,不迷信权威。17岁时遵从父命进比萨大学学医, 1589年被聘为比萨大学的数学教授。1591年到威尼斯的帕多瓦大学任教。1609年,伽利略创制了天文望远镜(后被称为伽利略望远镜),并用来观测天体,他发现了月球表面的凹凸不平,并亲手绘制了第一幅月面图。1610年1月7日,伽利略发现了木星的四颗卫星,为哥白尼学说找到了确凿的证据,标志着哥白尼学说开始走向胜利。借助于望远镜,伽利略还先后发现了土星光环、太阳黑子、太阳的自转、金星和水星的盈亏现象、月球的周日和周月天平动,以及银河是由无数恒星组成等。这些都直接或间接证明了哥白尼太阳中心说的正确性,打击了宗教所支持的旧宇宙观,开辟了天文学的新时。1610~1613年他把这些观察资料公布于众,引起了学术界的轰动。1616年罗马教廷传讯并警告伽利略,不许支持哥白尼太阳中心说,只能把有关计算当成假设,不许再宣传哥白尼的学说,无论是讲课或写作,都不得再把哥白尼学说说成是真理。伽利略表面答应了,但暗中仍在做观察、实验。1632年他出版了《关于托勒密和哥白尼两大世界体系的对话》,该书表面上是以三个人对话的形式,客观地讨论托勒密的地心说与哥白尼的日心说,但却以充分的论据和大量无可争辩的事实,有力地批判了亚里士多德和托勒密的错误理论,科学地论证哥白尼的日心说。罗马教廷被激怒,以欺骗教廷罪再次传讯伽利略,押送罗马,拷打并投入监狱,判处终身监禁。在狱中,秘密写下了他一生中最伟大的著作——《关于两种科学的对话》,对力学基本原则作了总结,不久双目失明,1642年1月8日抱着这本在荷兰偷印出版的著作与世长辞。

罗马教廷可以给伽利略定罪,但却抹杀不了他对天文学的贡献,就连罗马教皇也说,只要木星的光芒在天空闪烁,地球上的人就永远不会忘记伽利略。他是科学革命的先驱,在人类思想解放和文明发展的过程中作出了划时代的贡献。

第三节　从萨维留斯到哈维的生理学革命

与哥白尼太阳中心说同时向宗教神学发起冲击的还有三位生理学勇士,他们是维萨留斯、赛尔维特和哈维。

一、萨维留斯对生理学的贡献

萨维留斯(A. Vesalius,1514~1564),比利时医生,出生在比利时一个医学世家,他的曾祖父、祖父和父亲都曾是宫廷御医。毕业于巴黎大学,后到意大利帕多瓦大学任教,他打破了解剖学教授只动口不动手的教学风气,亲自为学生示范解剖过程,向学生展示人体的每一个部分、每一个器官。他的解剖学专长可能跟他还是一名军医的经历有关,由于火器的出现,使他有机会处理许多新型的创伤。1543 年,维萨留斯出版了《人体的构造》一书,该书系统阐述了他多年来解剖实践和研究,纠正了盖伦医学 200 多处错误。该书分为七卷,依次论述骨骼系统、肌肉系统、血液系统、神经系统、消化系统、内脏系统、脑感觉器官。并附有两个附录,介绍了活体解剖的方法。该书奠定了医学的基础。但是《人体结构》引起了神学家们的不满。因为它对当时许多流行观点进行了挑战。比如,盖伦认为人的腿骨像狗腿骨一样是弯的,维萨留斯却说人的腿骨是直的。同时,用事实批驳了宗教宣扬的在人体内存在"复活骨"以及男人的肋骨比女人少一根的胡说。解剖证明:人体内根本就不存在永不会毁坏的复活骨",男人和女人的肋骨数是相同的,都是 24 根等。

由于萨维留斯的医学实践否定了宗教的一派胡言,遭到教会和世俗两方面的攻击和反对,被迫离开帕多瓦大学,移居西班牙,当了西班牙王室的御医。1563 年旧势力设计暗害他,以盗尸罪和巫师罪要判处他死刑,由于西班牙国王的周旋,方改为让他去耶路撒冷朝拜,以赎"故意杀人"之罪。在朝拜途中,萨维留斯因得重病,死于途中,时年五十岁。

二、塞尔维特发现血液小循环

塞尔维特(Servetus, 1511~1553)是西班牙医生,毕业于巴黎大学,是萨维留斯的同学。他通过对人体解剖生理学的研究,发现了血液小循环(心肺循环)。1553 年,他出版了《基督教的复兴》一书,该书是一部宣传唯一神教的神学著作,但赛尔维特其中有 6 页左右的篇幅描述了血液小循环的情景:"它是由吸入的空气和从右心室流向左心室的精细血液在肺中混合而形成的。这种流动不像一般人所认为的那样经过心脏中的中膈,而是有一种专门的手段把精细血液从右心室驱入肺中的一条直通道……并从肺动脉注入肺静脉,在这里它同吸入的空气相混合。并在其膨胀时被左心室吸入。"血液小循环,用今天的话来说,即:血液从右心室经过肺动脉支管运动送到肺,在肺组织内得到清洗净化,然后通过肺静脉流入左心房。血液小循环是导向全身循环的重要一步。

由于塞尔维特也坚持人体解剖,违背了宗教不允许解剖人体的禁令,又批判了权威,加之唯一神教是当时天主教和新教的共同敌人,因此他遭到了新、旧二教的反对。就这样,当他快要发现整个血液循环时,因异端罪被革除教籍,判处死刑,赛尔维特在朋友的帮助下逃跑了,没被抓到。但没过多久,赛尔维特在日内瓦被新教领袖加尔文抓住。这位狂热的新教徒,于1553年10月27日把塞尔维特送往火刑场,给他的脖子上挂了沾了硫磺的花环和《基督教的复兴》一书,先活活烤了他两个钟头,再把他烧死。

塞尔维特为真理而斗争的勇敢精神同布鲁诺一样被后人称颂。他的名字跟布鲁诺的名字一样,将永远铭刻在人们的记忆里。

三、哈维确立血液循环理论

哈维(William Harey,1578~1657)是英国生理学家、胚胎学家,出生在英国法克斯顿一个较富裕的小绅士家庭,从小聪明好学,19岁毕业于英国剑桥大学,在取得剑桥大学学士学位后留学意大利。5年后,获帕多瓦大学医学博士学位,同年回国。先是当一名开业医生,后来先后成为英国王室御医,与查理一世私交甚好。他政治上保守,英国资产阶级革命时期他充当王子的监护人。

在意大利学医时,哈维常常去听伽利略讲授力学和天文学,伽利略注重实验的做法,对哈维影响极大。在英国国王的支持下,哈维解剖了70多种动物,并根据解剖动物,观察心脏搏动。解剖发现:人的左心室容量约为2盎司。以每分钟心脏搏击72次计算,每小时由左心室进入主动脉的血液流量应为8640盎司。这个数字相当于普通人体重量的3倍,这么多的血液不可能在1小时之内由肝脏制造出来,也不可能这么快就在肢体末端吸收掉。这么多的血液是从哪里来的呢?哈维意识到,唯一的可能是血液在全身沿着一条闭合路线做循环运动。这个循环路线就是从右心室输出的静脉血经过肺部变为动脉血,然后通过左心耳进入左心室;从左心室博出的动脉血,沿动脉到达全身,然后再沿着静脉回到心脏。他还预言,在动脉和静脉的末端必定会有一种微小的通道(毛细血管)把二者联结起来,这就是血液大循环。

为了用实验检验这一血液循环思想,哈维用兔子和蛇,反复做实验,他把它们解剖开之后,找出还在跳动的动脉血管,然后用镊子把它们夹住,观察血管的变化,他发现血管通往心脏的一头很快膨胀起来,而另一端就马上瘪下去了,这说明血是从心脏里向外流出来的,由此证明动脉里的血压在升高。他又用同样的方法,找出了大的静脉血管,用镊子夹住,其结果正好与动脉血管相反,靠近心脏的那一段血管瘪了下去,而远离心脏的另一端鼓胀了起来,这说明静脉血管中的血是流向心脏的。为了让人们接受他的观点,证明人的血液循环也与动物是一样的,他还在人身上反复地实验。他请了一些比较瘦的人(容易在身上找到血管)。他把那些人手臂上的大静脉血管用绷带扎紧,结果发现靠近心脏的一段血管瘪下去,而另一端鼓了起来。他又扎住了动脉血管,发现远离心脏的那一端动脉不再跳动,而另一端,很快鼓了起来。证明完全与动物的血液循环是一样的。

1628年,哈维出版了《动物的心血运动及解剖学研究》,阐明了他的血液循环理论。由于哈维发现了血液大循环,并开创了活体解剖实验法,从而奠定了生物学发展的基础,使生理学成为一门科学,他本人也被誉为"近代生理学之父"。为了表彰他的功绩,在他在世时就为他立了塑像,还被选为英国皇家学院院长。当他逝世200周年时,由赫胥黎主持召开了纪念大会,并在他的家乡法克斯顿又立了一座铜像。1905年,美国成立后来哈维学会,以示纪念。

哈维独身一生,无子女,遗产全部献给皇家医学院。哈维尽管也批判和否定了盖伦的某些错误,也无视宗教设置的清规戒律及经院哲学的信条,但是并没有遇到维萨留斯和赛尔维特那样的麻烦,其主要原因是由于国王的支持和庇护。

哈维去世后,意大利解剖学家马尔比基(Marcello Malpighi,1628~1694)、荷兰科学家列文虎克(Anthruny van Leewenhoek,1632~1723)分别于1660年和1688年通过显微镜发现了毛细血管,证实了哈维的在动、静脉末端有通过毛细血管把二者相连的预言。至此,血液循环理论已经基本完善。

第四节 力学革命

自然科学从宗教神学的禁锢中解放出来,首先发展并成熟起来、形成独立体系的是经典力学。为什么经典力学能在众多的学科中率先脱颖而出?究其原因主要是:第一,资本主义发展的需要。如开矿、建筑、机械制造、航海等需要静力学、动力学和流体力学。第二,受天文学发展的影响。托勒密地心说和哥白尼太阳中心说都说明行星绕一个中心运转,但是这些行星为什么既不掉下来,也飞不走,还不相撞,是什么力量的作用?这引起了科学家们的思考。第三,力学比较简单、直观,符合人们由简单到复杂的认识规律。

经典力学体系的形成是一批科学家共同努力的结果。这些科学家主要有伽利略、刻卜勒、惠更斯、胡克、哈雷等,最终,牛顿站在这些巨人的肩膀上,发现万有引力定律,完成了经典力学的综合工作。

一、伽利略对经典力学的贡献

伽利略是打开近代科学大门的大师,他不仅在天文学上有所成就,而且在物理学、数学、力学等学科均有贡献,然而他所以能被誉为科学巨匠则主要是基于他对力学,尤其是动力学方面的贡献,这一贡献为牛顿完成经典力学的综合工作奠定了基础。伽利略在动力学方面作出的富有创造性的工作,主要是:

(一)发现了自由落体定律

在伽利略时代,人们对物体下落的认识还停留在亚里士多德的重物体比轻物体落得快的水平,伽利略认为亚里士多德的观点是错误的,但是要推翻这个错误结论必须进行证明。为此,伽利略从逻辑上和实验两个方面开展了工作。

在逻辑证明方面,他做了如下推理:大前提是:重物比轻物下落得快。假如把两个物体捆在一起,让它在与原来分别下落的相同条件下自由落体,那么,原来较轻的那个物体将会延缓较重物体的下落速度,因而这个复合体必然比原先较重的物体下落得慢,这就与亚里士多德的观点发生了矛盾,因为捆在一起的复合体的重量大于原先重物体的重量,应当比那个单独的重物体下落得快,这样才能满足亚里士多德的物体下落速度与重量成正比的规定,而现在却自相矛盾,所以亚里士多德的观点是错误的。

在实验方面,伽利略做了著名的斜面实验。之所以选择斜面,是因为物体在垂直地自由下落时，由于地球引力作用较强，降落速度很快，难以精确测定不同重量物体降落的过程；但在斜面上，引起物体下落的只是重力沿斜面的分力，这就造成了易于观察的条件。为了进行定量观察，伽利略于1609年设计了斜面实验：在一个木板斜面上打磨出一个十分光滑的槽（为了减少摩擦），让不同密度、不同重量的光滑小铜球分别沿斜面上的槽滚下，记下每一个单位时间内小球滚过的距离。通过对各种倾斜度的反复实验，伽利略发现，不论是大球还是小球，轻球或是重球，在同样的时间内都滚过同样的距离；而且从整个斜面滚下的时间，总是滚到斜面1/4的时间的2倍。时间的比值为1∶2时，距离的比值为1∶4；距离同坠落时间的平方成正比，或者落体的速度随时间均匀地增加。用公式表示：$S=1/2gt^2$，g为常数，这就是自由落体定律。整个定律告诉我们，在摩擦忽略不计的情况下，物体沿同一高度，不同倾斜面到达底端所需要的时间相同，它们的末速度相同；因此，从同一高度下落的不同物体必将同时落地，与它们的重量无关，推翻了亚里士多德"物体下落速度和重量成比例"的学说，纠正了这个持续了1900多年之久的错误结论。

（二）发现惯性运动

伽利略从斜面实验中还发现：球滚下一个斜面后，可以滚上另一个斜面，如果途中的摩擦力可以忽略不计的话，这个球可以滚到和出发点一样的高度，而与斜面的倾斜度无关；如果把后一个斜面放到水平位置，这个球就以匀速在这个面上滚过去。通过这个实验，伽利略又发现了惯性运动，推翻了亚里士多德关于物体运动必须有力连续作用的观点。惯性运动的发现证明了物体不仅有保持其静止状态不变的特性，而且有保持其匀速直线运动不变的特性；物体维持其原来的运动状态，并不需要外力，外力是改变其原有运动状态的原因。这些推论实际上包括了牛顿第一、第二定律，但伽利略并没有把这些内容概括为普遍规律，后来牛顿完成了这个任务。

（三）发展了抛物体运动轨迹理论

在伽利略之前，不少科学家和工程师在实践中已经认识到抛物体是沿一条曲线轨迹运动的。意大利数学家和工程师达塔格里亚（Tartaglia，1500～1557）发现炮声的倾斜角为45°时射程最远，但这里只是一种经验归纳，并没有给出数学上的严格证明。伽利略用几何方法证明：一个平抛可以分解为两种运动：一是水平方向的匀速直线运动，根据惯性原理，它使物体始终保持这一运动不变；另一个是在引力作用下，沿垂直方向上的自由落体运动，这一运动使物体在这个方向上的速度按时间成正比地增加。这两种运动综合起来，便得出路程为抛物线状。他还证明了为什么抛射仰角为45°时射程最远。

伽利略在动力学上的成就，集中反映在他的《关于力学和位置运动的两种新科学的对话与数学证明》一书中，这本书的出版标志着经典力学作为一门独立学科的诞生。

二、刻卜勒对天体之间作用力的研究及其影响

刻卜勒（Johannes Kepler，1571～1630）是德国第一位伟大的新教徒数学家和天文学家。他家境贫寒，体弱多病。当过小旅店的杂役，后经宫廷资助毕业于哥根廷大学。1588年获得学士学位，三年后获得硕士学位，毕业后从事数学和天文学研究工作，他很欣赏哥白尼的太阳中心说体系，认为它很符合数学的简明、和谐原则，也相信上帝按照完

美、和谐原则创造世界。1600 年,30 岁的刻卜勒贸然给素不相识的丹麦天文学家第谷·布拉赫(Tycho Brahe,1546～1601)写信。他把自己研究天文学的成果和想法告诉了第谷。第谷看后,对刻卜勒的才华惊叹不已,立即写信邀请他来当自己的助手。但是刻卜勒来到第谷的身边仅 10 个月,老人便去世了。刻卜勒接替了第谷的工作,在天文学上做出了重大贡献,有人说刻卜勒是第谷发现的第 251 颗星。1623 年刻卜勒因出版《哥白尼太阳中心说概论》受到迫害,书被焚,1630 年在贫困中死去。

刻卜勒继承了第谷留下的宝贵的资料,其中包括第谷对火星运动的观测。在此基础上,刻卜勒发现了行星运行三定律:第一定律即轨道定律,椭圆形轨道是行星绕太阳运行的真实轨道,太阳在椭圆的一个焦点上;第二定律,即面积定律,行星绕太阳旋转的线速度是不均匀的,行星运动服从面积定律,即单位时间内行星的向径所扫过的面积相等;第三定律,各个行星绕太阳公转周期的平方和它们的椭圆轨道的半长轴的立方成正比。由这一定律不难导出:行星与太阳之间的引力与半径的平方成反比。这是牛顿的万有引力定律的一个重要基础。

第谷从事天文观察 30 多年,积累了大量观察资料,但却没有发现行星运行三定律,而刻卜勒却成功了,原因有:第一,刻卜勒善于理论思维,有丰富的想象力,把观察资料与数学结合起来,建立起数学模型。第二,严谨治学,勇于创新。在研究火星运动的真实轨道时,他发现第谷对火星运动的观察值与按照哥白尼学说推算出的值有误差。他相信第谷的观察无误,也相信自己的计算,那么问题出在哪里呢?他认为,问题就出在轨道可能不是正圆上,他用卵圆、偏心圆进行计算均不能消除误差,于是便大胆地改用椭圆进行计算,结果与观察值完全吻合。他还用行星、太阳都有磁极,可以相互作用来解释椭圆轨道的成因,即行星在太阳的一侧受到吸引,另一侧受到排斥,因而先是离太阳近,后是离太阳远,它的轨道就由正圆变为椭圆。第三,具有坚忍不拔的毅力和吃苦耐劳的精神。刻卜勒家境清贫,体弱多病,生活十分贫困,能坚持几十年做大量的数学计算工作,最终做出重大发现,若没有顽强的毅力和吃苦耐劳的精神是不可想象的。

刻卜勒的发现证实了哥白尼在天文学方面的革命,他们使得天文学的原理更加精确,开启了人类在整个学科范围内知识的拓展时期。刻卜勒定律理论彻底打破了亚里士多德的物理和天文学理论。他们不但奠定了现代天文学的基础,并且推动了机械力学以及他的数学机构的发展。

刻卜勒留下的问题,胡克、惠更斯等人接着进行了探索。

三、万有引力定律的发现

有引力定律,人们自认会想到牛顿在苹果树下看书,看到苹果从树上掉下来,从而发现了万有引力定律的故事,这只是一种传说。事实上,问题并非这么简单。在牛顿之前,许多科学家为万有引力定律的发现做了大量的知识准备,起了铺路石的作用。

(一) 惠更斯的工作

惠更斯(Christian Huggens ,1629～1695),荷兰物理学家、天文学家、数学家,介于伽利略与牛顿之间一位重要的物理学先驱,是历史上最著名的物理学家之一。出生在海牙,其父为外交官和诗人,与笛卡尔等学界名流交往甚密。惠更斯自幼聪慧,13 岁时曾自制一台车床,表现出很强的动手能力。1645~1647 年在莱顿大学学习法律与数学;1647~1649 年转入布雷达学院深造。1663 年被聘为英国皇家学会第一个外国会员,1666 年刚成立的法国皇家科学院选他为院士。惠更斯体弱多病,一心致力于科学事业,终生未婚。1695 年 7 月 8 日在海牙逝世。

在阿基米德等人的著作及笛卡尔等人直接影响下,惠更斯致力于力学、光波学、天文学及数学的研究。他善于把科学实践和理论研究结合起来,透彻地解决问题,因此在摆钟的发明、天文仪器的设计、弹性体碰撞和光的波动理论等方面都有突出成就。牛顿称他是尽善尽美的科学家。

在天文学上,他发现了土星环和土卫六,并且还观测到了猎户座星云、火星极冠等。他设计制造的光学和天文仪器精巧超群,如磨制了透镜,改进了望远镜与显微镜,惠更斯目镜至今仍然采用,还有几十米长的“空中望远镜”(无管、长焦距、可消色差)、展示星空的“行星机器”(即现代的天文馆雏形)等。在光学上,他是光的波动说的创始人之一;在力学上,他通过对自己发明的钟摆进行研究,发现物体保持圆周运动需要一种向心力,并得出了向心加速度公示:$a=V^2/R$ 。只要把这个公式与刻卜勒的行星运行第三定律联系起来,就有可能更早于牛顿而率先找到打开通往万有引力定律大门的钥匙,当时惠更斯没有这样做。

(二) 胡克的工作

胡克(Robert Hooke ,1635~1703)是英国物理学家和天文学家,英国皇家学会引力委员会的成员,1635 年出生于英格兰,父亲是当地的教区牧师。胡克从小体弱多病,父亲逝世后,家道中落,十三岁就被送到伦敦一个油画匠家里当学徒,作过教堂唱诗班的领唱,还当过富豪的侍从。1653 年,胡克进入牛津大学里奥尔学院作为工读生学习,1655 年成为牛津大学医学家、脑及神经科专家威力斯的助手,还被推荐到玻意耳的实验室工作,1663 年获硕士学位,同年被选为皇家学会正式会员。1703 年 3 月 3 日,胡克逝世于伦敦,终年 68 岁。

胡克长期从事物理学和天文学研究,并自制仪器。他曾根据弹簧实验的结果,于 1676 年提出了著名的胡克定律;用自制的显微镜发现了细胞。

胡克是最接近发现万有引力定律的科学家。1674 年,胡克在《从观察角度证明地球周年运动的尝试》一文中,提出了关于天体引力问题的三个假设:任何天体都有一种朝向自身中心的引力;所有物体只要它们做一个方向的简单运动,都将保持其直线运动状态,直至受到其他有效的力作用方可改变其运动轨道,显然天体在不受外力作用下,其轨道不变;距离引力中心越近,引力越大。后来他又明确认识到力和距离的平方成反比,这个结果已接近发现万有引力定律,只是由于数学知识不够而丧失了发现的优先权。

(三) 牛顿对万有引力定律的贡献

牛顿(Isaac Newton,1642~1727),英国伟大的数学家、物理学家、天文学家和自然哲学家,其研究领域包括了物理学、数学、天文学、神学、自然哲学和炼金术。发现了万有引力定律,发明了微积分和创立和完善了经典力学,设计并实际制造了第一架反射式望远镜等,被誉为人类历史上最伟大,最有影响力的科学家。为了纪念牛顿在经典力学方面的杰出成就,“牛顿”后来成为衡量力的大小的物理单位。

1642 年,牛顿出生在英国一个小农庄主家庭,是个遗腹子,在舅父资助下读书,18 岁免费进入剑桥大学学习,21 岁成为著名数学家巴罗的研究生。26 岁成为鲁卡斯讲座第二代教授,从事自然科学研究,独身一生。

1687 年,牛顿出版了《自然哲学的数学原理》,书中对万有引力定律做了详细的阐述:自然界中任何两个物体都是相互吸引的,引力的大小与两物体的质量的乘积成正比,与两物体间距离的平方成反比,与两物体的化学本质或物理状态以及中介物质无关。用公式表示:$F=G\,m_1m_2/r^2$,其中,m_1,m_2 分别为两物体的质量,r 为两物体间的距离,G 为引力常数,$G=6.67\times10^{-11}\mathrm{N}\cdot\mathrm{m}^2/\mathrm{kg}^2$。这就是万有引力定律。

万有引力定律的发现离不开前人的成果,如:刻卜勒行星运行第一定律、第二定律、第三定律、伽利略的惯性定律、惠更斯的向心加速度公式等。正是站在这些巨人的肩膀上,牛顿才发现了万有引力定律。

万有引力定律的发现,是 17 世纪自然科学最伟大的成果之一。它把地面上物体运动的规律和天体运动的规律统一起来,并揭示了天体运动的规律,在天文学上和宇宙航行计算方面有着广泛的应用。它为实际的天文观测提供了一套计算方法,可以只凭少数观测资料,就能算出长周期运行的天体运动轨道,科学史上哈雷彗星、海王星、冥王星的发现,都是应用万有引力定律取得重大成就的例子。利用万有引力公式、开普勒第三定律等还可以计算太阳、地球等无法直接测量的天体的质量。另外,牛顿还解释了月亮和太阳的万有引力引起的潮汐现象。他依据万有引力定律和其他力学定律,对地球两极呈扁平形状的原因和地轴复杂的运动,也成功地做了说明,推翻了古人类认为的神之引力,对以后物理学和天文学的发展具有深远的影响,在人类认识自然的历史上树立了一座里程碑。

四、牛顿对经典力学的综合

1678~1684 年,牛顿完成了引力问题的论证。1687 年,出版《自然哲学的数学原理》一书,第一次把地面力学和天体力学统一起来,该书的出版标志着经典力学的成熟。

该书有几个要点:

第一,对基本概念,如,“质量”、“动量”、“惯性”、“力”、“向心力”、“绝对时间”、“绝对空间”等下了一个定义。

第二,提出牛顿运动第一定律、第二定律和第三定律。

运动第一定律(又称惯性定律)。它是在伽利略发现的惯性运动基础上由牛顿扩展而成的。牛顿的表述是:任何物体将保持它的静止状态或匀速直线运动状态,直到外力作用迫使它改变这种状态为止。现在的表述是:任何物体在不受外力作用(或所受外力之和为零)时,将保持静止状态或匀速直线运动状态不变。也就是物体在不受外力作用下,“动者衡动,静者衡静”。这个定律告诉我们:力是改变物体运动状态的原因,或者说力是产生加速度的原因;当我们发现一个物体的运动偏离直线方向或它的速度的大小不断改变时,就可以断定必然存在着一个未平衡的力的作用。在自然界中,物体不受任何力的作用实际上是不存在的。只要它所受到的作用力彼此平衡,物体就能保持惯性运动。

运动第二定律:物体的加速度跟物体所受的合外力成正比,跟物体的质量成反比,加速度的方向跟合外力的方向相同。牛顿第二定律是力的瞬时作用规律。力和加速度同时产生、同时变化、同时消逝。

运动第三定律。它的原始表述是:“每一个作用总是有一个相等的反作用和它相对抗;或者说,两物体彼此之间的相互作用永远相等,并且各自指向对方。”也就是说,要改变一个物体的运动状态,必须有其他物体和它相互作用。物体之间的相互作用是通过力体现的。并且力的作用是相互的,有作用力,必有反作用力。它们是作用在同一条直线上,大小相等,方向相反。牛顿第三定律是研究质点系运动规律的基础,一般来说它只对接触物体成立。

第三,对这些定律的运用。牛顿将这些定律用于考察天体运行轨道,光的微粒在不同介质的界面受到的反射和折射,一物体对另一物体的引力之和和潮汐等现象。总之,牛顿在《自然哲学的数学原理》中把大至宇宙天体、小至光的微粒的运动等均用运动三定律和万有引力定律予以说明,把自然界中的一切力学现象都囊括在他的力学体系之中。

经典力学体系的建立,是人类认识自然及历史的第一次大飞跃和理论的大综合,它开辟了一个新的时代,并对科学发展的进程以及人类生产生活和思维方式产生及其深刻的影响。牛顿经典力学的建立是科学形态上的重要变革,标志着近代理论自然科学的诞生,并成为其他各门自然科学的典范。

鉴于牛顿的伟大功绩,他死后被安葬在威斯米斯特大教堂内,与英国英雄葬在一起。

出于对牛顿绝对权威的崇拜,他的力学影响了几代人,形成了形而上学机械唯物主义自然观,产生了一些不良影响。

第五节　数学的发展

文艺复兴以来生产力的发展和资本主义生产方式的兴起,对科学技术提出了全新的要求。火器技术的发展,刺激了力学中弹道问题的研究,要求能够从数学上正确描述抛体运动的轨道,并给予定量分析。世界贸易的高涨促使航海事业空前发展,而测定船舶具体的精确位置则有赖于天体运动的研究,这就向数学提出了用运动的观点来处理各种曲线的要求。到了17世纪前期,对运动与变化的研究已变成自然科学的中心问题,这就迫切地需要新的数学工具。解析几何就是在这样的氛围下诞生的,微积分的一些先驱工作也是在这种背景下开展的。

一、解析几何学的创立

解析几何学的主要创立者是法国的费尔马(Pierre de Fermat,1601~1665)和笛卡尔(Rene Descartes,1598~1650)。

费尔马,法国著名数学家,被誉为“业余数学家之王”。出生于法国南部,父亲是一名成功的大商人,母亲出身穿袍贵族。大学攻读法律,毕业后当了律师。但从30岁起,他开始迷恋上数学,直至逝世的34年里,他的精神世界始终被数学牢牢地统治着。费尔马通晓法语、意大利语、西班牙语、拉丁语和希腊语。语言方面的博学给费尔马的数学研究提供了语言工具和便利,使他有能力学习和了解阿拉伯和意大利的代数以及古希腊的数学。这些为费尔马在数学上的造诣奠定了良好的基础。在数学上,费马不仅可以在数学王国里自由驰骋,而且还可以站在数学天地之外鸟瞰数学。费尔马经常和友人通信交流数学研究工作的信息,但对发表著作非常淡漠。费尔马在世时,没有完整的著作问世。当他去世后,他的儿子萨缪尔·费尔马在数学家们帮助之下,将费尔马的笔记、批注及书信加以整理汇成《数学论集》出版。根据这些著作,可以认定费尔马在一定程度上掌握了利用移轴和转轴的方法化简方法的技法;在解析几何的圆锥曲线的研究上已经初步系统化;他在研究曲线轨迹问题时把代数用到几何中去,从此开创了一个在坐标系中用一系列的数值表示一条曲线轨迹的方法。虽然他用的是斜坐标而不是直角坐标,既没有负数也没有纵轴,现在看来显然是很不完善的,但是在给人以启迪上,却起了重大作用。

笛卡尔,法国数学家、科学家和哲学家,西方近代资产阶级哲学奠基人之一。1598 年出生于法国,父亲是一个地方法院的评议员,相当于现在的律师和法官。一岁时母亲去世,给笛卡尔留下了一笔遗产,为日后他从事自己喜爱的工作提供了可靠的经济保障。笛卡尔 8 岁时进入一所耶稣会学校,在校学习 8 年,接受了传统的文化教育,读了古典文学、历史、神学、哲学、法学、医学、数学及其他自然科学,对数学尤其感兴趣。1628 年,他从巴黎移居荷兰,开始了长达 20 年的潜心研究和写作生涯,先后发表了许多在数学和哲学上有重大影响的论著。他的哲学与数学思想对历史的影响是深远的。人们在他的墓碑上刻下了这样一句话:“笛卡尔,欧洲文艺复兴以来,第一个为人类争取并保证理性权利的人。”

1637 年,笛卡尔发表了《更好地指导推理和需求科学真理的方法论》一书,作为该书三篇附录之一的《几何学》,标志着解析几何学的诞生。当时,代数还是一门比较新的科学,几何学的思维还在数学家的头脑中占有统治地位。在笛卡尔之前,几何与代数是数学中两个不同的研究领域。笛卡尔站在方法论的自然哲学的高度,认为希腊人的几何学过于依赖于图形,束缚了人的想象力。对于当时流行的代数学,他觉得它完全从属于法则和公式,不能成为一门改进智力的科学。因此他提出必须把几何与代数的优点结合起来,建立一种“真正的数学”。笛卡尔的思想核心是:把几何学的问题归结成代数形式的问题,用代数学的方法进行计算、证明,从而达到最终解决几何问题的目的。依照这种思想他创立了我们现在称之为的“解析几何学”。于是,笛卡尔创立了直角坐标系。他用平面上的一点到两条固定直线的距离来确定点的距离,用坐标来描述空间上的点。进而又创立了解析几何学,表明了几何问题不仅可以归结成为代数形式,而且可以通过代数变换来实现发现几何性质,证明几何性质。解析几何的出现,改变了自古希腊以来代数和几何分离的趋向,把相互对立的“数”与“形”统一了起来,使几何曲线与代数方程相结合。笛卡尔的这一天才创见,更为微积分的创立奠定了基础,从而开拓了变量数学的广阔领域。最为可贵的是,笛卡尔用运动的观点,把曲线看成点的运动的轨迹,不仅建立了点与实数的对应关系,而且把形(包括点、线、面)和“数”两个对立的对象统一起来,建立了曲线和方程的对应关系。这种对应关系的建立,不仅标志着函数概念的萌芽,而且表明变数进入了数学,使数学在思想方法上发生了伟大的转折——由常量数学进入变量数学的时期。正如恩格斯所说:“数学中的转折点是笛卡尔的变数。有了变数,运动进入了数学,有了变数,辩证法进入了数学,有了变数,微分和积分也就立刻成为必要了”。笛卡尔的这些成就,为后来牛顿、莱布尼兹发现微积分,为一大批数学家的新发现开辟了道路。

二、微积分的创立

微积分几乎是同时由牛顿和莱布尼兹开创的。

(一)微积分思想的历史渊源

微分和积分的思想在古代就已经产生了。公元前3世纪希腊的阿基米德在研究解决抛物弓形的面积、球和球冠面积、螺线下的面积和旋转双曲线体的体积的问题中,就隐含着近代积分学思想。作为微积分学的基础的极限论来说,早在古代就已有比较清楚的表述。比如我国《庄子·天下篇》中,就记有"一尺之锤,日取其半,万世不竭"。三国时代的刘徽在他的割圆术中提到:"割之弥细,所失弥小,割之又割,以至于不可割,则与圆周合体而无所失矣。"这些都是十分朴素的,也是很典型的极限概念。

到了17世纪,英国的牛顿和德国数学家莱布尼兹分别独立研究和完成了微积分学的创立工作。这虽然是十分初步的,但他们独自地建立了积分学的体系。他们最大的功绩是把看起来不相关的两个问题联系起来,一是切线问题(它是微分学的中心问题),一是求积问题(它是积分学的中心问题)。

(二)牛顿对创立微积分学的贡献

牛顿1664年秋开始研究微积分问题,在家乡躲避瘟疫期间取得了突破性进展。1666年牛顿将其前两年的研究成果整理成一篇总结性论文——《流数简论》,这是历史上第一篇系统的微积分文献。在简论中,牛顿以运动学为背景提出了微积分的基本问题,发明了"正流数术"(微分);从确定面积的变化率入手通过反微分计算面积,又建立了"反流数术";并将面积计算与求切线问题的互逆关系作为一般规律明确地揭示出来,将其作为微积分普遍算法的基础论述了"微积分基本定理"。微积分基本定理是微积分中最重要的定理,它建立了微分和积分之间的联系,指出微分和积分互为逆运算。

这样,牛顿就以正、反流数术亦即微分和积分,将自古以来求解无穷小问题的各种方法和特殊技巧有机地统一起来。正是在这种意义下,我们说牛顿创立了微积分。

《流数简论》标志着微积分的诞生,但它有许多不成熟的地方。1667年,牛顿回到剑桥,并未发表他的《流数简论》。在以后20余年的时间里,牛顿始终不渝地努力改进、完善自己的微积分学说,先后完成三篇微积分论文:《运用无穷多项方程的分析学》、《流数法与无穷级数》、《曲线求积术》,它们反映了牛顿微积分学说的发展过程。在《分析学》中,牛顿回避了《流数简论》中的运动学背景,将变量的无穷小增量叫做该变量的"瞬",记作 ,看成是静止的无限小量,有时直接令其为零,带有浓厚的不可分量色彩。在论文《流数法》中,牛顿又恢复了运动学观点。他把变量叫做"流",变量的变化率叫做"流数",变量的瞬是随时间的瞬而连续变化的。在《流数法》中,牛顿更清楚地表述了微积分的基本问题:"已知两个流之间的关系,求他们的流数之间的关系";以及反过来"已知表示量的流数间的关系的方程,求流之间的关系"。在《流数法》和《分析学》中,牛顿所使用的方法并无本质的区别,都是以无限小量作为微积分算法的论证基础,所不同的是:《流数法》以动力学连续变化的观点代替了《分析学》的静力学不可分量法。

牛顿最成熟的微积分著述《曲线求积术》,对于微积分的基础在观念上发生了新的变革,它提出了“首末比方法”。牛顿批评自己过去随意扔掉无限小瞬 的做法,他说“在数学中,最微小的误差也不能忽略……我认为数学的量并不是由非常小的部分组成的,而是用连续的运动来描述的”。在此基础上牛顿定义了流数概念,继而认为:“流数之比非常接近于尽可能小的等时间间隔内产生的流量的增量比,确切地说,它们构成增量的最初比”,并借助于几何解释把流数理解为增量消逝时获得的最终比。可以看出,牛顿的所谓“首末比方法”相当于求函数自变量与因变量变化之比的极限,它成为极限方法的先导。

牛顿对于发表自己的科学著作持非常谨慎的态度。1687 年,牛顿出版了他的力学巨著《自然哲学的数学原理》,这部著作中包含他的微积分学说,也是牛顿微积分学说的最早的公开表述,因此该巨著成为数学史上划时代的著作。而他的微积分论文直到 18 世纪初才在朋友的再三催促下相继发表。

牛顿的上述论著是微积分发展的重要里程碑,也为近代数学甚至近代科学的产生与发展开辟了新纪元。

(三) 莱布尼兹对创立微积分的贡献

莱布尼兹(Gottfriend Wilhelm Leibniz,1646~1716),德国数学家,研究涉及数学、哲学、法学、力学、光学、流体静力学、海洋学、生物学、地质学、机械学、逻辑学、语言学、历史学、神学等 41 个领域。被誉为“17 世纪的亚里士多德”,他最突出的成就就是创立了微积分的方法。他的微积分思想最早记在他 1675 年的数学笔计中。

1684 年,莱布尼兹发表第一篇微分学论文《一种求极大极小和切线的新方法,它也适用于分式和无理量,以及这种新方法的奇妙类型的计算》。这是历史上最早公开发表的关于微分学的论文。文中介绍了微分的定义,函数的和、差、积、商以及乘幂的微分法则,关于一阶微分不变形式的定理,关于二阶微分的概念,以及对研究极值、做切线、求曲率及拐点的应用。他关于积分学的第一篇论文发表于 1686 年。他得到的特殊积分法有:变量替换法、分部积分法、在积分号下对参变量的积分法,利用部分分式求有理式的积分方法等。

莱布尼兹在创建微积分过程中,花了很多时间来选择精巧的符号,使它们不仅可以起到速记的作用,更重要的是它能够精确、深刻地表达某种概念、方法和逻辑关系。现在微积分学中的一些基本符号,如 dx、dy、dy/dx、dn、$\int$、log 等都是他创造的,为此后数学的发展带来极大的方便。对一些重要数学符号的建立,他是有重要贡献的。他在创立微积分时,比牛顿更注意逻辑性和严密性。

莱布尼兹和牛顿研究微积分学的基础,尽管采用了不同的方法,却都达到了同一目的。莱布尼兹研究微积分侧重从几何学来考虑,牛顿则着重从运动学来考虑。

微积分的创立,极大地推动了数学的发展。它的创立是数学史上的一件大事,也是人类历史上的一件大事。随着微积分学的创立,它将数学带入了一个新的时期——变量数学时期。

第六节　近代科学方法

近代科学虽然从古希腊科学发展而来,但在研究方法上与古希腊科学却有很大的不同。古希腊偏重在直观基础上的思辨、演绎而轻视经验,近代却注重实验和归纳,同时也不排斥数学和演绎的作用,因而近代科学又被称为实验科学。实验科学的倡导者是中世纪后期的罗吉尔·培根(Roger Bacon,1214 年~1294 年),他已充分认识到只有实验方法才能给科学以确定性。文艺复兴时期的意大利科学家和艺术家达·芬奇也领会到观察和实验是科学认识的重要方法,认为科学从观察开始,从实验中产生,又在实验中结束,实验是"确定性之母"。但由于历史条件的限制,他们未能创立自己的方法体系。近代科学方法的真正形成是在 17~18 世纪,弗兰西斯·培根、伽利略、笛卡尔、牛顿等人为此作出了突出的贡献。

一、培根的实验归纳法

弗兰西斯·培根(Francis Bacon,1561~1626)是近代英国唯物主义哲学的创始人。他继承和发展了罗吉尔·培根与达·芬奇的思想,从哲学的高度研究和论述了科学方法问题,创立了实验-归纳方法。他在 1620 年出版的《新工具》一书中,从认识论角度论述了实验科学的意义,认为感觉是一切知识的源泉,到十足实验的科学,科学就是用理性方法去整理感性材料。要得到正确的知识,必须从事实出发,通过观察和实验收集大量材料,然后运用归纳法对已有的经验材料进行整理,排除无关因素,找出存在于个别事物之中的普遍规律。因此,他既反对只会收集不会整理的经验主义者,又反对只会整理不去收集的理性主义者。他将经验主义者讽为只会收集材料的蚂蚁,把理性主义者比作只知吐丝结网的蜘蛛,认为这两者不是片面的。他主张要将感觉和理性结合起来,像蜜蜂那样,从花园和田野里面的花采集材料,又用自己的力量来改变和消化这些材料。培根积极主张把归纳法用于科学研究,这对近代自然科学的发展起了重要作用。他提出的"三表法",即后来逻辑中判明因果联系的求向法、差异法和共变法,至今仍在科学研究中得到广泛的应用。但是,他片面强调归纳,忽视演绎,把归纳和演绎对立起来,把他的《新工具》与亚里士多德的《工具论》对立起来。这种片面的认识方法称研究方法,对 17、18 世纪形而上学思维方式的形成产生了深刻的影响。

二、笛卡尔创立数学演绎法

与培根同时代的笛卡尔是法国的哲学家和数学家。作为一个唯理论的代表人物,他主张依靠人的理性来寻求可靠的知识,认为理性是比感性知觉高级的认识阶段,是人的感官所不能直接感受到的一切知识的源泉。他极力主张在"科学中正确地运用理性",因而创立了以数学为基础,演绎法为核心的科学研究方法。在笛卡尔看来,作为演绎法出发点的命题与数学的公理相似,是直观的可靠的真理。从这些命题出发,每一步都按照严格的演绎法进行带有数学特色的推理,就可以推演出结论。为了保证结论的可靠性,他为他的方法规定了四条基本原则:"第一,在没有认清某个东西是绝对合乎真理以前,就不把它当成真理,也就是说要努力避免草率和成见,只能对自己的理智认为是清晰和明确的东西才下判断;"

"第二,把我所遇到的每一个困难按照需要分为若干部分,以便更好地来解决这些困难;

"第三,要指导自己的思想进程,从认识简单而又最容易认识的对象开始,像爬梯子一样,逐渐上升到最复杂的对象,甚至可以假定,在那些按照物的自然顺序来说不分先后的东西中间也存在着秩序;

"最后,处处都要作出详尽的目录和进行普遍的观察,这样才能有把握地说,什么也没有遗漏。"

笛卡尔的科学思想和科学方法,在科学界和哲学界都有很大影响。他在一定程度上看到了单凭经验不能提供关于事物本质的普遍必然性的知识,强调了理性认识在整个认识过程中的重要作用,无疑具有积极的意义。但他只强调理性的作用,认为感性认识不可靠,强调了演绎法,低估了归纳法,这又是片面的。这种片面性也是形而上学思维方法的反映。

三、伽利略的数学与实验相结合

伽利略(Galileo Galilei,1564～1642)对近代科学的贡献,除了天文学和力学成就之外,还有一件更为宝贵的东西,那就是他所创立的实验和数学相结合的科学研究方法。这种方法是在观察实验的基础上,经过逻辑推理和数学计算,对未知的自然现象提出假定性的说明和定量的描写,然后再用实验加以检验。这是近代自然科学研究问题的一般程序和经典方法。

伽利略十分重视观察实验在科学研究中的作用。他认为知识来自观察,来自实验,来自自然界,"自然界是一本经常展示在我们面前的伟大的书"。要获得知识,就不能靠权威的教条,而是要靠阅读自然这本传,接触实际,研究实际问题,对于前人的观点应该通过理性的判断和实验的检查来决定是非曲直,而不能盲目言从。在他看来,科学的基本原理、结论都应从观察实验中来,按观察实验的本来面目加以接受。因此,在实验中应该注意"什么是自然界说的而不必注意什么是心之所愿的",应当彻底地摆脱先入为主的方法,抛弃一切与经验不符的判断。伽利略虽然强调实验、经验和归纳,但又反对狭隘经验论,强调理智的作用,强调数学和演绎方法的重要性,主张运用理智把自然过程加以纯化和简化,并且把寻找自然界的数学关系作为研究的重要目标。他认为,"自然之书"是用数学的语言写成的,只有用数学证明了的结论才是科学的、可靠的。因此,必须用数学演绎的方法来揭示自然规律,应当从实验所确立的原理中,尽可能运用数学演绎出大量的定理来,如同几何学所做的那样。正是从数学演绎的观点出发,伽利略非常重视对观察、实验的结果进行定量的计算和分析,这比起古希腊和中世纪的学者只注重定性研究是一大进步。伽利略的实验-数学方法开创了近代自然科学研究中经验和理性相结合、定性和定量相结合的传统,这对物理学乃至整个近代自然科学都产生了深远的影响、在科学方法的发展史上更具有重要的意义。

四、牛顿论科学方法

牛顿的《自然哲学的数学原理》不仅是一部划时代的科学著作，它在科学方法论上也具有重要意义。

牛顿发展了从经验事实概括为自然科学原理的方法。在牛顿看来，第一，除了那些真实而已足够说明其现象者外，不必去寻求自然界事物的其他原因；第二，对于自然界中同一类结果必须尽可能地归之于同一种原因；第三，物体属性，凡既不能增强也不能减弱者，又为我们实验所能及的范围内的一切物体所具有者，就应视为所有物体的普遍属性；第四，在实验物理学中，我们必须把那些从各种现象中运用一般归纳而导出的命题看成是完全正确的，或者是非常接近正确的，虽然可以想象出仅仅与之相反的假说，但是没有出现其他现象足以使之更为正确或者出现例外以前，仍旧应该给以如此对待。

牛顿指出，在自然科学里，应该像在数学里一样，在研究困难的事物时，总是应当先用分析的方法，然后才用综合的方法。这种分析包括做实验和观察，用归纳法从中作出普遍结论，并且不使这些结论遭到异议，除非这些异议来自实验或者其他可靠的真理方面。用这样的分析方法，我们就可以从复合物论证到它们的成分，从运动到产生运动的力。一般地说，从结果到原因，从特殊到普遍原因，一直论证到最普遍的原因为止，这就是分析的方法。而综合的方法则假定原因已经找到，并且已把它们立为原理，再用这些原理去解释由它们发生的现象，并证明这些解释的正确性。

第七节　第一次技术革命

第一次技术革命发生在18世纪30年代~18世纪末，它以纺织机的改革为起点，蒸汽机的发明与使用为标志，而纺织机的改革和蒸汽机的发明与使用，又导致了产业革命。

一、第一次技术革命的起点——纺织机的改革

（一）由飞梭的发明到纺织机改革

15世纪末~16世纪，在英国一些地区已形成了农村毛纺织工业区，出于竞争的需要，人们十分重视棉纺织业的技术革新。1733年，英国钟表匠约翰·凯伊发明了飞梭，使织布机速度提高了一倍。于是，飞梭被广泛运动，从而使纺纱落后于织布，打破了纺纱和织布的平衡，于是人们又想到如何提高纺纱速度已满足织布的需要的问题。

“纱荒”推动人们去改善纺纱技术。1733年约翰·怀亚特制造了第一台不用人工纺纱的机器，但因为它需要其他动力机，一般小厂难以备置而没能推动应用。1764年英国织布工人哈格里夫斯发明了珍妮纺纱机，有8个竖锭的纺车，效率一下提高了8倍，以后锭子又增加至18个。由于这种机器结构简单、制作方便、不需要动力机，因而在小厂中广为应用。1770年，他申请了专利。1788年英国沙场中已有20 000台这样的机器。恩格斯在《英国工人阶级状况》一书中充分肯定了它的作用，说它使英国工人的状况发生了根本变化。

但是，珍妮纺纱机纺出的纱不够结实，为了解决这一问题，汤玛斯·哈依斯和查尔

特·阿克莱特于1768年发明了水力纺纱机。用滚筒抽出、水力带动的方法,弥补了纱线不结实的缺陷。但是这种机器纺出的线虽然结实了,却没有珍妮机纺出的线均匀。

1779年,青年工人克隆普顿发明骡机。它装有400个纱锭(后增加到900个),以水力为动力,纺出的线既结实又均匀。它的诞生使纺纱效率大大提高,推动了英国纺织技术革命。马克思在说到骡机的意义时说:“现代工业中一个重大发明——自动骡机。”

(二) 纺纱机的改革促使织布机向机械化过渡

纺纱机广泛应用的结果解决了“纱荒”,但是纺纱数量的增加又使织布与纺纱产生了新的不平衡:织布落后于纺纱。

1678年法国的德·热恩,1745年法国的沃堪逊分别设计过以水力为动力的机械织布机,但是由于本身不够完善,加之所用动力不方便而没被广泛采用。

1785年英国的卡特莱特发明了用蒸汽机带动的织布机,后经多年改进,于1792年制成了易于操作、能满足当时需要的织布机。

1804年法国的杰夸发明了能织各种花彩的织机。

1803~1813年,美国的霍尔勒克斯又把木制机改为铁制机,减少了磨损,获得了一系列专利。

从18世纪80年代起,织布机迅速推广使用,到1834年英国的织布机达到了100 000台。

总之,纺织机的改革,在纺织业内部,机器基本上取代了手工操作,第一次技术革命首先在纺织行业展开。它意味着工厂时代的到来,使人类进入生产中的真正的狂飙时期。

二、第一次技术革命的标志——蒸汽机的发明与使用

第一次技术革命发展的第二阶段就是蒸汽技术在社会生产部门成为占主导地位的技术。蒸汽动力机的产生和制造也有个发展过程。

(一) 发明蒸汽机的前奏——巴本、塞维利、纽可门的奠基工作

法国发明家巴本,在德国科学家莱布尼茨的启发下,于1690年制成第一台活塞式蒸汽机。它利用燃料燃烧时放出的能量,使水变为蒸汽,推动活塞运动来对外做功。在巴本机中,发热器、工作部分和冷凝部分尚没有分开。它没有实用价值,但却有很大的理论意义,因为它具备了活塞式蒸汽机的工作循环过程,为活塞式蒸汽机的发展开辟了通路。

在经历了一个长时期的摸索过程以后,英国矿山技师塞维利总结前人的经验教训,首次研制出了可用于矿井抽水的最早的实用蒸汽机——蒸汽泵,并于1698年取得发明专利。它没有活塞,直接用蒸汽抽取矿井积水。和巴本机比较,塞维利机已将发热器(锅炉)从工作部分分离出去,这是一大进步。

塞维利的蒸汽水泵还很粗糙,工作时操作者总要在那里手忙脚乱地开关阀门。另外,它的效率也很低,有90%以上的蒸汽能量消耗在汽缸一冷一热的变化中了。因此,塞维利的蒸汽水泵在当时没有得到广泛应用。

18世纪初,英国矿井上的一位铁匠纽可门,吸收了巴本机和塞维利机的优点,制成了

更切实用的活塞式蒸汽机。纽可门蒸汽机已经使用了蒸汽机的一些主要部件——汽缸和活塞,还开始利用杠杆作传动。起先,纽可门蒸汽机工作时,还是要人手忙脚乱去开关阀门,后来,有个叫毕顿的人设计了一个连杆装置,使阀门可以自动开关,从而大大提高了蒸汽机的机械化程度。

纽可门蒸汽机的最大功率可达50马力,可以放在矿井上面安全作业。到了1712年,纽可门蒸汽机不仅在矿井上获得推广,而且已经开始应用于农田灌溉。纽可门蒸汽机标志着活塞式蒸汽机广泛应用的开始,是蒸汽机发展史上的一个转折。

但是,它与塞维利蒸汽水泵有同样的致命缺点——不能连续工作。也就是说,只有当活塞往一个方向运动时机器才做功。由于上述原因,纽可门蒸汽机仍然满足不了迅速发展的社会生产的需要。

(二) 瓦特的双向通用蒸汽机

1736年,詹姆士·瓦特出生在英国苏格兰的一个工人家庭。由于家庭困难,童年的瓦特上不起学,他就自学一些几何和物理学知识。受家庭影响,他从小就熟悉一些机械制造常识。

1763年,经人推荐,瓦特来到了条件较好的格拉斯哥大学担任仪器修理工。一次,学校里一台纽可门蒸汽机坏了,请瓦特去修理。在修理过程中,瓦特发现纽可门蒸汽机有两大缺点:一是热效率低,蒸汽的绝大部分热量没有用来做功,而是消耗在使汽缸的一冷一热上了。二是活塞只能作往复的直线运动,不能做旋转运动,这就限制了蒸汽机的使用范围。

为了提高蒸汽机的效率,瓦特就在汽缸外面加上绝热外套,并单独设计了一个和汽缸分离的冷凝器,把做完功的蒸汽引入冷凝器中去冷却,这样就不必用冷水去淋汽缸,保持了汽缸原来的高温。1765年,瓦特已基本上完成了带有单独冷凝器的蒸汽机的发明。

1782年,瓦特又发明了功率更高的往复式蒸汽机。它增加了气室,使蒸汽进入气缸时能自动变换方向,以推动活塞做往复运动。使同一汽缸可以达到两倍的功率。

后来,瓦特又进一步改进蒸汽机。他采用了英国发明家司蒂德发明的一种曲柄装置。它可以使往复的直线运动变成回转运动。再增加了飞轮和离心调速装置,这样,不仅使活塞的往复运动转化为飞轮的转动,而且由于飞轮的转动平稳,能由飞轮的轴输出动力带动工作机的轴稳定转动。况且能对蒸汽机的转速实行自动调节。

瓦特经过自己长期的努力,同时吸收了别人的成果,终于制成了性能比较优良的新一代蒸汽机——瓦特蒸汽机。至今所用的蒸汽机基本上就是瓦特的往复式旋转式蒸汽机。它和纽可门蒸汽机相比较,具有明显的优点,它不仅煤的消耗少,机器的效率高,而且还可以连续工作。这种蒸汽机被普遍应用于各行各业,它在第一次技术革命中产生了巨大影响,在将近一个世纪中掀起并主导了整个世界的产业革命,改变了欧洲资本主义的经济基础,实现了从手工业到机器工业的转变,创造了巨大的生产力,并造就了大工业资本家和产业雇佣工人这两大阶级。正如马克思所说:“蒸汽大王在前一世纪中,翻转了整个世界。”蒸汽机的发明和使用的时代被称为“蒸汽时代”。

●复习思考题

1. 简述近代自然科学产生的背景。
2. 哥白尼学说的主要内容是什么？这一学说的提出具有什么意义？
3. 为什么说血液循环学说的形成是生理学上的一场深刻革命？
4. 伽利略对经典力学的建立作出了哪些贡献？为什么说伽利略是近代物理学之父？
5. 牛顿是怎样建立起经典力学大厦的？
6. 简述微积分的创立过程。
7. 简述培根、伽利略、笛卡尔和牛顿在近代科学研究方法上的贡献。
8. 简述第一次技术革命发生的历史背景、过程、成就及历史意义。

第六章　近代后期的科学成就和第二次技术革命

第一次技术革命创造了巨大的生产力,使资本主义从工场手工业阶段进入机器生产的狂飙时期,显示了科学技术的威力。资产阶级认识到发展科学技术与资本主义命运息息相关,采取了许多保护、鼓励科技发展的措施。同时,也为科学的发展提供了物质手段。近代后期的自然科学就是在这种背景下取得了突飞猛进的发展,一些基础学科相继建立起理论体系,而科学理论的形成又引发了第二次技术革命,将人类历史由蒸汽时代推进到电气时代。近代后期科学技术的主要成就有如下几个方面。

第一节　天　文　学

近代后期在天文观测和天体理论方面都取得了一些新成果。

一、天文观测新发现

天文观测新发现得益于望远镜的改进、天体照相术的发明和光谱学技术。

1729 年英国业余天文学家霍尔制成了第一块消色差物镜,它是由不同种类的玻璃拼成的,其主要作用在于:一块透视镜产生的色差可以被另一块透镜所抵消,成为复合物镜。1817 年德国的夫琅和费制造出第一块直径为 9.5 英尺,焦距为 14 英尺的大孔径优质物镜,后来俄国斯克鲁维借助于装上这种物镜的折射望远镜发现了 2200 多颗新双星。

与此同时,反射望远镜也有很大改进。1781 年英国天文学家赫歇尔利用自制的大型反射望远镜发现了天王星。1787 年他研制出第一架焦距为 20 英寸的巨型反射望远镜,两年后又研制出反射直径为 48 英寸、焦距为 40 英尺的巨型望远镜,并用它发现了一些行星的卫星。1846 年德国天文台台长加勒发现了海王星。

天体照相技术的发明首先要归功于巴黎天文台台长阿拉戈(J. Arago,1786~1853)。1839 年,阿拉戈发明了银版照相法,随后照相术变被广泛应用于天文学研究之中。利用照相术不仅可以获得永久性的天文照片,而且可以拍摄到人眼及巨型望远镜都观察不到的暗弱天体。1840 年美国的德雷伯利用大型望远镜和照相术拍摄了第一张月亮表面的照片;1845 年德国的费索拍摄了第一张太阳照片;1877 年,米兰的斯基伯雷利公布了当时最精确的火星表面图片。

二、赫歇尔的恒星天文学

赫歇尔(Friedrich Wilhelm Herschel,1738 年~1822 年),出生在德国,20 岁时,随父亲从德国迁到英国。英国天文学家,古典作曲家,音乐家,恒星天文学的创始人,被誉为“恒星天文学之父”,英国皇家天文学会第一任会长,法兰西科学院院士。

1781 年,赫歇尔用用自己设计的大型反射望远镜发现天王星。并提出了第一个银河系结构模型:银河有大量恒星构成,其形状如扁平的圆盘,直径约 7000 光年。后来证实,这个理论基本上是正确的。

此外,他在观测中还发现了 1500 多块星云,这些星云有些是由恒星组成,有的是由炽热气体组成,那些恒星星云是远在银河系边界之外的一些独立星云,将天文学研究范围扩展到银河外星系。

1783 年,赫歇尔发现了恒星的自行、并估测了太阳的运动,打破了太阳及恒星静止不动的陈旧观念。由于赫歇尔在恒星研究方面的成就,被誉为“恒星天文学之父”。

三、天体物理的兴起

19 世纪中叶之前,人们对恒星的化学组成还一无所知。19 世纪中叶,随着人们对恒星光谱研究,人类对恒星的化学组成才有所了解。

对恒星化学组成的研究,始于英国的沃拉斯顿的一个发现。1802 年,他发现太阳光谱中有 7 条暗线,当时他认为是各种颜色的界限,而没加注意。1814 年夫琅和费又一次发现了这些暗线,并发现它们是固定不变的,但因他早逝而未能得出对这一特异现象的解释。

1859 年,对这一现象进行解释的是德国物理学家基尔霍夫(G. R. Kirchhoff,1824~1887)。基尔霍夫,德国物理学家、化学家、天文学家。1824 年生于柯尼斯堡,1847 年毕业于柯尼斯堡大学,1848 年起在柏林大学任教,1850~1854 年在布雷斯劳大学任物理学教授,1854~1875 年任海德堡大学教授,1874 年起为柏林科学院院士,1875 年重回柏林大学任理论物理学教授直到 1887 年在柏林逝世。1875 年被选为皇家学会的会员,同时,他还是彼得堡科学院的院士。

基尔霍夫根据他提出的著名的基尔霍夫三定律对这些暗线做了说明。首先,基尔霍夫三定律是:第一,白炽固体或高压白炽气体产生连续光谱,其范围从红光到紫光;第二,低压发光气体和蒸汽光谱是一些分离的明线,而且每种元素都具有独特的一组发射光谱线;第三,能够发出某一特定光谱的物体对这条谱线有强烈的吸收能力。基尔霍夫根据这三条定律,把太阳光谱中的暗线解释为:它是由太阳大气对太阳发出的连续光谱相应波长光的吸收所造成的。在实验室内可以在太阳光谱和火焰的连续光谱中人为地加强这种暗线,基尔霍夫把太阳光谱和实验室光谱进行比较后确认,天体的化学组成中有许多地球上常见的化学元素。比如,太阳光谱的黄色波段处有一暗的双重谱线,它与地球上钠蒸汽发射的光谱中的双亮黄线位置相同,故可以证明太阳上必定存在钠。用这种方法不断论证太阳存在其他与地球上相同的元素。1868 年,英国的洛克耶在太阳光谱中发现了一条黄线,它和地球上各种已知元素光谱均不符合,据此断定太阳中还有一种未知的元素存在,并把它定名为氦。1895 年,人们也在地球上发现了氦,其谱线相同。这些成果表明了天体物理的兴起,到 19 世纪末,天体物理已成为天文学的一个重要分支,由于它的兴起,扩大了天文学的研究范围,使天文学把观察与理论分析统一起来。

四、天体起源和演化假说

从 18 世纪下半叶,天文学已从对天体的现状研究扩展到对天体起源和演化的历史研究。在这方面首先取得重大成果的是康德、拉普拉斯以及洛克耶、赫茨普龙等。

(一) 太阳系的起源——康德-拉普拉斯星云假说

康德(I. kant,1724~1804),德国哲学家兼自然科学家,德国古典哲学创始人,1724 年出生在德国,1745 年毕业于科尼斯堡大学。当过家庭教师、讲师、教授和校长。独身一生,前半生主要从事自然科学研究,后半生才搞哲学。康德博学多才,是被公认的最有学问的人,他教过的课程有数学、物理、力学、自然地理、矿物学、人类学、自然通史、逻辑学、哲学等。

康德 31 岁时匿名发表了《宇宙发展史概论》,大胆否定了宇宙起源的神创论,提出了宇宙起源的"星云假说",第一次用科学观点回答了宇宙成因这一重大而又基本的科学问题,为近代科学技术的发展做出了巨大贡献。

康德在《宇宙发展史概论》中,用引力和斥力的观点描述天体的运动和发展说:"构成我们太阳系星球的物质,在最初时都分解为基本微粒,充满整个宇宙空间。……这些微粒具有促使它们相互运动的基本能力,它们本身就是活力的一个源泉。在这种情况下,物质就立即努力于形成自己。密度较大而分散的一类微粒,凭借引力从它周围的天空区域,把密度较小的物质聚集起来。但它们自己又与所聚集的物质一起,聚集到密度更大质点所在的地方。而所有这些又以同样方式聚集到质点密度更为巨大的地方,并如此一直继续下去,直到形成诸团块天体。在这同时,斥力使凝聚起来的团块天体发生旋转运动。"康德又写道:"向引力中心下落的微粒,由于斥力的作用,会杂乱地从直线运动中向侧面偏转出来,使垂直的下落运动变成围绕降落中心的圆周运动"。这样发生的旋转运动,逐渐向一个垂直于其转动轴的平面集中,最后形成行星绕太阳运转的圆盘状结构的有规则的天体系统。康德的星云假说第一次把太阳系视为一个不断演化和发展的过程,有它的产生、发展和灭亡的历史,在僵化的自然观上打破了第一个缺口,沉重打击了神创论和宇宙不变论,使宇宙天体的生成理论,第一次从神学禁锢中解放了出来。

1796 年,法国天文学家、数学家拉普拉斯(Laplace,1749~1827)出版了他的《宇宙论》,独立提出了与康德星云假说相似的假说,其观点相同,只是比康德的假说更细致、并定量化,并用牛顿力学详细论证了太阳系的演化过程。由于他在学术上的声誉,所以该书已出版立即引起了人们的重视,并令人想起 41 年前康德匿名发表的《宇宙发展史概论》,鉴于二人的思想观点相同,人们便把这种假说称为康德-拉普拉斯星云假说。此后天体起源和演化问题便成为天文学研究的一个重要课题,产生了众多假说,但是假说虽然繁多,康德-拉普拉斯星云假说的学术地位至今仍没动摇,即没有足够的证据把他推翻。

(二) 洛克耶的恒星演化理论

19 世纪中叶,人们通过对光谱分析和恒星光度的测量,发现不同颜色的恒星有不同的光谱,并把恒星分为蓝白色、黄色、橙红色和深红色四类,认为这四类不同颜色的恒星与温度有密切关系。

1887 年,英国的洛克耶根据恒星光谱的不同,提出了第一个恒星演化理论,认为恒星是不断变化的,不是一成不变的,把天体演化学由仅限于对太阳系的起源和演化研究推进到对一般恒星的研究。洛克耶的理论成为现代恒星起源和演化学说的理论渊源。今天人们公认的恒星起源和演化分为四个阶段:引力收缩阶段——恒星的幼年期;主序星阶段——恒星的中年阶段;红巨星阶段——恒星的老年期;白矮星和中子星——恒星的临终期。这种认识结果与洛克耶的恒星演化理论一脉相承。

第二节　地　质　学

第一次工业革命以来,人们在地质勘探、采矿、运河开凿等生产活动中发现了许多生物化石,这些生物化石呈现出生物是从低级到高级、从简单到复杂发展的。同时,人们也看到,在漫长的地质年代,地壳发生了多次变化。关于地壳变化及岩石的成因引起了人们的兴趣,形成了不同学派,发生了激烈的争执,主要有水成论和火成论之争,灾变论和渐变论之争。

一、水成论和火成论之争

(一) 水成论

最早提出水成论见解的是英国人伍德沃德(Woodward,1665~1728)。伍德沃德早年学医,后因医学化学的关系,转为研究早期的矿物化学,并进行过一些地质考察。他考察了一些在水成作用下生成的地层及其化石,形成了较系统的水成论见解。水成论的代表作是《地球自然历史试探》。

对于地质的变化原因,伍德沃德以《圣经》的摩西洪水为依据,论述了地质变化中的水成作用,“那时整个地球被洪水冲得土崩瓦解,而我们现在看见的地层都是从混杂东西中沉积而成的,就像含土液体中的沉淀一样。”对于地层的变化过程,他认为,摩西洪水作用于地层变化的过程,基本上可分为两个过程:破坏过程与沉积过程。在破坏过程中,摩西洪水不但毁灭了地球上大部分生物,而且粉碎了地表构造,使地表的岩石、土壤、杂物以及各种无机物全部被冲击起来,整个地球就成了一片包括人体、生物遗体、岩石,以及各种杂物在内的沉渣泛起的汪洋。在水成作用下的地层变化的第二个过程是沉积过程,在摩西洪水的后期,洪水慢慢澄清。最重要的金属矿产、骨头化石先沉积到最底层;海生动物的遗骸沉积到白垩层;而最轻的人体和高等动物的遗骸则沉积古沙土层。由于动植物遗体被卷入了整个沉积过程,因此在地层最深处也能见到生物化石。至于海生生物中的贝壳化石之所 以在高山地层中出现,那是由于它们比较轻的缘故。

伍德沃德为代表的早期水成论,虽含有浓厚的神学色彩,但也确实含有一定的科学成分。因此,英国不少科学家也持有类同于水成论的见解,如:牛顿、哈雷等。

后来,德国的魏纳(Wegener,1750~1817)把水成论推到登峰造极的地步。他认为,原始地球浸没在原始海洋中,所有的岩层都是在海水中经过结晶化、化学沉淀和机械沉淀堆积而成的。由于魏纳是当时著名的矿物学权威,加之教会的支持,于是水成论一度统治了地质学。

(二) 火成论

与水成论对立的是火成论。1740 年,意大利威尼斯修道院院长莫罗(Anton Moro,

1687~1764)首先提出了火成论。他认为摩西洪水在地质学上并不是重要事件,岩层是由一系列火山爆发产生的熔岩流造成的,每一次火山爆发都把那里的动植物埋葬在新形成的地层中,所以才有后来发现的化石。大多考察过火山的地质学家都倾向于火成论。

1763年,法国地质学家德马列斯特(N. Desmarest)做了实地考察,他顺着玄武岩追索到火山口,证明玄武岩是岩浆岩,而不是水成岩。

1795年,英国地质学家赫顿(Hutton,1726~1797)在他的《地球论》中发展了火成论。他认为,地质学上的诸现象是由各种力的作用而引起的,他尤其强调地球内热作用和地壳运动。这些思想具有革命性,为地质学发展奠定了基础,他本人也成为火成论的领袖。

由于受到来自水成论和宗教两方面的反对,火成论处于受压地位,但是火成论并没有因此消沉,与水成论斗争持续半个世纪。

水成论和火成论各强调一个方面,都不符合辩证法。事实上,地球上既有水成岩,又有火成岩,还有变质岩。比较而言,火成论比水成论更加进步。

二、灾变论和渐变论之争

地质学上第二次大争论是以居维叶为代表的灾变论和以赖尔为代表的渐变论之争。

(一) 灾变论

灾变论思想古而有之。亚里士多德认为,地球上曾发生过几次大的洪水,每两次大洪水之间,还有一次大火灾。瑞士的波涅特认为,世界上不断发生周期性大灾难,最后一次是摩西洪水。在大灾难中,所有生物都被消灭,但胚种被保留下来。灾变过后,生物重新复活,并在生物阶梯上前进一步。他还荒唐地预言:下一次灾变后,石头将会有生命,植物将会走动,动物将有理性,在猴子和大象之间我们将会发现牛顿和莱布尼兹,人将变成天使。上述看法都是没有根据的臆说。

灾变论的代表人物和集大成者是法国地质学家、古生物学家和比较解剖学家居维叶(G. Cuvier,1769~1832)。他是古生物学的创始人,造诣很深,提出过著名的"器官相关律"。他在研究巴黎盆地不同地层结构时发现,地层越深,动物化石构造越简单,与现代生物差别越大。在解释这些现象时,他提出了系统的灾变论思想。他认为,在整个地质发展的过程中,地球经常发生各种突如其来的灾害性变化,并且有的灾害是具有很大规模的。例如,海洋干涸成陆地,陆地又隆起山脉,反过来陆地也可以下沉为海洋,还有火山爆发、洪水泛滥、气候急剧变化等。当洪水泛滥之时,大地的景象都发生了变化,许多生物遭到灭顶之灾。每当经过一次巨大的灾害性变化,就会使几乎所有的生物灭绝。这些灭绝的生物就沉积在相应的地层,并变成化石而被保存下来。当这个地方的生物灭绝以后,其他地方的生物又迁移到这里,以后这个地方再发生灾变,新迁移来的生物又被埋葬,如此循环往复,就形成了不同地层中具有不同类型的生物化石,而最近一次灾变就是圣经上说的摩西洪水。

根据当今地质资料证明,地球上的生物集群性的灭绝不能不说与灾变有关。科学家们认为,统治一时的恐龙所以灭绝是由于6500万年前,在距地球1/10光年处一颗超新星爆发放出的铱造成的。据对意大利古比欧地区的岩石进行分析,金属铱的密度在恐龙消失的时间内骤然增加25倍,恐龙对这种环境适应不了而灭绝。也有人认为是彗星撞击地球造成的,所以对灾变论不能简单地否定,或是因为灾变论根据不充分就说它是完全错误的,至今还没有足够的事实能完全驳倒灾变论。

居维叶是个迁徙论者,不是神创论者,他并没有从灾变论中引出上帝创造物种的结论。但是,灾变论发展到后来,走向了一种极端——他的弟子们认为灾变会时时一下子席卷全球的,每次灾变过后地球上的生物全部灭绝。后来的生物是上帝重新创造出来的。他的一个学生甚至推算出地球共发生 27 次大灾变,上帝也就依次创造了 27 次生物,但是由于上帝记忆不好,每次创造生物时忘记前几次造出的生物模样,所以每次造出的生物都不一样,于是才有了今天不同种类的生物。

(二) 渐变论

和灾变论相对立的是渐变论。渐变论的创始人是英国的业余科学家赫顿,他既是火成论者,又是渐变论者。他认为,河谷是河流冲刷而成的;河流冲下的泥沙经过沉积变成平原;平原再硬化变成岩石;而底层的变化都是现在仍在起作用的自然力造成的。

渐变论的代表人物是英国著名地质学家赖尔(Charles Lyell,1797~1875)。赖尔,生于苏格兰,1814 年入牛津大学学习数学和古典文学,1816 年改学法律,1821 年入林肯法律学院,法学院毕业后放弃律师工作,从事地质旅行和研究,1831 年担任伦敦皇家专门学校地质学教授,1849 年当选为伦敦地质学会主席,1853 年被牛津大学授予名誉博士学位,1861 年当选为英国皇家学会主席,1874 年又被剑桥大学授予名誉博士学位。提出"将今论古"现实主义方法论原理和渐变论思想。

赖尔的渐变论思想主要体现在《地质学原理——参照现在起作用的各种原因来解释地球表面过去发生的变化的尝试》一书中。该书于 1830~1833 年间共出了 1~3 卷,截至他去世,共出 12 版。在《地质学原理》中,赖尔阐明了他的地质渐变论思想,其基本观点是:第一,地球是缓慢进化来的,地球年龄不像圣经记载的那样,只有几千年,而是以数千万年计算的,地球有自己实在的历史;第二,地球地壳的变化,不是什么超自然力量或者巨大的灾变造成的,而是由于最平常的自然力,如风、雨、温度、水流、潮汐、冰川、火山、地震等,在漫长的时间里逐渐形成的。例如岩石的剥蚀、堆积等是一个缓慢的、不引人注意的、长期积累的过程。第三,地壳的上升、下降运动的根本原因在于地球内部物理、化学、电力、磁力作用的结果;第四,较古老岩石与较新岩石的结构差别是历史造成的;第五,明确提出"现在是认识过去的钥匙",创造了将今论古的历史比较法。

恩格斯对赖尔给予了高度的评价,他说:"只有赖尔才第一次把理性带进地质学中,因为他以地球缓慢地变化这样一种渐进作用,代替由于造物主的一时兴发所引起的突然革命。"赖尔的地质渐变论思想具有重大意义:第一,它能说明水成论、火成论和灾变论无法说明的一些地质现象,把地质学推进到一个新高度;第二,它对古生物学、生物地质学、岩石学、矿床学及生物学等学科的发展产生了积极影响;第三,由于他坚持地壳的变化是自然力缓慢作用的结果,从而沉重打击了灾变论和神创论,把辩证法带进了地质学,打开了形而上学自然观的又一缺口,为辩证唯物主义自然观的创立提供了重要的科学依据。

赖尔的地质渐变思想有两个主要缺陷。第一,他只强调连续的渐变,忽视了间断的激变。第二,他一面承认地球、地壳是进化的,一面又坚持物种不变的观点,前后矛盾,这个矛盾直至他的《地质学原理》出第 10 版时才纠正过来,时年已 69 岁。

第三节　物　理　学

19 世纪,在物理学方面有两个统一的理论相继问世,一是能量守恒与转化定律的发现,二是电磁理论的建立。

一、能量守恒与转化定律的孕育和发现

能量守恒和转化定律的发现,直接导源于现实社会实践的需要。19 世纪 30 年代前后,蒸汽机生产的实践提出了如何提高蒸汽机的效率这一重大课题,从而为能量守恒和转化定律的发现提供了最坚实的实践基础。恩格斯指出:"社会一旦有技术上的需要,则这种需要就会比十所大学更能把科学推向前进。"于是,在 19 世纪 30 年代和 40 年代的十多年里,几乎同时在五个不同的国家里由六七个不同的行业的十几个专家和非专家,在几个不同的学科领域中以不同的形式各自独立地提出了能量守恒和转化定律,从而显示出这个定律是一个具有根本重要性的普遍的自然规律。

第一个在这方面作出重大贡献的,是法国青年军官和工程师萨迪·卡诺(S. Carnot,1796~1832)。他十分熟悉蒸汽机的设计,又有较好的数理训练,于 1824 年发表了《关于火的动力以及产生这种动力的机器的研究》一文,分析蒸汽机中决定热产生机能的各种因素,得出结论:热机必须工作于两个热源之间,热从高温热源转移到低温热源时才能做功,热机做功的数值与工作物质无关,仅仅决定于两个热源之间的温度差。卡诺的这一原理以后就成为热力学第二定律的基础。1830 年,他在笔记本中便明确地提出了热的分子运动论和能量守恒与转化定律,得出热的机械当量为 370 千克米/千卡(今天准确数值为 427 千克米/千卡)。可惜,卡诺夭亡后,他的遗稿,直至 1878 年才公布于世。这时,人们早已公认能量在转化中守恒这一定律,但卡诺的发现本身表明,能量守恒和转化定律发现的客观时机已经成熟了。

继卡诺之后,德国生理学家莫尔在 1837 年发表了《论热的本质》一文,也表述了类似的思想。

1839 年,法国工业革命家和铁路建设的先驱者 M. 塞贯,在《论铁路的影响》一书中,计算出了热的机械当量。

1840 年,瑞士化学家赫斯提出热化学定律,指出化学反应中所释放的热量是一个同中间过程无关的恒量。

1842 年,德国人迈尔(J. R. Mayer,1814~1878)发现能量守恒和转化定律。迈尔发现这一定律得益于他的从医经历。1840 年,26 岁的青年医生迈尔作为医生随船考察,船到了爪哇后不少船员得了肺炎,他用放血法为之治疗。在治疗过程中,他偶然发现患者的静脉血比在欧洲时鲜红、明亮,迈尔受拉瓦锡的氧化燃烧理论的启示,认为这是由于血液含氧较多的缘故。因为在热带高温条件下,人的机体只需要从食物中吸收较少的热量就足够了,所以人体中食物的氧化过程减弱了,静脉血里留下的氧就比较多。由此,迈尔联想到人体内的食物所含的化学能就像机械能一样,可以转化为热能。1842 年,迈尔写成了他的第一篇关于能量守恒和转化定律论文:《论无机自然界的力》,但论文在当时被拒绝发表。虽然化学年鉴杂志后来发表了迈尔的论文,但并未引起人们的注意。1845 年的

迈尔的发表第二篇论文,但却是以自己的经费才得以发表的。学术界偏见的打击使迈尔的精神受到严重刺激。1849 年,迈尔跳楼自杀未遂。大致恢复健康以后,他又写了一篇关于热的机械当量的论文。1851 年,他被关进精神病院,受到残酷折磨。1853 年恢复自由,可是精神却从此再未恢复正常,以致在痛苦中度过了二十多年的余生。

直到 1858 年,才有少数几个人肯定迈尔的能量守恒和转化定律。其中丁铎尔给予了公正的历史评价,并于 1862 年在英国皇家学会上作了关于迈尔工作的讲演,还翻译了迈尔的几篇论文。

英国物理学家焦耳(J. P. Joule,1818~1889)是最先用科学实验确立能量守恒和转化定律的人。焦耳先后用了四十多年时间,进行了大量实验。1840 年,22 岁的焦耳首先测定了电流的热效应,发现一定时间内电流通过导线所产生的热量,同导线的电阻和电流强度平方乘积成正比。这就是著名的焦耳定律。焦耳根据这一实验设想电能因阻力而转化为热能了。这些思想集中体现在他的第一篇论文:《论伏打电池产生的热》。1843 年,焦耳又做了一个实验,他把盛有水的容器放进磁场中,然后让一个线圈在水中旋转,测量运动线圈中感生电流产生的热和维持运动所消耗的能量。实验说明消耗的能和产生的热能与电流的平方成正比。因此,产生的热和用来产生的机械动力之间存在恒定的比例。焦耳把这一实验结果写在他的第二篇论文:《论电磁的热量效应和热的机械值》。1847 年 6 月,在牛津会议上,焦耳的能量守恒和转化定律的思想引起了很大的轰动,焦耳本人开始引起科学界的注意。1849 年,焦耳在他的《热的机械当量》论文中宣布了他的新实验结果:要产生能使 1 磅水(在真空中称量,温度在 55~60℉)提高 1℉ 的热量,需要花费相当于 772 磅重物下降 1 英尺所作的机械功。此值相当于 4. 157 焦耳/卡,很接近现在的 4. 184 的数值。

几乎与迈尔、焦耳发现同时,英国业余科学家、律师格罗夫从对电的研究,也达到了能量守恒和转化定律的发现;丹麦物理学家、工程师柯尔丁通过摩擦实验,测定了热功当量。1853 年,威廉 · 汤姆逊(W. Thmson,1824~1907)对能量守恒和转化的思想作了精确的表述:当一个物质系统从某个给定的状态,无论以任何方式过渡到一个固定的零点时,它在系统外所产生的用机械功来量度的各种作用的总和,就是该系统在这一定状态所具有的能量。能量就是表征物质系统状态的函数。

恩格斯从辩证唯物主义的高度对能量守恒和转化定律加以概括和总结,指出:“运动的不灭不能仅仅从数量上去把握,而且还必须从质量上去理解”。所谓量的方面,指的是物质的运动既不能创造,也不能消灭,只能转化,并且在转化中有严格的当量关系;所谓质的方面,指的是物质运动形式是多种多样的,这些运动形式的相互转化的能力是永远不会丧失的,而这种转化的条件是物质运动本身所具有的。这样,能量守恒和转化定律便成了一条普遍规律。正如恩格斯所指出:“任何运动形式都证明自己能够而且不得不转变为其他任何运动形式。到了这种形式,规律便获得了自己的最后的表达。由于有了新的发现,我们可以给它提供新的证据,提供新的更丰富的内容。但是,对于如此表述的规律本身,我们是不能再增加什么了。在普遍性方面——其中形式和内容都同样普遍——这个规律是不可能再扩大了:它是绝对的自然规律。”

总之,能量守恒和转化定律是国际性的发现。它具有重大的科学和哲学意义。第一,能量守恒与转化定律的发现是牛顿力学体系建立以来物理学上的最大成就。它生动地证明了自然界各种物质运动形式不仅具有多样性，而且具有统一性；物质运动既不能无中生有，也不能消灭，只能在一定条件下相互转化。这就打破了过去人们把热、光、电、磁、化学等运动形式都看做是彼此孤立的形而上学观念。第二，从哲学角度看，能量守恒与转化定律为事物的普遍联系的观点提供了强有力的科学依据。

二、热力学第二定律和分子物理学

（一）热力学第二定律

对热机效率的研究使人们认识到机械运动与热运动的关系，从而把力学与热力学结合起来，发现了热力学第一、二定律。热力学第一定律，是能量守恒和转换定律的一种表述方式，即热是物质运动的一种形式，热能可以从一个物体传递给另一个物体，也可以与机械能或其他能量相互转换，在传递和转换过程中，能量的总值不变。它的另一种表述方式为：不消耗能量就可以做功的"第一类永动机"是不可能实现的。

1850年，德国物理学家克劳修斯（R. J. E. Clausius，1822～1888）发现了热力学第二定律。克劳修斯，德国物理学家，气体动理论和热力学的主要奠基人之一。生于普鲁士的一个知识分子家庭，曾就学于柏林大学，获得哈雷大学数学和物理学的哲学博士学位。从1850年起，先后任柏林炮兵工程学院、苏黎世工业大学、维尔茨堡大学、波恩大学物理学教授。曾被法国科学院、彼得堡科学院和英国皇家学会选为院士或会员。

克劳修斯在热力学第一定律的基础上重新研究了卡诺的工作，认为他揭示的一个热机必须工作于两个热源之间的结论具有原则性的意义，然后用不同的表达式总结出了热力学第二定律：热永远都只能由热处转到冷处（在自然状态下）。即热不可能独自地、不付任何代价地，或者说没有补偿地从低物体传向较热的物体；在一个孤立的系统内，热总是从高温物体传到低温物体中去，而不是相反。它是关于在有限空间和时间内，一切和热运动有关的物理、化学过程具有不可逆性的经验总结。

1851年，英国物理学家凯尔文也独立发现了热力学第二定律，他的表述方式是：不可能从单一热源取热，把它全部变为功而不产生其他任何影响（这是从能量消耗的角度说的，它说明第二类永动机是不可能实现的）。

尽管二人的说法不同，但都包含一个共同的真理，即热机在工作过程中不可能把从高温热源吸收的热量全部转化为有用功，总要把部分热量传给低温热源，这就是理想热机的效率不可能达到100%的原因。热力学第二定律描述能量转换的规则，揭示了热运动的自然过程是不可逆的，除非由外界做功，方可使热量从低温物体传向高温物体。

1865年克劳修斯把熵的概念引入热力学，用以说明热力学第二定律。熵表示某一状态可能出现的程度。假如物体的温度为 T，它的热量为 Q，则熵 $S=Q/T$。它说明，同样大小的能量，如果其温度较高，则熵较少；温度较低，则熵较大。在孤立系统内，对可逆过程，系统的熵总保持不变；对不可逆过程，系统的熵总是增加的。这个规律叫做熵增加原理。这也是热力学第二定律的又一种表述。熵的增加表示系统从几率小的状态向几率大的状态演变，也就是从比较有规则、有秩序的状态向更无规则，更无秩序的状态演变。熵体现了系统的统计性质。

克劳修斯在晚年不恰当地把热力学第二定律引用到整个宇宙，认为整个宇宙的温度必将达到均衡而不再有热量的传递,从而成为所谓的热寂状态,即"热寂说"。热寂说否定了物质不灭性在质上的意义,并把热力学第二定律的应用范围无限地扩大了。对此,恩格斯指出:"放射到太空中去的热一定有可能通过某种途径转变为另一种运动形式,在这种运动形式中,它能够重新集结和活动起来。"

(二) 统计物理学兴起

统计物理学,即根据对物质微观结构及微观粒子相互作用的认识,用概率统计的方法,对由大量粒子组成的宏观物体的物理性质及宏观规律作出微观解释的理论物理学分支,又称统计力学。

1826 年,英国植物学家布朗(R. Brown,1773~1858)发现了分子运动现象,他在用显微镜观察水中悬浮的藤黄花粉粒子时,发现它们不停地作无规则的运动,开始时他认为这是花粉粒子有生命活动能力引起的,后来才认识到无机性微粒在液体或气体中都产,这种运动,称为布朗运动。这种运动的真正动因是由液体或气体分子的不平衡撞击所致。布朗运动显示了物质分子处于永恒的热运动之中。

分子运动的奠基人是克劳修斯、麦克斯韦和波尔兹曼。1857 年,克劳修斯首先对热力学定律做了动力学解释。他认为,气体由大量的运动着的分子所组成,气体分子是弹性质点;气体分子在运动时相互碰撞,碰撞时沿各个方向运动的机会和分子数相等;分子的运动速度随气体温度的增加而增大,气体的热能就是气体分子运动的动能。克劳修斯根据这些观点,用气体的分子数,分子质量和分子速度导出了气体压力,并进一步对波义耳定律、查理定律做出微观解释。

1859 年麦克斯韦用概率统计方法发现了气体处于热平衡时其分子数目按速度大小分布的定律。这一定律表明,气体在宏观上达到平衡状态时,虽然大量的个别分子的速度都不相同,并由于相互碰撞不断发生变化,但在某一范围内的分子数在分子总数中所占的百分比是一定的,而且这个比值取决于气体的种类和温度。

1868 年,奥地利物理学家波尔兹曼(L. Boltzman,1844~1906)提出平衡态气体分子的能量均分定律,并用分子运动的观点对熵做了统计几率解释。波尔兹曼,奥地利物理学家,气体分子运动论的奠基人之一。在热力学和统计物理学方面有很大成就。著有《熵和几率》、《气体理论讲义》、《力学原理讲义》等著作。他认为,由于分子的热运动,使物质系统的分子从有规则趋向混乱。当物质系统处于热非平衡状态时,其内部差别较大,组织程度较高,具有向确定方向转变的可能,因而系统呈现出"规则"性;反之,当物质系统处于热平衡状态时,其内部差别较小,没有确定的变化方向,因而系统呈现出"无规则"性。波尔兹曼证明:熵的减小就是无规则性,混乱度减小的几率小,熵的增大几率大,它的反面(负熵)则表示规则性,有序性的提高。

分子运动论的研究标志着统计物理的兴起。

三、电磁理论的建立

电磁学是 18 世纪中叶创立的,系统的电磁理论的建立是 19 世纪下半叶的事情。从对电磁的最初认识到电磁理论的建立经历了一个多世纪。

1. 人类对电和磁电现象的认识有悠久的历史

早在公元前 6 世纪，就有利用琥珀摩擦吸附轻小物体和发现磁石能吸铁现象的记载。但对电荷磁现象系统地进行实验研究直到 17 世纪才开始。1600 年，英国女皇的御医吉尔伯特出版了《论磁石》一书，提出了磁石的两级成对存在、不可分离的理论，即切断的两端磁石仍然具有南北两极，同名磁极间互相排斥，异名磁极间互相吸引；磁石间的作用力与磁极间的距离成反比。该书被认为是近代电学的开端。其后，经过许多科学家的艰苦探索，终于在 19 世纪下半叶建立起较为完善的电磁学理论体系。

1745 年，荷兰人马森布罗克、枯内渥斯和德国人克莱斯特各自独立地发明了最早的蓄电容器，由于前两人均是在莱顿后发明的，故称为莱顿瓶。次年，莱顿瓶传入美国，美国电学家富兰克林（Benjmin Franklin，1706～1790），发现莱顿瓶球头上带阳电、瓶底上带阴电；莱顿瓶的内外箔均带正负电；莱顿瓶尖端要放电。1752 年夏发表了论文《论闪电和电的相同》，证明了天电与地电相同，次年又发明了避雷针。富兰克林的实验为电的应用奠定了基础。

1780～1791 年，意大利解剖学教授伽伐尼（1739～1798）通过大量的解剖青蛙的实验发现：蛙腿也像电一样会发出电来，他把这种电叫做生物电。伽伐尼认为这是生物本身固有的，是由于金属接触被激发出来的。这种解释是错误的。

2. 连续电流的获得

1800 年意大利物理学家伏打（Alessandro Volta，1745～1827），用酸浸不同的金属板（银板和锌板）制成了世界上第一个电池，获得了连续电流，揭开了电力革命的序幕，电技术由此产生。

3. 静电力大小的测定

英国物理学家卡文迪许（Henry Carendish，1731～1810）最早做了关于电的分布实验。1767 年，普列斯特利提出了静电力大小与电荷多少成正比，与距离平方成反比的论断。

法国物理学家库仑（C. A. Coulomb，1736～1806）在电测定技术方面做出了突出贡献。库仑，法国工程师、物理学家，1736 年生于法国昂古莱姆。早年就读于美西也尔工程学校。离开学校后，进入皇家军事工程队当工程师。法国大革命时期，库仑辞去一切职务，到布卢瓦致力于科学研究。法皇执政统治期间，回到巴黎成为新建的研究院成员。1785 年库仑发表了四篇论文，他提出了“带同种点的两个小球之间的斥力与两球中心点距离的平方成反比”的重要理论。这种电荷相互作用的定律，叫做库仑定律。

4. 电磁相互联系和转化的发现

吉尔伯特虽然对磁石进行了研究，但是他断定电与磁本质上是两种孤立的现象，这一看法被普遍接受。到了 19 世纪，这种陈旧观念首先被丹麦哥本哈根大学教授奥斯特（H. C. Oersted，1777～1851）所打破。1820 年，奥斯特在课堂做演示实验时发现：当一根通电导线放在磁针上方，且与磁针平行时，磁针发生了偏转，即有电流通过的导体周围会产生磁场，第一次揭示了电与磁的本质联系。

奥斯特的发现引起了法国物理学家安培（A. M. Ampere，1775～1836）的注意，仅在一周时间内便发现了电流与电流之间的相互作用，即平行载流导线如电流方向相同则相互吸引，方向相反则相互排斥。1823 年，他进一步研究了电流间的相互作用，发现两端通电导线之间的作用力与它们的电流强度成正比，与它们之间的距离的平方成反比，同时还确定了电流对磁针作用方向的右手定则。这样,电与磁之间的基本关系便确定下来。

发现电磁感应定律并把电与磁的关系转化为实际运动的是英国化学家和物理学家法拉第(M. Faraday,1791~1867)。法拉第,英国著名物理学家、化学家。在化学、电化学、电磁学等领域都作出过杰出贡献。他家境贫寒,只读过两年小学,12 岁当报童,13 岁到书店当学徒,业余时间读了大量书籍,成为业余科学家。1831 年,法拉第通过实验证明:电可以转变为磁,磁也能产生电;运动中的电产生磁,运动中的磁产生电。1831 年法拉第用铁粉做实验,证明磁线的存在,提出了"力线"概念,冲破了牛顿的"超距作用"观念。他还首次提出了"场"的概念。他把充满磁力线的空间成为磁场,磁力线就是通过场来传递的。

5. 电磁理论的建立

19 世纪 50 年代~60 年代,英国物理学家麦克斯韦(J. C. Maxwell,1831~1879)补充和发展了法拉第等人的电磁感应理论,创立了系统的电磁学说。麦克斯韦出生在爱丁堡一个地主家庭,8 岁丧母,10 岁时进入爱丁堡中学学习。由父亲抚养成人。其父是个律师,但酷爱科学技术,这对麦克斯韦后来的成就产生了一定影响。麦克斯韦 19 岁入剑桥大学学习,因设计了著名的"色陀螺"而轰动科学界,获得了皇家学会奖章,24 岁任大学教授,先后任剑桥实验物理系主任、卡文迪许实验室主任,是继法拉第之后集电磁学大成的伟大科学家。

1855 年,麦克斯韦把力线概念规定为一个矢量微分方程,在几何图像基础上说明了磁力线和电力线的空间关系。他引进了位移电流的存在。他指出,不仅传导电流可以产生磁场,空间电场的变化也可以产生磁场;反之,不仅变化的磁场在导体中感生出电流,在空间中也会产生电场,这种电场是涡旋电场,它不断改变强度,因此又可产生变化的磁场。这样,就有一连串的变化的电场和磁场不断产生,一环套一环,交替出现,并向四面八方传播开来,这种运动形式就是电磁波。这一年,麦克斯韦引进了两组偏微分方程,把全部电磁学概括为一组方程式,并由这组方程式导出了电场和磁场的波动方程,推算出电磁波的传播速度恰好等于光速。麦克斯韦预言:光波就是电磁波。1865 年,麦克斯韦对电磁概念作了如下规定:电磁场就是出于电磁状态的物体周围的空间,包括这些物体本身在内;场中可以只有某种物质,也可以抽成没有宏观物质的空间(真空)。

1888 年,德国物理学家赫兹(H. R. Hertz,1857~1894)用莱顿瓶的间隙放电证实了电磁波的存在。赫兹还发现,电磁波的特征与光波的特征在许多方面是一致的,如电磁波像光波一样有反射、折射、偏振现象;在直接传播时其速度与光速是同一个数量级。

麦克斯韦的理论揭示了自然界的电、磁、光的统一性,实现了人类对自然界认识的又一次综合。1873 年,麦克斯韦出版了他的巨著《电磁学通论》,这是一部系统总结电磁现象研究成果的经典著作,它标志着电磁理论的确立,是物理学发展中的又一里程碑,可以同牛顿的《自然哲学的数学原理》、达尔文的《物种起源》相媲美。

第四节　化　　学

与其他自然学科相比,化学是发展较晚的学科,其原因有二。一是受到时代的局限,18 世纪中叶之前,人们对物质结构的认识尚未达到元素、原子层次;二是受错误的燃素说禁锢,直到18世纪下半叶以后,化学才从燃素说的束缚中解放出来,走上独立发展的道路,取得了丰硕的成果。

一、氧化燃烧理论取代燃素说

(一) 燃素说

17世纪,随着冶金业的发展,需要对燃烧的本质作出解释。1669年,德国医学教授和化学家柏岳(J. Becher)首先提出了燃素说。燃素说认为,物质之所以能够燃烧,是因为物质本身有一种燃素,燃烧的过程就是失去燃素的过程。如金属燃烧后失去了燃素．剩下煤灰,这个过程的表达式就是:金属-燃素=煅灰。这种学说可以解释一些燃烧现象,所以几十年里一直在欧洲占统治地位。但随着实践的发展,燃素说的权威被动摇了。一是人们经过多方探索始终找不到燃素;二是对许多燃烧现象．燃素说不能自圆其说,如金属煅烧后的重量不是减少了而是增加了。到了18世纪70年代,一场推翻燃素说、建立科学的燃烧理论的化学革命终于引发了。在这场革命中扮演主要角色的是法国著名的化学家拉瓦锡。

(二) 拉瓦锡的氧化燃烧理论

拉瓦锡(A. L. Lavoisier,1743~1794)是法国化学家、近代化学的奠基人。生于巴黎,其父是律师。拉瓦锡青年时代学过法律,后改学化学,1768年,他被选为法国科学院院士。

1774年,拉瓦锡把称好的锡、铅金属放在密封的曲颈瓶内,然后称好曲颈瓶内的总重量,结果发现:曲颈瓶烧前、烧后的总重量相等,但煅烧后的金属块的重量大于烧前的金属块重量,而且金属块增加的重量刚好等于打开瓶盖后整个曲颈瓶增加的重量,这说明瓶内空气中助燃气体被金属吸收了,开瓶后增加的重量表明空气又重新进入瓶内,补上这一空缺,这使拉瓦锡对燃素说产生了怀疑。1777年,他把自己的发现写成《燃烧概论》提交巴黎科学院,把助燃气体正式定名为氧,从此结束了燃素说对化学界的统治,为建立氧化燃烧理论奠定了基础。

拉瓦锡在化学上的成就是巨大的,后来,他又发现了质量守恒定律,并给元素下了一个定义,即元素是“用任何手段都不可能分解的物质”。1789年他出版了《化学纲要》一书,对已发现的33中元素进行了分类,并提出全面否定燃素说的氧化燃烧理论。该书是近代化学的起点。

二、原子-分子论的建立

原子论最早产生于古希腊,后来英国化学家、物理学家波义耳(R. Boyle,1627~1691)、牛顿都提出过原子论观点,但是近代原子论的真正奠基者是道尔顿。

道尔顿(J. Dalton,1766~1844)是英国化学家、英国织布工人的后代,家境十分贫寒,没受过正规教育,只读过两年小学,但才智早熟,12岁就在乡村小学任教,15岁任中学教师,在哲学家高夫的帮助下自修拉丁文、法文、数学和自然哲学,1793年26岁任曼彻斯特新学院数学和自然哲学教授,1796年任曼彻斯特文学和哲学会会员,1800年担任该会的秘书,1817 年升为该会会长,1816 年选为法国科学院通讯院士,1822 年选为皇家学会会员,1826 年,英国政府将英国皇家学会的第一枚金质奖章授予了道尔顿。

1808 年,他在《化学哲学新体系》一书中提出了原子论,其基本要点是:第一,元素的最终组成称为简单原子,它们是不可见,不能创造,不能毁灭,不可分割;它们在一切化学变化中保持其本性不变。第二,同一元素的原子,其形状、质量及各种性质相同;不同元素的原子,其形状、质量及各种性质各不相同。每一种元素以其原子的质量为其最基本的特征。第三,不同元素的原子以简单数目的比例相结合便形成了化学中的化合现象,化合物的原子称为复杂原子,复杂原子的质量为所含各种元素原子质量之总和。同一化合物的复杂原子,其形态、质量和性质也必然相同。

此外,道尔顿又把原子量概念引入原子论,把它视为化学元素最基本的特征和新原子论的核心。他还把氢的原子量定为 1,在化学史上第一次列出了一些元素的原子量,如初步测定了氧、氮、硫、磷、碳等的原子量,从而使原子有了一个能用数量表达的特征,并可以用实验方法检测出来。

道尔顿的原子论具有重大的理论意义,它从微观的物质结构角度揭示出宏观化学现象的本质,成功地解释了质量守恒、当量守恒、定量组成、倍比等经验定律,为物质结构理论的建立奠定了基础。在新原子论的指导下,化学有了惊人的快速发展,所以,道尔顿被誉为近代化学之父是当之无愧的。

道尔顿的原子论问世后不久,意大利的化学家阿伏伽德罗引入了分子概念,把原子和分子区分开来,认为分子是由原子组成的,单质的分子由相同元素的原子组成,化合物的分子则有不同元素的原子组成。他把道尔顿的原子论和法国化学家盖·吕萨克 1808 年发现的气体反应容积定律统一起来,形成科学的原子-分子学说,建立了历史上第一个较为完整的物质结构理论。

三、维勒人工合成尿素

19 世纪 20 年代以前,人们一直认为有机物是生命力的产物,有机物只能从有机物中产生,与无机物有本质差别,二者之间有不可逾越的鸿沟,所以,无机物本身没有活力,所以不能由它们合成有机物。首先打破这种观点的是德国化学家维勒。他在 19 世纪 20 年代做了一系列实验,分别用不同的无机物通过不同的途径合成了同一种有机物尿素。尿素的人工合成具有重大意义。第一,它第一次证明了有机物与无机物之间没有不可逾越的鸿沟。正如维勒自己所说:“这是个特别值得注意的事实,因为它提供了一个从无机物中人工制成有机物并确实是所谓动物体上的实验的例证”,尿素“毫无疑问是有机化合物”。它为辩证唯物主义的普遍联系观点提供了又一例证。第二,它开创了人工合成有机物的新纪元。维勒的工作大大激发了科学家们的兴趣,此后,人工合成有机物像雨后春笋般地发展起来。1845 年,维勒的学生、德国化学家科尔柏用木炭、硫酸、氯和水为原料第一次从单质无机物中合成有机物——醋酸。1854 年,德国化学家贝特洛又相继合成了脂肪、乙炔、甲烷、丙烯、戊烯、苯乙烯苯酚、萘等十几种有机物。1861 年,俄国化学家布列特洛夫又合成了糖类物质。总之,人工合成有机物层出不穷。

四、门捷列夫发现元素周期律

门捷列夫（Dmitri Ivanovich Mendeleev，1834～1907），俄国化学家，生于西伯利亚托博尔斯克，其父为中学校长，10岁时父亲病逝，家道中落，随母迁居莫斯科，中学毕业后靠公费在高等师范学校攻读数理学科，成绩优异，出类拔萃，1861年在彼得堡大学获博士学位，1886年任彼得堡大学教授。1890年当选为英国皇家学会外国会员。

门捷列夫继承了前人关于元素分类的成果，在其《元素属性和原子量的关系》一文中，阐述了他的元素周期律的基本观点：第一，按元素原子量大小排列起来的元素表现出明显的周期性，所有元素都不是孤立的；第二，原子量大小决定元素的特征，元素性质与原子量有函数关系；第三，从排列顺序可以明显地发现，有的元素人们还未掌握，要留有空位，据此，可以预料一些未知元素的存在；第四，知道了某元素的同类元素的原子量以后，就可以判定或修正该元素的原子量。

1871年，门捷列夫又在《化学元素的周期性依赖关系》一文中修正了他的周期表；给元素周期律下了一个定义：元素的性质周期地随着它们的原子量而改变；预告了"类铝"、"类硼"、"类硅"等元素的存在，并根据它们在周期表中的位置，预告了它们的性质；还大胆地修正了一些元素的原子量，并建议重新测定。

后来的事实证明，门捷列夫预言一些未知元素的存在是正确的。后来，科学家们相继发现了一些未知元素，如钪（Sc）、锗（Ge）等，这证明了门捷列夫的元素周期律和周期表是完全正确的。

元素周期律的发现具有重大意义。第一，元素周期律的发现时对化学的又一次辩证综合，它把原来认为互不相干、彼此孤立的各种元素统一起来，找到了它们之间的内在联系，从而使各种元素形成了有内在联系的有机的统一整体，为研究化学元素、化学变化过程奠定了理论基础，从此以后，人们可以有计划、有目的地去寻找未知元素。自1876～1900年，人们根据元素周期律的指引又相继发现了20个新元素。第二，元素周期律生动地揭示了自然界事物的发展由量变到质变的过程，为辩证唯物主义自然观的创立提供了自然科学例证。总之，元素周期律的发现奠定了现代无机化学的理论基础，是化学史上又一里程碑。

第五节　生　物　学

19世纪，生物学也取得了突飞猛进的发展，主要成果有细胞学说，达尔文进化论和孟德尔的遗传理论。

一、林耐的生物分类方法

人类对生命现象的研究是从认识物种的多样性开始的，从古时代起，人类在生产和生活实践中就积累了许多动植物的知识。但在近代以前，这些知识都是零散的。要使这些知识系统化，并且从中找到生物学的规律，就首先要从动植物的分类做起。从16世纪开始，已有不少生物学家从事这方面的研究工作，提出了不同的分类标准和分类方法，但成就最大的是18世纪瑞典的生物学家林耐。他在1735年出版的《自然系统》一书中，继承发展了前人用生殖器官当作分类标准的人为分类法，采用等级从属分类法，主张用花蕊的数目相特征作为植物分类标准，把相似的个体归并成种，相似的种归并成属，相似的属构成目，相似的目构成纲，于是形成纲-目-属-种4个等级的分类系统。同时，他还采用了用植物的属名加种名共同为植物命名的"双名法"，系统地命名了当时所知的全部植物。这样一来，他就把植物整理成一个分类系统，并且根据每一株植物的名字可以一目了然地判断它在这一系统中的地位。后来，林耐把他的分类方法扩展到动物的分类乃至矿物的分类。林耐的分类法相命名法使原来杂乱无章的关于动植物方面的知识形成了完整的系统，使生物界开始变得有章可循了，分类学也由于他的工作而成为科学。他在18世纪30年代确立的等级从属分类方法，一直沿用下来。后人将分类的等级拓展为界-门-纲-目-科-属-种，形成了现在的分类系统。

二、施莱登、施旺的细胞学说

细胞学说建立于19世纪30年代末。它归功于德国植物学家施莱登和动物学家施旺。1838年，施莱登（M. J. Schleiden，1804～1881）在总结了前人成果的基础上，写了《论植物的发生》一文，提出了植物构造学说。他认为，细胞是一切植物结构的基本单位和一切植物借以发展的根本实体，一切植物都是由细胞发展而来的，植物发育的基本过程就是细胞不断形成的过程。1839年，施旺（T. Schwan，1810～1882）把施莱登的观点推广到整个生物界，他在该年发表的《动植物结构和生长相似性的显微镜研究》一文中，用大量资料证明：动植物有机体的结构原则上是相同的，它们的一切组织都是由细胞发展而来的，细胞是一切生物的基本单位，从而打破了动植物的界限，把二者在细胞基础上统一起来。施旺还首先提出了"细胞学说"这一名词。他们二人都认为，细胞学说不仅是关于有机体构造的学说，而且是有机体发育的学说。他们对细胞的形成也做过一些猜测和设想，但尚没有令人折服的论证。发育过程的机制是什么，细胞是怎么来的，这个问题到19世纪中叶才初步搞清。但他们的设想对后来的研究是一个推动。

19世纪50年代，德国医生雷马克（R. Remak，1815～1865）和瑞士的寇力克等人把细胞学说和胚胎学结合起来进行研究证明：卵子和精子原来都是简单的细胞，在发育过程中，细胞本身可以复制，这个复制过程称为细胞分裂；胚胎发育过程就是细胞分裂过程。1855年，德国病理学家威尔和（R. Virchow，1821～1902）把细胞是由细胞分裂形成的概括为"细胞来自细胞"。

细胞学说的建立是整个生物进化的科学基础。恩格斯把细胞学说列为19世纪打破形而上学自然观的三大发现之一。细胞学说深刻地揭示了动植物之间也不是彼此孤立的，而是有内在的统一性的。

三、达尔文的生物进化论

第一个系统地提出进化思想的是法国博物学家拉马克（J. B. Lamarck，1744～1829），1809年，他在《动物哲学》一书中第一次成功地描述了动物进化过程。拉马克的进化思想的基本点是：第一，生物是进化来的。第二，生物进化有两种动力，一是生物有天生地向上发展的内在倾向;一是环境对生物体的影响。第三,对生物适应环境的演化机制,拉马克提出“用进废退”和“获得性遗传”两条重要原则。拉马克学说虽然还缺乏足够的根据,也有不少错误,但是应该说他的工作对进化论的最后创立有很大影响。

以大量科学事实为依据,全面、系统地提出物种进化论的是英国生物学家达尔文(C. R. Darwin,1809~1882)。达尔文出生在英格兰一个世代为医的家庭,他的父亲瓦尔宁曾把他送到爱丁堡大学学医,希望他将来也能成为名医、继承家业。但达尔文从小就热爱大自然,尤其喜欢打猎、采集矿物和动植物标本。进到医学院后,他仍然经常到野外采集动植物标本。父亲认为他游手好闲、不务正业,一怒之下,于1828年又送他到剑桥大学,改学神学,希望他将来成为一名牧师。但达尔文对神学院的神创论等谬说十分厌烦,仍然把大部分时间用在听自然科学讲座,自学大量的自然科学书籍,热心于收集甲虫等动植物标本,对神秘的大自然充满了浓厚的兴趣。1831年,年青的达尔文经汉斯罗教授的推荐,以自然科学家的身份参加了贝格尔舰历时五年的环球考察。回国后,他一面总结、整理考察中收集的资料,一面做动植物人工变异实验,经过20多年的潜心研究,于1859年出版了他的《物种起源》,书中用大量而丰富的资料系统、全面地阐述了他的进化论思想,其基本点是:第一,生物是进化来的,既不是上帝创造的,也不是一成不变的。第二,变异是生物普遍存在的现象,变异的基本原因是生活条件的改变。第三,通过人工培育可以产生新种。第四,相似的生物起源于一个共同的祖先,一切生物的最终起源是单一的。第五,在自然界中,生物物种是通过自然选择而产生的;自然选择是通过生存斗争实现的;生存斗争的结果是“物竞天择、适者生存”,优胜劣汰,这是生物进化的基本规律。达尔文所指的生存斗争包括种内斗争、种间斗争和自然环境的斗争。在这些斗争中进行自然选择,通过自然选择出现了物种的进化,因此,自然选择是达尔文进化论的核心。第六,达尔文还认为,生物不仅有变异,而且有遗传,它不仅保证种的繁衍,而且保证把有利的变异传给后代。有利的变异在世代的传递中逐渐积累,最终可以产生出新种。总之,达尔文对生物进化做了规律性解释。

《物种起源》是一部具有划时代意义的革命性著作,是生物学史上的一个里程碑。其意义可以概括为两点:第一,它彻底粉碎了神创论和形而上学物种不变论,第一次把生物学建立在科学的基础上。第二,它为辩证唯物主义自然观的创立奠定了自然科学史的基础。它从生物学角度揭示了事物发展从低级到高级,由简单到复杂的过程,这种观点与唯物辩证法的联系与发展的观点相吻合。正如马克思所说,达尔文的《物种进化论》“为我们的观点提供了自然史的基础”。

四、孟德尔和魏斯曼的遗传理论

在达尔文、华莱士研究物种起源时,特别是19世纪下半叶,另一些生物学家则侧重于研究物种的稳定性及同一物种的亲代性状在子代的表现,使遗传学取得较大进展。

(一) 孟德尔的遗传定律

孟德尔(G. Mendel,1822~1884),出生在捷克的布尔诺(现奥地利的布龙)一个贫苦农民家庭,年轻时因家境贫寒,没钱上学,入修道院当了修道士。1851年被修道院派往维也纳大学学习物理、数学和自然科学,1853年返回修道院讲授自然科学。从1854年起,他用了11年时间在修道院的花园里做了200多次豌豆杂交试验,1865年在布农自然历史学会上的学报上发表。论文总结了他的试验结果和发现。孟德尔提出了两条著名的遗传定律:第一,分离定律,即成对因子在遗传传递过程中可以相互分离;第二,独立分配定律,即两对性状在遗传传递时也可以分开,独立进行传递。

孟德尔的遗传定律对育种具有重要的实践意义。根据这些定律,既可以设法把某些符合需要的特征保留下来并聚集在一个品种内,又可以把具有有害倾向的特性淘汰掉。但是由于当时生物界的热点是研究和讨论物种的变异,加上孟德尔是个小人物,文章又发表在一个小地方的不甚出名的小杂志上,因而他的试验结果未能引起注意。直到1900年,孟德尔的研究成果才被发掘和肯定。孟德尔的遗传理论是现代遗传学的基础,是20世纪生物学发展的起点,对生物学的发展产生了巨大影响。

(二)魏斯曼的遗传学说

19世纪末,在遗传学研究中的代表人物是德国动物学家、新达尔文主义者魏斯曼。他通过对蝇类的进化、水蚤的生殖行为、切割鼠尾对遗传的影响等研究,于1892年提出了种质连续学说。其基本观点是:第一,他认为生物体是由种质和体质组成的,遗传必须通过种质,与体质无关;而获得性状是体质的变化,不能遗传,这就否定了拉马克的获得性遗传学说;第二,他认为自然选择是进化的唯一机理,自然选择的对象是种质,这是新达尔文主义的主要内容。

魏斯曼第一次把种质(即生殖细胞)与体质(即体细胞,如神经细胞、肌肉细胞)区别开来,并强调种质起生殖和遗传作用,具有稳定性和连续性,可以世代相传;而体质只能自行繁殖,产生与自然相同的细胞,它的功能是从事各种营养活动。这一理论对生物学的发展起了一定的推动作用。魏斯曼的主要代表作有《种质论》和《进化论演讲集》。

第六节　第二次技术革命

一、第二次技术革命发生的历史条件

第二次技术革命是在第一次技术革命取得丰硕成果的基础上发生的。第一次技术革命实现了工业生产的全面机械化,促进了社会经济的迅猛发展,同时也向动力提出了更高的要求。因为当时唱主角的蒸汽动力虽然作用很大,但也有它难以克服的缺点。如生产和使用不方便、长距离输送困难等。在这种情况下,希望得到功率大、经济、轻便、便于分配和控制能量的新动力就成为人们经常谈论的话题,一场以新动力取代蒸汽动力的技术革命已在酝酿之中。而19世纪初电磁学领域的一系列发现,引发了新的技术革命。1820年,奥斯特发现的电流的磁效应以及1822年安培发现的安培定则和安培力公式,表明了电流和它所引起的磁场方向以及通电导线在磁场中受力的定量公式,从而揭示了电和磁之间能够产生机械力这一新的动力源的重要原理,为电动机的发明奠定了理论基础。1831年法拉第提出的电磁感应定律,则表明了变化的磁场在导线中能够产生感生电流,从而揭示了机械能转化为电能的规律性,又为发电机的发明奠定了理论基础。随着各种电机的问世,电力作为一种新的动力登上历史舞台并开始取代蒸汽动力,标念着第

二次技术革命的来临。

二、第二次技术革命的成就

第二次技术革命以电机的发明和电力的应用为标志,第二次技术革命的时代被称为“电力时代”。电气化技术的产生和发展首先是从发电机和电动机的制造开始的。

(一) 发电机和电动机的产生及发展

1831 年,法国巴黎的皮克西根据法拉第的发现先后制出了世界上第一台手摇式永磁式发电机,翌年又进行了改进。这种发电机是试验性,主要是为了展览。1834 年英国伦敦仪器制造商克拉克制成第一台商用发电机,此后这种发电机在伦敦广为应用。但是这种发电机发出的电是交流电,为了使交流电变成直流电,又配置了由安培设计的机械整流器。

永磁式发电机的缺点是使用永磁不可能提供强大的电力,因此,发电机还需要改进。1863 年,英国著名电动制造家外尔德制成了具有磁电激磁机的发电机,用于电镀工业。

1866 年底,“近代德国科学技术之父”西门子(E. W. Von Siemens,1816~1892)制成的自激式直流发电机。他用电磁铁取代了永久磁铁,并用发电机发出的电作为自身磁铁的电源,因而称为自激式发电机。这种发电机靠电磁铁中的剩磁启动,可以把机械能高效率地转化为强大的电流。这种把电转化为磁和磁转化为电相结合的发明具有划时代的意义,它使电力和发电机成为广泛应用的能源和动力。

此后,发电机又在西门子电机基础上进一步改进和完善。1870 年,比利时的格拉姆制成了具有环状电枢的直流发电机。1872 年,德国西门子公司的阿尔特涅克发明了鼓状电枢,使发电机的效率大为提高。1882 年,美国大发明家爱迪生在纽约制成了当时世界上容量最大的一部发电机,并建立世界上第一座直流发电厂,安装了 6 台发电机,每台可点燃 1500 个 15 瓦的灯泡,开辟了第一个民用照明系统。

在制造发电机的同时,科技工作者已开始了电动机的设计和制造。电动机的基本原理是运用电流交变所产生的旋转磁场切割转子的导体,感应出电流,转子电流和旋转磁场相互作用而产生的电磁力矩就使电动机转动起来。1834 年,俄国人雅科比发明了一台回转运动的直流发电机。1836 年这种电动机就用于带动木工旋床,1840 年又用于带动报纸印刷机。电动机的设计制造技术也逐渐完善起来。

(二) 照明技术的发展

从 19 世纪 40 年代起人们就进行了白炽灯的研究,但进展缓慢。1847 年,斯提特提出用高熔点的铂铱合金做灯丝材料,但由于抽真空技术没解决,灯泡内存有空气,致使灯丝寿命很短。1865 年,发明了抽真空的汞泵,灯泡的真空问题解决了,这样,英国人约瑟夫·斯万于 1878 年制成了第一个用碳丝做灯丝的灯泡。1879 年爱迪生经过反复试验后发明了用碳化棉丝做灯丝材料的耐用电灯。1880 年,斯万获得了制造高真空灯泡的专利,三年后又获得了改进制作灯丝材料的专利。二人于 1883 年共同开设了爱迪生——斯万联合电灯有限公司。电灯开始用于民用照明。1898 年,威尔斯巴赫提出用熔点为 2 700℃的锇做灯丝材料。19 世纪末,20 世纪初,人们又改用熔点为 2 996℃的钽做灯丝材料,使熔点逐步提高。大约在1911年才普遍采用钨做灯丝材料,一直沿用至今。为了提高灯泡寿命,1913年,兰米尔又在灯泡内充入惰性气体,使灯泡寿命更加延长。

(三)远距离输电的实现

电力的广泛应用和大型电站建设,需要做远距离传输,而远距离传输又要采用高压输电,因为低电压直流电在线路上传输时能量损耗很大,很难保证终端用户电压的稳定,这就引起了对远距离供电的研究。

最先成功地研究高压输电的是法国电气工程师德普勒。1882年,他用一台容量为3匹马力的直流发电机发出的电,在慕尼黑国际展览会做了电压为1500伏和2000伏、距离为57千米的表演,传输率大约1500瓦的电能。电力传输的成功是电力取代蒸汽力的一个重大突破。恩格斯在评价电力传输技术的意义时指出:"这一发现使工业彻底摆脱地方条件所规定的一切界限,并且使极遥远的水力的利用成为可能,如果在最初它只是对城市有利,那么到最后它将成为消除城乡对立的最强力的杠杆。"

远距离输电的技术难题是电压的升降问题,要是把低电压的直流电变为高电压的直流电,或者把高电压直流电变为低电压直流电,都很困难。德普勒所传输的电是直流电,而当时又不可能直接从直流发电机获得极高电压,这就促成了交流发电机和变压器的研制。1891年,俄国工程师M. O. 多列沃-多布罗沃尔斯基展示了用三相交流电传输电能达170千米的技术,并展示了他的三相交流发电机。这是世界上第一次用三相交流电进行远距离输电。三相交流发电机的原理至今无重大改变。多列沃-多布罗沃尔斯基的发明标志着电气技术新时代的开始,它不仅解决了远距离输电问题,而且使电能在工业领域得到了广泛的应用。

1883年L. 高兰德和J. 吉布斯发明了第一台有实用价值的变压器,为高压交流输电创造了条件。1896年美国尼亚加拉水电站把发电机发出的5000伏电压的电用变压器升到11 000伏,并送到40千米以外的距离。从19世纪90年代到20世纪初期,远距离输电的电压从平均电压为10千伏上升到140千伏。

由于高压输电技术的成功,不仅广泛用于照明,而且带动了电冶、电解、电化工、电运输等工业的发展。

(四)电报技术

电力时代,电报技术使得快速传递消息成为可能。美国画家莫尔斯于1838年发明用点、划两种信号组成的"莫尔斯电码",在美国政府的资助下,于1844年建成华盛顿-巴尔的摩全长40英里的电报线。从1851年起,莫尔斯电报系统被铁路系统应用。从19世纪中叶开始,掀起了一股铺设海底电报电缆的热潮。英国、欧洲、澳大利亚和加拿大等都被电缆连接了起来。

(五)电话技术

在电报投入使用之后约30年,美国语音学家贝尔于1876年制成最早的实用电话机,这是运用电力传递信息的又一项发明。后来,爱迪生在此基础上又做了改进。他在电话送话器中加上了一对线圈,使电流能克服导线的电阻,把声音传送到更远的地方。1878

年,英国第一家商业电话公司开办。接着巴黎在1879年、柏林和彼得堡在1881年也相继成立了电话局。1889年,美国又发明了自动电话交换台。电话的迅速发展与普及,极大地改变了通信技术的面貌。

(六) 无线电通信技术

电磁理论引出的另一项重大的电技术发明是无线电波的发射和接受,它开创了“弱电”利用的新领域。在赫兹证实电磁波存在之后,1890年和1894年,法国的布冉利和英国的洛奇制成和改进了无线电波接收器。1895年5月9日波波夫当众表演了他发明的无线电接收机。马可尼在1901年成功地完成了英国和加拿大之间的无线电通信。1896年,马可尼第一个让无线电越过海峡飞过大西洋,因此,马可尼获得英国政府发给的专利,获得了发明无线电的优先权。1902年,美国电气工程师肯涅利和英国的亥维塞分别发现了电离层,证实了无线电波长距离传递的可能性。此后,无线电技术广泛应用,人们开始进入电气时代。

三、第二次技术革命的意义

第一,极大地促进了社会生产力的发展。第二次技术革命中的电动机、发电机和电信技术等新兴技术的广泛应用,极大地提高了劳动生产率,改善了劳动条件,使社会生产力呈直线上升趋势。19世纪最后30年里,世界工业生产总产值增加了两倍多。

第二,加速了垄断资本主义的形成,引发了生产关系的变革。第二次技术革命中的新技术使电力、通讯、冶金等生产部门和业务部门朝着垄断化方向发展。美国通用电气公司,贝尔电报电话公司、德国西门子电气公司等一批大型公司应运而生,加速了垄断资本主义的形成,加剧了资产阶级和无产阶级的矛盾,为爆发无产阶级革命,建立新兴的社会主义生产关系作了准备。

第三,使科学、技术、生产之间的关系更加密切。第二次技术革命中的重大技术发明都是科学应用的成果,充分显示了科学已经成为重要的社会生产力,促使欧美各国更加重视发展科学技术,逐渐形成了“科学→技术→生产”的逻辑关系。

●复习思考题

1. 简述康德-拉普拉斯星云假说的内容。
2. 简述近代地质学上的两大争论。
3. 什么是能量守恒定律?它被发现的意义是什么?
4. 近代电磁学是如何建立起来的?
5. 简述拉瓦锡的成就。
6. 简述达尔文生物进化论的基本内容。
7. 简述第二次技术革命取得的成就及意义。
8. 试比较近代两次技术革命及其影响的异同。

第七章 辩证唯物主义自然观的产生

近代自然科学在各个领域的发展，在使人类对自然界的认识更加深入、更加正确的同时，也引起了自然观上的革命。这场革命的结果便是形而上学自然观的瓦解和辩证唯物主义自然观的产生。

第一节 辩证唯物主义自然观产生的自然科学背景

辩证唯物主义自然观的特征是发展变化和普遍联系，凡是有利于形成这两大特征的因素，都可能成为确立新自然观的因素。

一、发展变化思想的确立

在僵化的形而上学自然观上打开第一个缺口的，是康德1755年提出的有关太阳系起源的星云假说。因为康德的假说已经把太阳系理解成为一个运动、发展、变化的过程，正如恩格斯评价的：他把“地球和整个太阳系表现为某种在时间的进程中逐渐生成的东西”①，而且这种变化的根本原因在事物的内部。这样，牛顿（Isaac Newton，1642～1727）“第一推动力”的假设就自然被取消了。正因为如此，恩格斯才把这个学说称作“是从哥白尼以来天文学取得的最大进步。认为自然界在时间上没有任何历史的那种观念，第一次被动摇了”②。相应地，如果地球是某种逐渐生成的东西，它一定不仅有在空间中互相邻近的历史，而且还有在时间上前后相继的历史。这样，就如恩格斯所评价的，“在康德的发现中包含着一切继续进步的起点”①。

其次是进化论思潮。进化论思潮包括天体演化思想，地质进化思想，生物进化思想，以及物理学中的进化问题。这些思想集中在18～19世纪形成并完善，从而转变成为一种社会思潮。

总之，由于科学的发展，人们不仅看到自然界是发展变化的，天体是发展变化的，生物也是发展变化的。从无机物到复杂的有机物都是发展变化的。所以进化论的出现为打破僵化的自然观作出了自己的贡献，它对人的思想产生的影响是巨大的。戈德施密特（Gold-schmidt. DM，1802～1866），在《来自记忆的印象》一书中描述了海克尔的进化论著作对某个年轻人的影响：读了海克尔关于创造历史的论述后，这位青年感到“关于天国和大地的所有问题都简单明了而令人信服地解决了，引起年轻人烦恼的一切疑问都有了答案。进化论是解答一切问题的钥匙，它能代替正在被抛弃的各种信念和教义”③。进化论的影响远远超出了它所在的生物学自身，它被扩展到了许多领域，达尔文的著作被许多社会运动和哲学派别当作“科学证据”加以引用，这中间既有无神论，也有进化神学（按神的预定目标进化）；既有马克思主义，也有资产阶级哲学。许多人从进化论科学中看到了

---

①恩格斯.1984.自然辩证法，北京：人民出版社：11

②恩格斯.1970.反杜林论.北京：人民出版社：54

③N.玛格纳.1985.生命科学史.武汉：华中工学院出版社：520

政治上和经济上的信息,如既然目前的状况是自然界长期进化的产物,那么任何一个事物就必然会处于它目前所处的那个状态,这样人们必须忍受当前工业社会的苦难,因为这是不可抗拒的自然规律活动的结果。

斯宾塞(Herbert Spencer,1820~1903)还将进化规律应用于人类社会。他把社会看作和生物机体相似的东西,强调社会有机体的变化必须用进化过程的尺度来衡量。一部分人对社会进化抱有悲观态度,认为社会进化到一个更好的状态是非常遥远的将来的事;有人则持乐观态度。有人用马尔萨斯主义的斗争观点看待社会,俄罗斯的克鲁泡特金则从对西伯利亚的动植物调查中看到竞争只是在种间进行的,所以他提出社会上除有斗争规律外还存在一个“相互帮助和相互支持的规律”。

因此,可以毫不夸张地说,19 世纪后半期已经形成了一股强大的进化论思潮,进化论对人类思想产生的影响,是相当巨大的。

二、普遍联系思想的确立

19 世纪自然科学在自然观上的突破,不仅表现于发展变化思想的确立,而且表现在科学逐渐揭示了自然界中的普遍联系,证明了自然界的物质统一性。在这方面首先是近代化学的建立起了重要作用。正如恩格斯所说:从“拉瓦锡以后,特别是从道尔顿以后,化学的惊人迅速的发展从另一方面向旧的自然观进行了攻击。”①恩格斯这里所说的“另一方面”就是普遍联系思想的确立。近代化学的建立从三个方面加强了普遍联系思想,一是科学原子论的提出,揭示了一切化学过程在本质上的统一;二是元素周期律的发现,揭示了元素之间的内在联系。过去似乎相互孤立的元素,现在证明它们之间存在着密切的关系;三是维勒的尿素合成,它以雄辩的事实证明,有机物尿素和无机物氰酸铵有着同样的化学组成,用普通的化学方法,由氰、氰酸银、氰酸铝和氨水、氯化铵等无机原料按不同途径都可合成同一有机物尿素。这不仅把有机化合物的神秘性彻底扫除了,而且填补了有机界和无机界之间的久已存在的鸿沟。

能量守恒和转化定律的确立又一次揭示了自然界业已存在的普遍联系。它表明,“自然界中一切运动的统一,现在已经不再是一个哲学的论断,而是自然科学的事实了”①

细胞学说的建立又把动物界和植物界之间存在的巨大的壁垒拆除,使一切有机体的分化、发育、生长都建立在细胞这一共同的基础上。正如恩格斯所说:“由于这一发现,我们不仅知道一切高等有机体都是按照一个共同规律发育和生长的,而且通过细胞的变异能力指出了使有机体能改变自己的物种并从而能实现一个比个体发育更高的发育的道路”②。

第二节　辩证唯物主义自然观的确立

一、辩证唯物主义自然观确立的自然科学基础

通过 19 世纪诸多自然科学领域的发展,已经造成这样一种观念:过去被看作是孤立

①恩格斯.1984.自然辩证法.北京:人民出版社:13

②恩格斯.1972.费尔巴哈和德国古典哲学的终结.北京:人民出版社:36

的、割裂的自然现象,现在被证明是统一的物质运动的不同形式;过去被当作是一成不变的东西,现在被证明是逐渐形成的。在这些自然科学的新成就面前,使机械自然观得以确立的那些前提条件,变得土崩瓦解了,而新的自然观的基本点也完备了。"一切僵硬的东西溶化了,一切固定的东西消散了,一切被当作永久存在的特殊东西变成了转瞬即逝的东西,整个自然界被证明是在永恒的流动和循环中运动着。"①自然科学的发展为辩证唯物主义自然观的产生准备了条件。

二、辩证唯物主义自然观确立的哲学思想渊源

当然,辩证唯物主义自然观的产生也有其哲学的理论的来路。这就是德国古典哲学中黑格尔(Georg Wilhelm Friedrich Hegel,1770~1831)的辩证法和费尔巴哈(Ludwig Andreas Feuerbach,1804~1872)的唯物论。德国古典哲学由于受到其社会、阶级的局限(无疑还有当时科学发展的局限),它的辩证法是唯心主义的,它的唯物论也是形而上学的。不仅在哲学上不彻底,而且也不能为自然科学的发展提供一种它所需要的哲学形式。到19世纪中叶,资本主义的发展也为辩证唯物主义的产生准备了必要的社会、阶级的条件,这时马克思和恩格斯才依据自然科学的最新发展对黑格尔的辩证法和费尔巴哈的唯物论进行了根本的革命改造,建立了辩证唯物主义的自然观。

三、辩证唯物主义自然观确立的基本思想和意义

在《自然辩证法》和《反杜林论》这两部光辉著作中,恩格斯第一次阐述了辩证唯物主义自然观,这在自然观的发展中是具有划时代意义的。

辩证唯物主义自然观的确立使我们又回到了希腊哲学的伟大创立者的观点:整个自然界,从最小的东西到最大的东西,从沙粒到太阳,从原生生物到人,都处于永恒的产生和消灭中,处于不断的流动中,处于无休止的运动和变化中。但新的自然观并非是古代自然观的简单重复,两者存在着一个本质上的差别:在希腊人那里是天才直觉的东西,在我们这里是严格科学的以实验为依据的研究的结果,因而也就具有确定得多和明白得多的形式。

辩证唯物主义自然观的诞生是自然观的伟大变革,它为自然科学的发展提供了正确的世界观和方法论。但它只是为科学认识自然提供一个正确的方向和一般的准则,而不是代替科学对自然界的具体规律提供现成的答案。而且,辩证唯物主义自然观也没有穷尽自然界的真理,它本身还必须随着科学的发展而不断地丰富和发展。

●复习思考题

1. 简述辩证唯物主义自然观产生的自然和社会背景。
2. 辩证唯物主义自然观产生的有何重大意义?

---

①恩格斯.1984.自然辩证法.北京:人民出版社:15

第三篇　现代科学的发展与新兴学科的建立

19 世纪末 20 世纪初，由于物理学的革命，开辟了科学认识的新领域，使自然科学进入到一个新的历史时期——现代科学时期。

现代物理学理论的进展，技术的巨大进步，促进化学、天文学、地学、生物学进一步发展。这个时期最突出的理论成就是，发现了原子结构和许多种基本粒子，并开始探索基本粒子的更深层的结构；对生命遗传现象的研究从细胞水平进入分子水平，证明脱氧核糖核酸是遗传信息的载体，发现了它的双螺旋结构，打破了遗传之谜；还提出了新的宇宙演化理论。同时，建立了控制论、信息论、系统论这种类型的综合性基础理论。

第八章　现代物理学

现代科学技术诞生于 19 世纪末 20 世纪初，并以这一时期物理学上的三大成就为基础构建了现代科学技术体系。

19 世纪，由于能量转化与守恒定律的发现以及麦克斯韦电磁学理论的建立，使得原先各自独立发展的力学、热学、电磁学和光学融会贯通为一体，最终形成一个完整的经典物理学体系。因此，到 19 世纪末，人们普遍认为物理学的发展已经达到十分完善的地步，物理学中的一切主要规律都已找到，所有基本问题都得到解决。1900 年 4 月，著名的英国物理学家开尔文在总结近百年来物理学所取得的成就时说："在已经基本建成的科学大厦中，后辈物理学家只要做些零碎的修补工作就行了，只是在物理学晴朗天空的远处，还有两朵小小的令人不安的乌云。"这两朵乌云是指用已有的物理学理论无法解释的黑体辐射和迈克尔逊-莫雷实验事实。其实，两朵乌云仅是个代表，随着物理学的深入发展，出现了越来越多用经典物理学解决不了的现象。这意味着物理学并非大功告成，而是面临着新观念的挑战，又正是这种挑战，才诱发了世纪之交的物理学革命。经过这场革命的洗礼，物理学以其崭新的姿态由近代时期大踏步地迈入现代时期。

第一节　X 射线、元素放射性和电子的发现与经典物理学的危机

一、X 射线的发现

X 射线的发现起源于对阴极射线的研究。电磁学建立之后，人们对气体放电现象进

行了深入研究。当时,人们首先想到的是在实验室条件下如何模拟大自然中的雷电现象。起初、人们把玻璃管中的气体加上高压进行观察,果然得到了放电现象。1854 年,德国玻璃工盖斯勒(Grissler,1814～1879)发明了以他的名字命名的真空管,为研究真空放电、发光现象提供了物质手段。1859 年,德国物理学家吕克(Plücker,1801～1868)用"盖斯勒真空管"进行真空放电实验发现,当高压电荷通过放电管时,阴极一端出现放电现象,而对着阴极的管壁会发出绿色的辉光,成功地实现了人工放电。1869 年,德国物理学家希托夫(Hittorf,1824～1914)证明,放在阴极与玻璃壁之间的障碍物,可以在玻璃壁上投射阴影。1876 年,德国物理学家戈尔茨坦(Goldstein,1850～1931)对"绿色辉光"作了解释,认为这是由阴极上产生的某种射线引起的,并首次把这种射线称为"阴极射线"。于"阴极射线"的本质,当时德国一些科学家认为,它是一种光波。而英国物理学家克鲁克斯(Crookes,1832～1919)等人则认为,阴极射线可能是某种微粒。

1879 年,克鲁克斯自制了一种比盖斯勒真空管真空度更高的"克鲁克斯管",再次进行放电实验,由于这种真空管真空度高,放电时没有辉光。克鲁克斯发现,从阴极射出的一种射线碰到玻璃管壁或硫化锌等物质时,会发出荧光,特别是发现了阴极射线在磁场中会发生偏转,从而断定阴极射线是某种粒子流。

关于阴极射线的本质的争论,持续了 20 年之久,结果导致了几项轰动世界的重大发现,首先是 X 射线的发现。

1895 年,德国维尔茨堡大学物理学教授伦琴(W. C. Rontgen,1845～1923)也选用克鲁克斯管重新进行阴极射线实验,目的是为了准确观察阴极射线的荧光作用。伦琴用黑纸将实验用的放电管严密地包裹起来,以免放电管受到外界环境干扰。准备就绪后,他接通了放电管的高压电源,在黑暗中,他发现 1 米以外的实验屏上闪烁着绿色的微光。开始他以为放电管没包好,又仔细检查了包裹情况,当他再一次接通电源时,绿色闪光又出现了,这使伦琴大为震惊。他反复实验,把涂有亚铂氰化钡的实验屏挪到 2 米以外,仍可清晰见到闪光,伦琴断定它是一种新的射线。实验结果证明:它不但能激发荧光物质发光,而且能通过密封的黑色纸使照相底片感光,甚至可以显示出衣袋里的钱币和手掌的骨筋,穿透力极强,并且不在磁场中偏转,说明它不是阴极射线。当时伦琴并不知道这是什么射线,故命名为"X 射线",通称"爱克斯光",现在人们把 X 射线也称作"伦琴射线"。

X 射线的发现轰动了全世界,反响快得惊人,大家都被 X 射线的魔力吸引住了,人手骨骼阴影的照片,仿佛使人看到自己的骷髅,感到既惊恐,又十分好奇。德国皇帝威廉二世看了伦琴的表演之后,立即授予他二级普鲁士王室勋章。伦琴的发现引起了连锁反应,许多科学家纷纷调整研究方向,抢购克鲁克斯管和阴极射线发生器。

X 射线的发现是科学史上又一偶然发现,偶然的背后隐藏着必然,它是阴极射线研究的一个必然结果,如果伦琴不发现,别人也迟早会发现。其实早在伦琴之前克富克斯就发现放在他的阴极射线管附近的照相底片感光了,当时他认为这是产品质量不好,并退了货,没想到它是 X 射线造成的。1890 年,哥兹比德和鲁宁在费城演示阴极射线实验时,也发现照相底片变黑了。前者还在无意中拍了一张 X 射线照片,被他扔到废相片堆里了。据说俄国物理学家卡门斯基 1885 年就拍了 X 射线片,但没有进一步研究。

关于 X 射线发现的优先权之争伤害了伦琴和勒纫德的感情,后者说是他先发现的,只是由于别的原因没能进行满意的研究。伦琴谦虚、诚实,发现X射线后,又连续做了三周的实验,证实确实无误,有把握地证明它是一种新射线,才于1895年12月28日以《一种新的射线·初步报告》发表了论文,公布了产生X射线的方法、穿透功能及照片。

X射线具有很高的实用价值和科学意义。第一,它迅速被用于外科诊断,X射线发现后的第4天,美国人就用于透视脚部弹片的位置。伦琴获得了名誉医学博士学位。后来X射线又应用于冶金学,成为研究晶体物质结构的一种手段。第二,X射线被誉为"领路鸟",它的发现导致了元素放射性和电子的发现。1901年伦琴获得了第一个诺贝尔物理奖。

伦琴的成功一是出于他对物理现象废寝忘食、孜孜不倦的钻研,二是由于康特教授的悉心的教育和帮助,对此他念念不忘,并教育他的学生要珍惜友谊和帮助,留下了"人生不可无友'的警句。1923年2月10日,伦琴死于癌症,死前,他把诺贝尔奖金全部留给了维尔茨堡大学,以促进科学发展。伦琴的发现至今仍造福于人类。

现在已经清楚,X射线可用高速电子流轰击由重金属制成的靶而获得,它的本质是波长为0.0l埃到10埃的电磁波(1埃=10^{-8}厘米)。

二、元素放射性的发现

X射线发现后,人们对X射线源发生了兴趣。对这一问题的研究又导致了元素放射性和放射性元素的发现,也就是说,元素放射性的发现源于人们对X射线源的探究。

1896年,法国物理学家贝克勒尔(Beoquerel,1852~1906)在研究X射线及荧光物质的性质时,发现了原于自发蜕变的放射性现象。因为某些物质在阳光照射下也会发出荧光,贝克勒尔很想弄清这些荧光与X射线间的关系。他父亲是研究荧光物质的,收集了许多荧光物质,贝克勒尔从一大堆荧光物质中,选取了铀盐(硫酸钾铀)作实验材料。开始时,他和常规做法一样,先把铂盐放在阳光下晒,让其发生荧光,然后再把它放在用黑纸包严的照相底片上,让底片感光,起初,他认为底片感光是荧光伴随X射线而产生的结果。有一天,他在重复做这项实验时,刚好阴天,无法使铀盐曝晒而引发荧光,就把它连同黑纸包好的照相底片一起放入抽屉,过了几天,当他企图从抽屉里取出铀盐和底片再次做实验时,却意外地发现底片已经感光,冲洗后发现上边印有"钠盐"包的印记,这说明,照相底片感光与"钠盐"是否经过阳光曝晒而发荧光无关。于是他进一步推断:照相底片感光必定是铀盐连续发出的一种类似X射线的神秘射线穿透黑纸所致。贝克勒尔进一步研究发现:不仅所有含钠的荧光物质,而且所有的铀化合物,不论它是不是荧光物质,也都能自动发出这种射线,而放出这种射线的物质就是铀。这样,贝克勒尔首先发现了铀的天然放射性,人们把这种天然放射线叫做"贝克勒尔射线"。这位出生于物理世家的科学家,由于受到放射线的伤害,献出了宝贵的生命,仅56岁便离开了人间,贝克勒尔的功绩和为科学而献身的精神同他发现的铀的放射性一样永远放射着光辉。

贝克勒尔的发现,引起了许多物理学家的兴趣。法国物理学家皮埃尔·居里(P. Curie,1859~1906)和玛丽·居里(M. Curie,1867~1934)在贝克勒尔影响下,很快投入了铀的放射性研究。居里夫人用静电计对铀所发出的射线的电离性质进行了精确测量,发现铀的辐射强度正比于化合物中铀的含量,与化合物中其他元素无关,表明放射性仅仅是铀元素的一种性质。接着她又想探寻哪些元素还具有这种放射性。1898年,她发现钍元素也具有放射性。

后来,他们在反复实验中发现:沥青铀矿石的放射性强度大得惊人,比已知的铀、钍的放射性强许多倍,于是他们大胆地假定,在沥青铀矿石中还存在着放射性比铀大得多的元素,他们经过异常艰苦而繁重的实验,先发现了比铀强400倍的新元素钋(为纪念她的祖国波兰而命名),接着又发现了放射性比铀强200万倍的镭。这个消息再次轰动了世界,但也有人提出怀疑。为了证实镭的存在,他们在十分简陋和艰苦的条件下,用"分步结晶法"经过4年的努力,于1902年才从几吨的矿石中提炼出0.1克浓缩的镭化合物——氯化镭,并首次测得镭的原于量为225(现在已知为226),从而证实了镭的存在。这时才打消了化学家、物理学家们的疑问。

为表彰贝克勒尔和居里夫妇在发现元素放射性方面的贡献,1903年瑞典政府向他们三人颁发了该年度的诺贝尔物理奖。

元素放射性的发现具有重大的科学和哲学意义。第一,它打破了以道尔顿为首的原子不可再分的陈旧观念,证明原子不是组成单质的最小单位,它还可以再分(放出射线),它说明物理学家的思维方式应当向辩证唯物主义复归,意味着"现代物理学是在临产中"①。因为,当射线放出时产生的热能使物理学家一时困惑不解,误认为违背了能量守恒定律,故彭加勒惊呼:这是"物理学的危机"。实际上,并非物理学出现了危机,而是物理学家头脑中的形而上学的一成不变的观念发生了危机,是"正在产生辩证唯物主义"①。第二,它预示人类将获取一种新的能源——原子能。元素在放出射线的同时产生大量的热能,即用很少的物质,可以获得很高的能量、展示了能源的美好前景。如1903年,居里和拉波尔德发现,镭的化合物不断发热,每克镭每小时发热量为100卡(后查明为135卡),它的热发出率不受温度影响,似乎是个永不枯竭的能源。同年,卢瑟福发现,镭的质量经过1590年将减少一半。

元素放射性的发现又向科学家们提出了新的课题:一是天然射线的本质是什么?二是元素放出射线后又变成了什么?第一个问题涉及射线的组成,第二个问题是元素放出射线后的结果。

关于第一个问题,1899年新西兰籍英国物理学家卢瑟福(Rutherford,1871~1937)等人通过把铀放在强磁铁环境中,令铀射线偏转,实验结果发现:天然射线是由两种带电的射线组成的,一种是带正电的射线,一种是带负电的射线,卢瑟福把前者命名为α射线,后者命名为β射线。后来证明,α射线就是氦核,β射线是负电子流。1900年法国化学家维拉德(Villard,1860~1934)又发现:天然射线中还包括一种不带电的射线,命名为γ射线。1914年,卢瑟福等人证明,γ射线与X射线相似,也是一种电磁波,只是波长比X射线短得多,γ射线也就是光子流。这样,天然射线就是由α、β、γ三种射线组成的。三种射线的穿透能力都很强,其中γ射线的穿透能力最大,不仅能穿透1厘米厚的铅板,而且同时还能照相,并使验电器放电;α射线的穿透能力最小,仅能穿透低于1/50毫米厚的铝片。

关于第二个问题,经研究发现,原来的放射性元素放出射线后,便蜕变成其他元素,其蜕变服从于位移定律,一般变成原子量较小的、稳定的元素。而使元素原子量变小,起

①中国中央马克思恩格斯列宁斯大林著作编译局.1995.列宁选集.第2卷.北京:人民出版社:216

作用的是α、β两种射线，γ射线是电磁辐射，它不影响元素的质量和电荷，因而不影响元素在周期表中的位置。

三、电子的发现

电子的发现也是研究阴极射线的一个结果。它得益于对阴极射线本质的研究。关于阴极射线的本质曾经有两种不同的观点。第一种观点是以赫兹、维纳德为首的以太波派。1892年，他们将放电管的壁上开个薄铝窗，发现阴极射线像阳光一样穿透铝窗，射入空气中，故认为阴极射线是一种以太波。第二种观点是以克鲁克斯和法国的佩兰为代表的微粒说派，克鲁克斯曾用磁铁使阴极射线偏转，预示它是一种粒子流。1895年，佩兰发现，当磁极倒转时，射线就向反向偏转，说明它带有电荷，后来又证明它是从阴极发出的带负电的微粒流。至于微粒是什么，仍有待确定。

1897年，英国物理学家汤姆逊（Thomson，1856～1940）重新设计了克鲁克斯管，令阴极射线在电场和磁场中均发生偏转，证实了阴极射线是带电的微粒子流；并测得了微粒子的速度与它的荷质比 e/m 之间的关系，同时，e/m 与电极材料无关，说明这种粒子是各种物质的共同组成。1898年，又测得了这种粒子的荷质比 e/m 为氢离子的2000倍，但究竟是这种粒子的电荷很大，还是质量很小呢？后来汤姆逊和美国物理学家米利肯（Milliken，1868～1953）等人作了精密的测定和计算，得出了这种粒子的电荷 $e=1.6021\times10^{-19}$ 库仑＝4.803×10^{-10} 绝对静电单位。从汤姆逊所测得的荷质比值 e/m 的数值．可以算出这种粒子的质量 $m=9.11\times10^{-28}$ 克，约为氢原子质量的1/1830。这表明，这种粒子不再是一种假设，而是一种实实在在的物质粒子，它是原子的组成部分，这种粒子就采用了1891年英国物理学家斯通尼（G. J. Stoney，1826～1911）的定名，称为“电子”。可见，电子的发现也是一个国际性的发现，其中具有决定意义的是汤姆逊的工作，为此，汤姆逊获得了1906年诺贝尔物理奖。电子的发现及其性质研究，打开了原子世界的大门，开创了物理学的新时代，为量子力学的创立奠定了理论基础，成为通向这一王国的序曲；同时，也揭开了电的本质，打消了人们对电的神秘感。

四、经典物理学的危机

X射线、元素放射性和电子的发现，使传统的物理学观念受到了挑战，不仅原来的原子不可分学说由于电子的发现而必须摒弃，而且过去认为一种元素不可能转变为另一种元素的观点，也因为现在看到放射性元素在放出某种射线后就逐渐转变成另一种元素的事实而应该予以推翻。它标志着人们对物质结构的认识进入了一个新的层次，经典物理学理论正遭受着巨大的冲击。面对这样一些事实，有些科学家由于受形而上学机械论的影响，认为原子非物质化了。这时，唯心主义也乘虚而入，提出“物质消失了”，“现代物理学危机到来了”。他们还把物理学的这些新发现看成是“原理的普遍毁灭”，这就是所谓的“物理学危机”。面对物理学唯心主义的泛滥，列宁写了《唯物主义和经验批判主义》一书，深刻地分析了物理学危机的实质和根源，批判了物理学唯心主义，并预言电子和原子一样，也是不可穷尽的。

第二节　相对论的创立

一、迈克尔逊-莫雷实验的困惑

牛顿力学和麦克斯韦电磁理论,是经典物理学的最重要内容和基础。但是,这两个学说却在以太①问题上遇到了根本性的困难。第一,按照麦克斯韦的理论,电磁作用(包括光)是靠以太为介质来传递的,以太无所不在。例如,太阳光之所以能传到地球,就是因为在太阳到地球的空间充满着以太;第二,按照牛顿力学的理论,任何机械运动都是相对于一个参考系进行的,如果以太弥漫于整个宇宙空间,它就是一个理想的参考系,各种物体的运动都可以看作是相对以太进行的;第三,从上面两个理论得出结论,处于以太海洋中的地球要绕太阳运行,如果以太是静止的而不能被地球带动,那么,地球就会在以太中以每秒 30 万千米的速度运动,地球上的人会感到有每秒 30 万千米的"以太风"迎面吹来。

人们在日常生活中没有感受到以太风,这是否由于以太风极难觉察,还是根本不存在呢?"以太"这个概念是由笛卡尔从古希腊的哲学中引入科学中来的,用它来代表一种充满宇宙,能够传递力的特殊的无重量的物质。后来惠更斯坦提出光的波动说,以太又作为光的传播介质。麦克斯韦则又将以太作为传播电磁作用的介质。但是以太到底是什么,这一直是一个科学之谜。世纪的物理学家们为了探索以太问题进行了大量的实验和观测。然而,所有这些实验和观测都不能证实以太和以太风的存在。

1876 年至 1887 年间,美国物理学家迈克尔逊(A. A Miche lson,1852~1931)和莫雷(E. W. Monley1838~1923)继续进行了搜索以太风的实验。他们设想,如果地球有相对于以太的运动而以太又是传播光的介质,那么,光沿顺着以太的方向运动到一定距离再沿逆着以太方向运动到原点的时间,必然会大于光垂直于以太运动方向往返同样距离的时间,就好像游泳时顺流逆流各游相等距离的时间必然大于等距离往返对岸的时间。根据这样的设想,迈克尔逊首先用他发明的干涉仪,做了多次精度很高的实验。但是,在实验过程中,尽管不断提高了观测精度,都没有找到以太风或地球与以太的相对运动。迈克尔逊和莫雷以寻找以太为目的的实验得到了否定以太风存在的"负结果",或者说他们从以太说出发的实验得到了无法证实以太存在的"零结果"。但是,他们的工作绝不是徒劳无益的。由于前人的和他们的实验和观测,使经典物理学在理论上遇到的困难变得更加突出:放弃以太说就难以说明电磁波的传播,承认以太说又找不到地球相对于以太的运动。

在新的实验事实面前,人们没有立即放弃以太说的传统观念,还力图用新的说法来维护它。为了既保持静止以太说又能解释迈克尔逊-莫雷实验,爱尔兰物理学家斐兹杰惹(FitzGerald,1853~1928)在 1889 年提出了长度收缩的假说。他认为,如果一个在以太中

---

①以太(aether)一词源自希腊。用以代表组成天体物质的基本元素。1664 年笛卡尔首先把它引入科学,作为传播光的媒质,后来胡克假设了"以太"的存在,并用以解释光学现象。其后,惠更斯进一步发展了以太说,认为荷载光波的媒介物是以太,它应该充满包括真空在内的全部空间,并能渗透到通常的物质中。19 世纪,由于波动说占了绝对优势,以太学说大大发展。牛顿、麦克斯韦都借助于"以太"来完成他们的理论体系

静止的物体其长度为 L_0，当它以速度 v 相对于以太运动时，其长度将缩短到 $L_0\sqrt{1-v_2/c_2}$（式中 c 为光速），这就正好使人们在实验中无法测出物体相对于以太的运动。荷兰物理学家洛伦兹（Hendrik Antoon Lorentz，1853～1928）在 1892 年独立地提出了收缩假说，他取消了以太的力学性质，但却坚持连续的以太是绝对静止的最优参考系。在他看来，物体内部各分子之间有一种力会使物体在运动方向上以 $\sqrt{1-v_2/c_2}$ 的比例收缩，因而，从以太绝对参考系时空坐标转到匀速运动参考系时空坐标时，物理方程要作相应的变换，并提出了一种变换式（洛伦兹变换）。洛伦兹还提到，在运动参考系中有它的"局部时间"。

斐兹杰惹和洛伦兹的假说实际上已论及时空的可变性，走到新时空观的边缘，只是他们没有根本突破以太说的框架，主张有一个处于优越地位的绝对的参考系，这个参考系对于以太是静止的，因而相对于这个参考系运动的物体有绝对的长度收缩。法国科学家彭加勒（Henri Poincaré，1854～1912）比洛伦兹更进了一步，他引进了四维时空观念，发展了洛伦兹变换式。他怀疑以太的真实性，认为物理学定律的方程在进行洛伦兹变换时其形式保持不变，这实际上否定了最优参考系的概念。他还提出，物体的惯性要随其速度而增大，光速是不可逾越的界限，并推测电磁场能量可能具有质量。彭加勒的这些观点已是相对论的雏形，但他却没有自觉意识到必须变革经典物理学的基础，也没有把他的新思想系统化。

19 世纪到 20 世纪之交的物理实验和理论准备表明，建立新的时空理论和物质运动理论的条件已经具备。在这样的条件下，爱因斯坦（Albert Einstein，1879～1955）以自然科学革命家的姿态登上了物理学的论坛，创立了具有划时代意义的相对论学说。

二、狭义相对论的创立

爱因斯坦 1905 年一连发表了 5 篇论文，涉及了三个不同的物理学领域，其中《论动体的电动力学》一文，宣告了相对论的诞生。

爱因斯坦在这篇文章中首先指出：麦克斯韦电动力学应用到运动的物体上时就要引起一些不对称，以及企图证实地球相对于"光媒质"运动的实验的失败，引起了这样一种猜想：绝对静止这概念，不仅在力学中，而且在电动力学中也不符合现象的特征。随之他就提出了两条作为相对论基本假说的原理相对性原理：①相对性原理——凡是对力学方程适用的一切坐标系，对于电动力学和光学定律也一样适用。②光速不变原理——光在空虚空间里总是以一个确定的速度传播，这速度与发射体运动状况无关。由这两个公设出发，就可以建立一个全新的力学体系，而不需要引进一个具有特殊性质的"绝对静止的空间"，"光以太"的假设也是多余的。

爱因斯坦从探讨同时性概念开始，就阐明了同时性的相对性，并由两条基本原理逻辑地导出了洛伦兹变换，使原来只适用于静止坐标系的麦克斯韦方程，在洛伦兹变换下，可以适用于任何惯性坐标系了。除此以外，狭义相对论还导出了一系列新的结论。例如高速运动物体在其运动方向上长度要缩短，高速运动物体的运动时钟要变慢，而其质量则随运动速度的增加而增加，质量乘以光速的平方与能量相当，等等。这就充分表明，相对论意义的质量不再是一成不变的常量，而是随着运动速度变化而变化的变量。质能关系表明,能量变化与相应的质量变化分不开,能量变化引起质量变化。从而揭示了放射性现象中放射线能量来源于放射物质的“质量亏损”。这一发现为原子能的开发利用奠定了理论基础。

狭义相对论给出了全新的时空观念,是对经典时空观念的一场深刻变革。在经典物理学中,时间和空间彼此孤立,互不联系,而相对论则认为时间和空间都是相对的概念,时间尺度的变化必然引起空间尺度的变化,时间量度与空间量度不可分割地联系在一起,洛伦兹变换式为这种关系的转换提供了合适的工具。在洛伦兹变换中,空间变量的关系式中包含了时间变量;同样,时间变量的关系式中也包含了空间变量。时间变量的变化与空间变量的变化不可分割地联系在一起,成为一个密切联系的时空统一体。

为狭义相对论提供坚实数学基础的是爱因斯坦当年在苏黎世工业大学读书时的数学老师、德国数学家闵可夫斯基(Hermann Minkowski,1864~1909),他构建了四维时空几何学,从而不仅使狭义相对论的数学运算大大简化,而且为相对论时空关系提供了直观的表达形式。

爱因斯坦对时空观的变革,具有重大的理论意义。诺贝尔物理学奖获得者劳厄(Max von Laue,1879~1960)说“:自古至今的物理学问题,还没有比得上空间与时间概念对人们产生这样巨大的震动。”①

三、广义相对论及新宇宙观

狭义相对论的建立虽然引起了时空观的重大变革,但它只考虑了惯性参考系,还没有考虑自然定律在非惯性系里也依然适用的问题。爱因斯坦充分认识到了狭义相对论的这一局限性,他明确指出:“物理学的定律必须具有这样的性质,它们对于以无论哪种方式运动着的参考系都是成立的。”②也就是说,自然定律在一切参考系中也都应当是等价的,不存在任何特别的参考系。于是,把相对论从惯性系推广到非惯性系,就成为爱因斯坦接着需要解决的一个重要问题。

经典力学认为物体之间的万有引力相互作用是一种传递速度无限大,也就在瞬间就起作用的直接超距作用,这是与狭义相对论的光速是信号传递极限速度相矛盾的,因此,把引力理论同样也建立在相对论时空观的基础上,就成了爱因斯坦需解决的另一个重要问题。为此,爱因斯坦从1907年起,从事广义相对论的创建工作。

虽然从科学思想发展的逻辑来说,爱因斯坦创立狭义相对论之后,转而开始广义相对论的研究是顺理成章的事,但由于当时的物理学界还很少有人跟得上爱因斯坦思维的步伐,能够理解狭义相对论的人都还是屈指可数,能够想到要开展广义相对论研究的,就只能由爱因斯坦自己独立进行了。但他的思想仍得益于马赫的启发。马赫曾在《力学》一书中推断说,物体的惯性来源于遥远物质的作用,这使他想到“在引力场里,一切物体都以同一加速度下落,或者说——这不过是同一物体的引力事物的另一种讲法——质量同惯性质量在数值上是彼此相等的。这种数值上的相等,暗示着性质上的相同。”③这就

①F 赫尔内克.1979.爱因斯坦传.北京:科学普及出版社:25

②赵中立,许良英著.1979.纪念爱因斯坦译文集.上海:上海科学技术出版社:21

③范岱年等编译.1979.爱因斯坦文集.第1卷.北京:商务印书馆:153

是等效原理。

有了等效原理，还必须解决非惯性系与惯性系的坐标变换问题，才能保证自然定律在广义坐标变换下的等价性，所以还必须把狭义相对性原理推广到广义相对性原理，也就是说任何参考系在表述自然规律时都应当是等价的。广义相对性原理和等效原理构成了广义相对论的两条基本假说。

广义相对论与牛顿理论的本质区别在于用“场”的概念代替了超距作用。因为引力引起的加速度与运动体的固有性质无关，它仅依赖于该处引力场的情况，所以引力场的效果可以用时空的几何结构来描述。广义相对论实质上是一种引力理论，空间引力场的时空特性取决于物质的质量和空间几何分布，也就是说由物质和场决定。物质分布不均必将引起空间弯曲，质量越大，分布越密，空间曲率越大，时间流逝就越慢。引力不过是时空弯曲的“效应”，从牛顿引力理论看来，地球绕太阳公转是由于地球受太阳引力作用的结果，而从广义相对论观点看来则是由于太阳的巨大质量，使太阳周围的空间弯曲，而地球只不过是在这弯曲空间作惯性运动。

广义相对论描述的是弯曲空间，必须寻求新的数学工具来描述。1912 年，爱因斯坦回到母校苏黎世工业大学任理论物理学教授，在留校任教的老同学格罗斯曼教授(M. Grossman，1878～1936)的帮助下，找到了适合的数学工具——黎曼几何和张量分析(一种运用于曲面微分分析的微分几何学)，并于 1913 年两人联合发表了题为《广义相对论纲要和引力论》的重要文章，使爱因斯坦深刻的物理思想得到了完美的数学表达形式。1916 年初，爱因斯坦发表了一篇完整的总结性论文:《广义相对论的基础》，标志着广义相对论的正式诞生。

广义相对论本质上是一种新的引力理论。牛顿引力理论所刻画的仅仅是静止源的引力场，即静态的引力场，而广义相对论所刻画的却是一般的做任意运动的引力源所产生的变化引力场。从这个意义上说，广义相对论是在有引力时对狭义相对论的推广；而狭义相对论则是广义相对论在没有引力时的特殊结果。

广义相对论提出后，爱因斯坦又提出了几个验证它正确性的效应，即水星近日点的进动、光线在引力场中弯曲和光谱线频率的引力红移。

在上述效应得到验证之后，广义相对论得到了学术界承认。广义相对论是现代自然科学最伟大的成就之一。它进一步破除了牛顿的绝对时空观，明确了欧几里得几何学和牛顿引力理论的有限适用范围，开创了崭新的宇宙观。狭义相对论消除了绝对时间、绝对空间和以太绝对参考系，恢复了时间、空间与物质运动之间本来的联系，但是，狭义相对论仅仅适用于不存在引力场的物理过程，自然定律只能保持惯性参考系的变换协变性，不能保持非惯性系变换的广义协变性。这里，各种参考系显然不平等，因而整个宇宙的时空特性不能完整反映出来。广义相对论则认为，时间、空间、物质不仅与运动有关，而且与物质及其分布密切相关，物质分布决定了宇宙的时空特性。这正如爱因斯坦所说:“从前大家相信，要是宇宙间一切物质都消失了，那就留下了空间和时间。但是，根据相对论，物质消失了，时间和空间也就跟着一起消失。”①

爱因斯坦建立相对论的动因在于对宇宙统一和谐的强烈追求，在于对物质世界统一

①F 赫尔内克.1979.爱因斯坦传.北京:科学普及出版社:55

性的哲学信念和科学理想。他一生都在为实现这一伟大目标而奋斗。广义相对论为新的宇宙图景确立了理论基础，爱因斯坦开始在广义相对论的基础上构筑宇宙模型，1917年，他发表了《根据广义相对论对宇宙学所作的考查》一文，从而开创了现代宇宙学的新篇章。

第三节　量子力学的建立

一、黑体辐射问题和量子概念的提出

在19世纪中叶，就有一些物理学家开始关注热辐射问题，由于各种物体辐射能量按波长的分布不仅与物体的温度有关，而且也与物体表面材料的性质有关，为了简化问题的处理，德国物理学家基尔霍夫（G. R. Kirchhoff，1824～1887）提出用绝对黑体（简称黑体）作为研究热辐射的理想化对象。

1893年，德国物理学家维恩（W. Wien，1864～1928）根据实验数据，得出了以他名字命名的维恩位移定律。这个定律表明，随着黑体温度的升高，对应着它所发射的光线的最大亮度的波长将变短，即向光谱的紫色区移动。虽然维恩位移公式所表述的规律在短波部分与实验曲线符合得比较好，在长波部分却低于实验值。

1900年，英国物理学家瑞利（J. Rayleigh，1824～1919）从经典理论推导出一个与维恩公式不同的黑体辐射公式，这个公式的主体部分在长波段与实验吻合较好，但在短波（即紫外线）段却是发散的。瑞利当时为了克服这一缺陷，人为地设置了一个负指数项以消除这个效应。当年10月，普朗克获悉了瑞利的结果，他采用数学上的内插法，从维恩公式和瑞利公式得出了一个新的能量分布公式。这个公式与实验结果符合得非常好。但令人不解的是，这个公式却不能从经典理论中推导出来，即经典的连续能量概念和他的公式是格格不入的，以至于有些人称之为“纯粹是一些不相关的量的偶然结合”的经验公式。

普朗克为了寻求隐藏在这个公式后面的物理意义，进行了艰苦的理论研究工作，提出了量子概念。

但是，普朗克的量子概念在当时并没有引起科学家们的太多注意，直到1905年，英国物理学家金斯（J. H. Jeans，1887～1946）仍然沿着瑞利的思路继续研究，用经典物理学理论严格推导出了一个辐射能量密度分布公式，并去掉了瑞利人为加上去的那个负指数项，得出了一个后来被称为瑞利金斯公式的表达式。这个公式在光谱的长波（红光区）部分与实验很符合，而在短波部分却偏离实验结果，以致在紫外光区域导致发散的结果，即据此求出的能量密度为无限大，这显然是荒唐的，但这个公式的逻辑推导过程又无懈可击。尽管金斯认为这可能是由于所观察到的黑体辐射不是平衡辐射所致，但这个结果毕竟开始引起了一些物理学家对经典物理学理论解决黑体辐射问题能力的怀疑，后来这一结果被称为经典物理学的“紫外灾难”。

普朗克虽然提出了量子概念，但他自己开始并没有认识到这个概念深远的革命意义；只是把它当成是一个不得已而为之的“形式上的假说”，不仅未能在此基础上继续深入研究，取得更多的成果，反而花了十多年的时间试图把量子概念重新纳入经典物理学

的轨道。直到1915年,由于量子概念支持了熵的统计概念的确定性和热力学第三定律,他才放弃了这种徒劳无功的努力。

二、爱因斯坦光的量子理论

1888年,德国物理学家赫兹发现,当紫外光照射到两个相对的电极上时,电极之间容易产生放电现象,他称这种由于紫外光照射促使金属表面放电的现象为“光电效应”。后来又经过其他一些科学家的进一步研究,发现光电效应具有如下一些经典物理学难以解释的性质:

(1) 经典物理学认为,光的能量与光波振幅,即光的强度成正比,如光的能量转化为光电子的能量,那么光电子动能应与光强成正比,但实际上,光强增加只与光电流强度成正比,即增加光电子数,却不增加光电子动能。

(2) 经典物理学认为光的频率(或波长)并不是一个标示能量的物理量,但在光电效应中,光电子动能与入射光的频率有关,而且不同的金属具有不同的截止频率,即只有当超过一定频率的光照射金属表面时,金属中才有光电子逸出并形成光电流。

(3) 经典物理学认为,物体能量的积聚过程需要一定的时间,但光电效应的产生却没有这个过程,光的入射和光电子的发射同时产生。

正当物理学家们百思不得其解的时候,当时还是瑞士伯尔尼专利局三级技术员的爱因斯坦(A. Einstein,1879~1955)却于1905年在德国权威的物理学杂志《物理学年鉴》上发表了一篇题为《关于光的产生和转化的一个启发性观点》的论文,全文共分九个部分,其中一个部分涉及光电效应问题。他在这篇论文中成功地运用普朗克的量子概念解决了包括光电效应在内的一系列光的产生与转化问题;而且首次提出了光既有波动性,又有粒子性的观点。

爱因斯坦认为,光的能量并不是连续分布的,而是由一些能量子(即光量子)所组成。当一个光量子与电子相碰撞时,会把它的全部能量转化为电子的动能,而只有当电子所获得的动能大于它所在金属原子束缚它的能量时,它才能以一定动能离开金属表面,形成光电子。

爱因斯坦的假说很好地解释了光电效应现象。由于入射光的能量与频率成正比,所以频率越高,光电子的初动能就越大。增加光强而不提高光的频率,意味着增加了光子的数目,但并没有提高单个光子的能量,因而也就只能增加激发出的光电子数目,而并不能加大单个电子的初动能。当入射光的频率小于截止频率时,入射光的能量不够,所以没有光电子释放出来。这时,不管光照多么强,即光子的数目多大,每个光子都没有足够的能量激发出光电子。

爱因斯坦提出光量子理论以后,量子理论引起了越来越多物理学家的重视,并得到了广泛的传播。不仅有许多欧洲一流的物理学家和化学家转而接受量子概念,而且还吸引了大批年轻的科学工作者投身于解开量子之谜和把量子理论应用到更多领域的研究,玻尔就用量子理论解决了卢瑟福模型的困难。从普朗克的量子假说到玻尔的原子结构理论,量子概念已经从一个仅仅说明与辐射问题有关的形式上的假说,发展成为说明微观现象本质的必不可少的概念。因此,玻尔原子结构理论的建立,在量子论发展史上具有里程碑的重要意义。

三、量子力学的建立

爱因斯坦的光量子理论不仅启发玻尔建立了原子结构模型，其中有关光的波粒二象性的思想也启发了一位年轻的法国物理学博士路易斯·德布罗意（L. de Broglie，1892～1987）。德布罗意设想，既然康普顿证明了过去认为是波的辐射具有粒子性，那么，从自然界的对称性出发，实体的物质也可能具有波动性。而且，如果把电子也看作波，就可以用电子在原子中形成的驻波来解释玻尔的量子化条件。由于驻波的能量与时间无关，这就保证了原子的稳定，而不必把量子化条件看成是一个外在的假设，也就是说，我们可以从电子是波这种自身的性质推出量子化条件，从而避免了把电子当成经典粒子与量子化条件的矛盾。

德布罗意的工作不仅把过去认为是根本对立的波动性和粒子性协调地贯穿在一切微观物理现象之中，揭示了物质的一个根本属性，而且，从理论上来说，他的工作的重要意义还在于揭示了狭义相对论和量子论在本质上的深刻联系。他自己也一直认为："没有相对论思想，特别是没有相对论加速度原理和相应的动力学，光量子的特点是无法理解的，只有在相对论物理学中光子才能找到一席之地。"①

德布罗意的工作为量子论的进一步发展开辟了一条崭新的道路，但对物质波的解释，尤其是如何说明微观世界普遍存在的波粒二象性的特征，德布罗意却遇到了许多困难。他起先想象一个物质波伴随一个粒子，仿佛是粒子的导波，但这无法解释衍射现象中二者的关系。他又采用波包的概念，但这又与粒子的稳定性相矛盾。总之，德布罗意将波和粒子这两个互不相容的概念机械地结合在单一的形象中的尝试没有获得成功。这就迫切需要从根本上建立一个完全抛弃经典观点的新理论。这个问题的研究开始是沿着两条完全不同的路线进行的：矩阵力学和波动力学。

矩阵力学和波动力学不仅在数学形式上不同，而且二者所描述的物理图景的出发点也不一致，矩阵力学从微观世界的粒子图景出发，波动力学则认为微观世界都是波；同时如何协调二者之间的关系也是一个重要的问题。1926 年，薛定锷（ErwinSchrodinger，1887～1961）从数学上证明了矩阵力学与波动力学是等价的，其实质应当一致。随着玻恩（Max Born 1882～1970）提出对波函数的统计解释，海森堡（Werner Heisenberg，1901～1976）等人也接受了波动力学。后来，狄拉克（Paul Adrie Maurice Dirac，1902～1984）又进一步提出了普遍变换理论，认为可以通过数学变换来达到矩阵力学和波动力学间的相互转换，二者实际上只不过是一个统一的量子理论的不同表述形式而已。这才终于使二者殊途同归。

为了给量子力学的统计解释找到更为基本的物理诠释，海森堡和玻尔等人又做了更进一步的工作。1927 年 3 月，海森堡发表了《关于量子论的运动学和力学的直觉内容》一文，从薛定锷方程出发，推导出了著名的测不准关系，或称不确定性关系，即微观粒子位置的测量误差和它动量的测量误差的乘积大于或等于普朗克常数的一半。它表明微观客体的位置和动量不能同时精确地测量。同时，能量和时间也存在类似的关系。

测不准关系是微观世界特有的基本关系，它说明了用经典力学来描述微观粒子的局限性，指出了经典力学的适用范围，划出了经典力学与量子力学的界限。只有当测量对

①1984.科学史译丛.1984(2)，(总第 15 期).中国科学院自然科学史研究所：80

象大到一定程度时,我们才可以同时精确测量物体的位置和动量,否则由于测量仪器对被测量对象的不可避免的干扰,必然会改变微观客体的原有状态,测量对象不再与测量过程无关,而是与观测本身密切相关。正是由于测量过程中测量仪器对测量对象的干扰,使我们无法通过精确测量严格确定微观事件本身,只能描述事件的几率。

玻尔则试图从哲学上揭示微观客体波粒二象性的本质,提出了著名的“互补原理”(或称为“并协原理”)。他认为,波动和粒子是描述两种宏观现象的经典概念,二者在宏观上不能相容,是相互矛盾的,但任何一个单独的概念又都不足以完整地描述同一个微观现象,必须将这两种概念的描述结合在一起才能勾画出所描述微观现象的统一图景,即二者互相排斥,但又互相补充。后来,玻尔又进一步论证了互补原理和测不准关系之间的关系,认为测不准关系指出了理解自然界中除波粒二象性以外的其他二重性的道路,它给出了同时应用诸如位置与动量、时间与能量等一些共轭变量的两种描述而不致陷入矛盾的数学表达,这些共轭变量也是互补的。测不准关系和互补原理都表明,在微观事件中,严格的因果决定论是不成立的。这就为量子力学非决定论的统计解释提供了依据。

玻尔的互补原理不仅是玻尔对量子力学基础的一种解释,而且也是玻尔的哲学思想。他认为互补原理是一个普遍的认识论原理,不仅适用于对微观世界的认识,也适用于我们对生命本质,对人类文化、艺术、社会关系,乃至对思维自身的研究。“包含在原子物理学发展中的认识论教益,使我们想到远远超出物理科学的经验描述和理解方面,也有同样的情况,而且,这种教益也使我们可以找到一些共同的特点以促进知识的统一。”① 玻尔提出互补原理不仅表达了科学家在研究科学前沿问题时对哲学的重视和哲学对科学的引导、诠释的作用,而且互补原理本身也确实对人们探讨科学问题有一定的启发作用,体现了辩证法的思想。

第四节 原子核物理学的形成

原子核物理学是研究原子核的组成结构、变化规律及其内部结合力的一个物理学分支学科。原子核物理学的实验研究方法一般是用能量足够大的“炮弹”轰击原子核,变革原子核,从而深入到原子核的内部,去研究它的结构、性质和变化规律。人们最初是用“粒子作炮弹,后来发明了加速器,人们又改用人工加速后的粒子去轰击它。借助于这些实验手段,人们逐步揭开了原子核的奥秘。

一、原子核人工嬗变的实现

对原子核结构的认识是从实验研究开始的。1899 年卢瑟福(Ernest Rutherford, 1871~1937)用强磁场使铀的射线发生偏转,从而发现了 α 射线和 β 射线。1900 年法国化学家维拉德(Villard,1860~1934)又发现了 γ 射线。进一步研究表明,α 射线是由带正电荷的氦核组成的,β 射线是带负电荷的电子流,γ 射线是由光子组成的微粒流。实验还表明,α、β、γ 这三种射线都是从原子核内部发射出来的。这说明原子核必然具有自己的

①玻尔.1978.原子物理学和人类知识.北京:商务印书馆:83

内部结构。

1919 年卢瑟福和他的助手们用镭放射出来的 α 粒子轰击氮原子核。实验表明:氮原子核受 α 粒子轰击后衰变为氧,同时放出质子。卢瑟福的这个实验可用下列核反应式表示:

$$^{14}_{7}N+^{4}_{7}H \longrightarrow ^{17}_{8}O+^{1}_{1}H$$

(代表原子核的符号中,左下角的数字表示原子序数,左上角的数字表示质量数。)这是人类历史上第一次实现原子核的人工转变,也就是元素的人工嬗变,从而使古代炼金术士们梦寐以求的把一种元素变成另一种元素的空想变成了现实。

二、中子的发现

卢瑟福 1920 年提出了一种猜想,认为原子核内可能存在一种质量同质子相近的中性粒子。后来,卢瑟福的学生和助手,英国物理学家查德威克(James Chadwick,1891～1974)终于在实验中发现了这种其质量同质子相当的中性粒子,并把它命名为“中子”。这一发现于 1932 年 2 月 17 日正式发表。中子的发现为核物理学开辟了一个新纪元。就在 1932 年,海森伯(Werner Karl Heisenberg 1907～1976)和苏联物理学家伊凡宁柯(Dimitri Iwanenko,1904～1994)各自独立地提出了原子核由质子(即氢原子核)和中子组成的核结构模型。按着这个模型,各元素的原子序数 z 就是该元素原子核中的质子数(核电荷数),而质量数 A 就是质子数与中子数之和。中子-质子核模型提出后,立即被普遍接受。当然,要完全了解这个模型,还必须进一步研究质子与质子,质子与中子,中子与中子三种相互关系,并由此推导出原子核的全部性质。这一课题迄今只取得部分成果。

由于中子不带电,不受静电作用的影响,因此,中子立即被用来作为轰击原子核的理想“炮弹”。中子成为打开原子核奥秘的“钥匙”。

三、中微子的发现

1914 年查德威克实验发现 α 粒子的能谱是分立的,β 粒子的能谱是连续分布的。这就产生了 β 衰变中如何满足能量守恒定律的严重问题。据此,玻尔提出能量守恒定律对于 β 衰变可能不适用的看法。泡利(Wolfgang E. Pauli,1900～1958)于 1931 年设想:当发射性物质发生 β 衰变时,同时放出一种质量极小的中性粒子。1933 年泡利完整地提出了 β 衰变时放出中微子的假说。他认为,β 衰变能有一定的量值,这部分能量分别被 β 粒子(或电子)、中微子和剩下的原子按所分占。后来又发现中微子和光子一样,是一种静止质量为零的粒子。1934 年意大利物理学家费米(Enrico Fermi,1901～1954)建立了第一个定量的中微子理论。他认为,β 衰变的本质在于原子核中的一个中子转变为一个质子,而中子和质子可以看作是同一个核子的两个不同的量子状态,它们之间的相互转变,相当于核子从一个量子状态跃迁到另一个量子状态,在跃迁过程中,放出电子和中微子。核物理学的进一步发展表明,不仅中子可以转变为质子放出电子和反中微子,而且当质子转变为中子时则放出一个正电子和中微子。1956 年美国的莱因斯(Reines,Frederich,1918～)和科恩(P. Choen,1919～)实验证实了反中微子的存在。同年,美国的戴维斯

(Raymond Davis Jr. ,1914~)从实验中探测到了中微子。1965 年人们又探测到了来自宇宙太空中的中微子。中微子的发现证实能量、动量和角动员守恒定律在微观领域仍然成立。

第五节　粒子物理学的形成

19 世纪末之前,人们一直认为原于是组成物质的最小单位,原子不能再分。随着电子和元素放射性的发现,人们认识到原子还有更深的层次,还可再分。质子和中子的发现,人们又知道了原子核的组成,1930 年,人们认识到的粒子只有电子、质子、中子和光子,尚未发现其他粒子。故把这 4 种粒子称为“基本粒子”,意思是不能再分了。随着实验手段的提高,人们很快发现基本粒子不基本,而是层出不穷,到目前为止,已发现了 300 种以上。研究它们的性质及运动转化的规律,便成为现代物理学的一个重大课题、从 40 年代起已发展成为一门独立的学科,即基本粒子物理学,又称高能物理。

一、基本粒子大家族成员的发现

除电子、质子、中子、光子外,其他 300 多种粒子的发现大体经历了三个阶段。

第一阶段是正电子、反质子、反中子、反西格玛负超子、中微子和介子的发现。这些粒子的发现,最初都是理论上先预言,而后被实验证实的。1931 年 9 月狄拉克(Paul Adrien MauriceDirac,1902~1984)根据负能态“空穴”理论提出,应该有一个质量与电子相同的未知粒子——“反电子”存在。1932 年 8 月,美国物理学家安德森(P. W. Anderson, 1905~1991)利用云室拍摄宇宙线照片时,发现了这种反电子,因为它的电荷与电子相反,故命名为正电子,正电子的发现是大量基本粒子发现的开始,它显示了物质的一种基本特性——对称性。1955 年,美籍意大利物理学家塞格雷(Emilio Gino Segrè,1905~1989)和他从前的学生、美国物理学家钱伯林(O. Chamberlain,1920~)利用高能加速器发现了反质子和反中子。1959 年,我国物理学家王淦昌(1907~1998)等人发现了反西格玛负超子,这些都为狄拉克的反物质存在的预言提供了有力的证据。20 世纪 90 年代以来,科学家们正在向创造“反物质”世界挑战,试图用人工方法产生反粒子。下一步的工作是把反粒子结合成反物质。

理论上预言的第二个新粒子是中微子(参见本章第四节)。

理论上预言的第三个基本粒子是介子,它是由日本物理学家汤川秀树(Yukawa Hideki,1907~1981)于 1934 年 11 月提出介子场理论时的一个预言。人们知道,原子核一般很稳定,这表明质子和中子结合得很紧,是什么力量把它们结合在一起呢?汤川认为这种结合力就是核力。那么又是什么东西传递这种核力的呢?他把核力场同电磁场进行类比。因为电磁作用的媒介粒子是光子,即电磁相互作用是由于它们之间交换光子引起的。汤川由此推断,传递核力的媒介粒子是介于电子和质子之间,质量大约是电子质量 200 倍的介子,它可以带正电或负电,也可以是中性的。1947 年,英国物理学家鲍威尔(C. F. Powell,1903~1969)等人利用照相乳胶技术在宇宙射线中找到了这种介子,被称为 p 介子。

第二阶段是奇异粒子的发现。20 世纪 50 年代前后,人们相继发现了许多新粒子,可分为两组。一组是比质子、中子重的兰姆达超子、西格玛超子以及克西超子；另一组是比p介子重的K介子及其反粒子。这些粒子都有一种奇特的性质：都产生得快（10^{-23}秒），衰变得慢（10^{-10}秒），这表明它们在产生过程中起作用的是类似核力的强相互作用，而在衰变过程中则受支配于β衰变时出现的那种弱相互作用，两者相差10^{13}倍。这种现象令人费解，故称为奇异粒子。

第三阶段是共振态粒子的发现。20世纪50年代后，人们用回旋加速器研究基本粒子。1951年，费米等人用回旋加速器产生的p介子去轰击质子时发现，随着p介子动能的变化，碰撞截面出现类似共振现象的峰值，这表明质子吸收了p介子形成了暂时的“共振态”。共振态粒子除了寿命极短（10^{-24}秒～10^{-23}秒），速度接近光速外，其他性质与已知的粒子类似。这么短的寿命很难直接测出，人们把这种共振态粒子称为第三代粒子。现已发现的共振态粒子达300多种，成为基本粒子的主要组成部分。

二、基本粒子性质研究

（一）关于四种作用力的统一问题

基本粒子的“生生死死”，表明它们之间存在着不同的相互作用。所谓相互作用，通俗点说就是“力”。自然界的力有四种：引力、电磁力、强力和弱力。这几种力都对基本粒子的产生和运动行为发生影响，但是由于基本粒子的质量极小，因而引力可以忽略不计。电磁力是指在宏观世界又在微观世界起作用的力，属于长程力，凡是带有电荷或磁矩的基本粒子，都有吸收或放出光子的电磁相互作用。强力是汤川秀树在研究核子的结合力时率先提出的，后来发现许多基本粒子都参与这种相互作用。它是一种短程力，其作用范围为10^{-15}米，而它的强度却很大，相当于电磁力的100倍。弱力最初是由费米在β衰变理论中提出来的，是使中子放出电子和中微子后转变成质子的那种作用。它是一种更短的短程力，作用范围只有10^{-17}米，强度很弱，只有强相互作用的10^{13}分之一，它不能把任何粒子束缚成一个稳定系统。这四种作用力之间的强度比是：

$$强：电：弱：引=1：10^{-2}：10^{-14}：10^{-40}$$

传递四种相互作用的媒介，依次是π介子、光子、“中间矢量玻色子”。这三种媒介已分别于1983年1月和4月得到实验证实。从理论上推论：对应于引力相互作用的媒介，应当有“引力子”。

科学家们对这四种作用之间的共同起源、共同本质也进行了探讨。早在20世纪初，爱因斯坦就致力于在理论上统一电磁场与引力场的工作，但无结果。1958年海森堡（Werner Heisenberg，1901～1976）又试图把强、弱、电磁三种作用力统一起来，提出了规范场论，但也无结果。1967年，美国科学家温伯格（Steven Weinberg，1933～），1968年巴基斯坦科学家萨拉姆（Salam Abdus，1926～1997）分别提出了弱、电磁相互作用统一的理论，称为“W-S模型”。在这个模型中，有四种作用量子，即W^+、W^-、Z0（电中性）和ν（电中性）。说明这两种相互作用是统一的，揭示了它们之间的内在联系，并得到了实验的支持，为把四种力统一起来指明了光辉前景。致力于四种力的统一是国际物理学界一大课题，我们期待着这个大统一理论最终能得到判决性实验检验。

（二）关于宇称不守恒的发现

“宇称”是反映空间对称性的一个物理量，是从空间左右对称概念推广而来的。镜像对称是多种对称关系中的一种，假如物体运动的规律和它在镜子中的像的运动规律一样，便称这些规律具有空间对称性。长期以来人们认为、微观粒子体系的运动规律也具有左右对称性，即微观粒子体系在发生某种变化过程（如核反应，基本粒子的产生和衰变）前的总宇称=变化后的总宇称（或为+1，或为-1），也就是说粒子体系和它的“镜像粒子”体系的运动都遵循同样的变化规律，称为宇称守恒定律。实验表明，在强相互作用下，能量、动量、电荷、重子数和奇异数都守恒，所以人们对这一定律公认无疑。但是，1953年，英国物理学家达里茨却发现一种反常规象：τ介子和θ介子的质量、寿命、电荷、自旋等均相同，但衰变方式不同，τ介子衰变成3个π介子，θ介子衰变成2个π介子，τ的总宇称为-1，θ的总宇称为+1，二者的宇称相反，τ和θ究竟是一种粒子还是两种粒子呢？这便是所谓的“τ-θ之谜”。1956年，美籍华裔物理学家李政道（1926～）和杨振宁（1922～）首先从理论上指出τ、θ是一种粒子，只有在弱相互作用领域其宇称不守恒，即τ、θ是一种粒子，只是不对称而已。这个假说是否正确、需要实验检验。1957年美籍华裔实验物理学家吴健雄（1915～）小组用钴-60做实验，把钴-60冷却到0.01K，令钴-60核的热运动停止，排除常温下自旋方向杂乱无章现象，从而观察β衰变（放出电子）中空间不对称的情况。这一设计果然显示出同一种粒子上下不对称的情况，确认τ、θ是一种粒子，即K^0介子。李-杨的假说得到了证实，从此宇称不守恒作为一条定律被承认下来。李政道和杨振宁由此获得了1957年的诺贝尔物理学奖。

三、强子内部结构的探索

强子是指直接参与强相互作用的粒子，它们在已发现的基本粒子中占95%，常见的强子是质子和中子。物理学家们从原子和原子核部有内部结构这一事实中联想到强子也可能有内部结构，也就是说，强子可能是由更深层次的粒子组成的。20世纪50至60年代，人们通过实验已经取得了强子有内部结构的间接证据。

1956年，美国斯坦福大学的波福斯等人用高能电子轰击质子时，发现电子被散射，表明质子的电荷不是集中在一个点上，而是分布在10万亿分之一厘米的范围内；实验还测出中子的磁矩也有一定范围，这说明质子和中子都不是没有内部结构的点粒子。20世纪60年代末、70年代初，人们在高能电子和高能中微子与质子的深度非弹性散射实验中，又显示出质子内部有很硬的、半径很小的散射中心，其自旋角动量为h/2，称为“部分子”。所有这些都说明强子内部有更基本的东西。这个基本的东西是什么？科学家们作了不少假定性的说明，其中比较有价值的是坂田昌一的复合模型、盖尔曼的夸克模型和我国科学家的层子模型。

1955年，日本名古屋大学物理学教授坂田昌一（Sakata Shyoichi，1911～1970）提出了参与强相互作用粒子的复合模型。这个模型认为，所有强子都由三种基本粒子即质子（p）、中子（n）、Λ超子和它们的反粒子组成的。它在解释介子的性质，介于和重子的一些弱作用衰变方面获得了成功，并预言了中性介子π^0的存在，后来发现的η介子与π^0介子符合得很好，一组介子共振态的性质也与坂田预言的相似。但是他把p、n、Λ看作比重子、介子更基本的粒子,在系统地解释重子的性质方面遇到了困难;同时他也预言了一些不存在的粒子,所以这个模型是不完善的。但是他却突破了基本粒子不可分的陈旧观念,认为基本粒子不基本,还有更深层次,这一思想对推动粒子物理的发展起了积极作用。

1964 年,美国物理学家盖尔曼(Murray Gell-Man,1929~1972)根据自旋为 h/2 的重子排列图形的对称性,认为 p、n、Λ 不应当比其他重子更基本,修正了坂田的模型,用 u、d、s 三种夸克取代 p、n、Λ。认为所有的强子都是由 u、d、s 及它们的反粒子组成的。夸克的自旋为 h/2,分别带有于(2/3)e、-(1/3)e、-(1/3)e 的分数电荷,s 带有奇异量子数。这个模型能解释介子和重子的性质,并预言了-Ω(反欧米伽)超子的存在,后被证实。因此盖尔曼获得了 1969 年的诺贝尔物理学奖。但是盖尔曼并不承认夸克是更深层次的粒子,只是把它们看作是一些数学符号。

1965~1966 年,我国物理学家根据对称性的产生和破坏等理论及实验分析,认为强子内部有更深的层次,即强子是由更基本的粒子组成的,钱三强把它命名为“层子”。这个模型能很好地解释强子的弱相互作用和电磁相互作用,也能解释强子的其他一些实验事实,它与夸克模型一样,得到了国际物理学界的公认。

盖尔曼模型在 20 世纪 70 年代后又有发展。1970 年,美国科学家格拉肖(Glashow, Sheldon Lee,1932~)又提出存在第 4 种夸克的设想,把它命名为粲夸克,带有粲数 c,质量比质子质量大。1974 年美籍华裔物理学家丁肇中(1936~)等人在美国布鲁海文实验室发现了 J 粒子,与此同时美国物理学家希特(B. Richter,1931~)也发现了同一粒子,命名为 ψ,合并命名为 J/ψ 粒子,它是共振态粒子,质量是质子质量的 3.3 倍,寿命比一般衰变介子长 1000 倍,是一种新的介子。对于 J/ψ 粒子的最好解释是:它是由粲夸克(c)及其反粒子(-c)组成的,因为粲夸克的质量大,使它分裂的能量也大、故寿命也长。后来相继发现了由 1 个粲夸克及其反夸克组成的介子 D^+、D^-、D^0、F^+、F^-、$-D^*$、F^{*-}以及重子 Ae^+,支持了粲夸克的存在。1977 年费米实验室的莱德曼(L. M. Lederman,1922~)又发现了一种新的重介子 γ(宇普西隆),其质量比质子质量大 10 倍,于是人们又猜想,γ 是由被称为底夸克的第 5 种夸克 b 和反夸克 b^-组成的。接着人们在寻找轻子和夸克的共同特性时,又发现了它们之间存在一一对应关系,由此推测与轻子对应的应当有第 6 种夸克,即顶夸克 t 的存在。各种夸克各带有不同的量子数,为了形象起见,人们把 u、d、s、c、b、t 称为“味夸克”。为了解释实验事实,又把“味”夸克分为红、黄、蓝三种颜色。“味”和“色’都是不同量子状态的形象表示。这样,盖尔曼模型就发展为强子是由 6 味夸克和反夸克(即上夸克 u、-u;下夸克 d、-d;奇异夸克 s、-s;粲夸克 c、-c、底夸克 b、-b;顶夸克 t、-t)组成的标准模型。但是人们在寻找顶夸克的迹象时苦苦经历了 20 多年才终于发现。据报道,1994 年 4 月费米实验室发现了顶夸克。报道说:顶夸克是标准模型理论中 12 个亚原子(即夸克)粒子之一,这些粒子有 11 种已被发现,但是顶夸克在长达 20 年间没有被科学家们捕捉到,它的发现是物理学史上的一次重大突破。如果没有顶夸克,标准模型就会垮掉。这次发现是加速器把粒子加速到差不多和光速一样的速度,令它们彼此相撞,分裂成最小的成分而实现的。

夸克存在的证据已确凿无疑,下一步的工作是寻找自由夸克。由于夸克是以束缚态存在,因此,必须用无穷大的能量去轰击粒子时才能得到自由夸克。人们认为,随着加速器能量数量级的增大,击出自由夸克不是不可能的,那时“夸克禁闭”将成为历史。

夸克是否还可再分,即它是否还有更深的内部结构,这正是科学家们进一步研究的课题,工作正在进行之中。人们对微观世界的认识是无止境的。

第六节 凝聚态物理学的形成和发展

物质通常有三种形态:固态、液态和气态,固态和液态又统称为凝聚态。凝聚念物理学是由固体物理学发展而来的。随着固体物理学研究领域的不断深入和扩大,从晶体到非晶体、液晶、奇异流体……固体物理学的名称已不能全部概括之,因而扩展为凝聚态物理学。

凝聚态物理学研究凝聚态物质的微观结构、微观运动、物理性质及其相互关系。它是现代物理学中最庞大的一个部分,有许多分支。下面概括介绍其中的固体物理、半导体物理、磁学和超导体的研究情况。

一、固体物理学的发展

对固体的研究很早就开始了,但早期局限于宏观描述,真正成为一门科学是在二十世纪之后。1900 年,德国的特鲁德(P. Dride,1863~1906)提出经典自由电子论,认为在金属中存在着大量自由电子,它们在外电场作用下定向运动而形成电流,自由电子间的碰撞产生电阻,建立了金属导电的微观模型。1912 年,德国的劳厄(M. von Laue,1879~1960)发现晶体的 X 射线衍射,为研究固体微观性质提供了一个非常重要的方法。次年他又与英国的布拉格(W. Bragg)一起研制出 X 射线衍射仪,并从实验上证明了晶体中原子排列的周期性和对称性。这个重要进展是固体物理学的开端。

固体物理学的理论基础是在量子力学建立后才奠定的。1905 年,爱因斯坦首先把量子概念应用于晶格振动来解释固体的比热。1928 年,德国的索末菲(A. Smmerfeld,1868~1951)改造了特鲁德的经典电子论,创立了金属导电的量子理论。同年美籍瑞士人布洛赫(F. Eeoch,1901~1983)建立了能带理论。我们知道,原子中的能量是象阶梯那样一级一级地变化的。称之为能级。晶体中的原子能级不同于孤立原子的能级,它由许多个彼此相隔很近的子能级组成,人们称这种几乎连成一片的能级为能带。能带理论为固体提供了一个普适的微观结构模型。从此人们对固体的认识由宏观到微观,由定性到定量有了一个飞跃。

1931 年,英国的威尔逊(H. Wilson,1874~1964)依据能带理论解释了导体、绝缘体、半导体的微观区别。在通常情况下,电子总是先占据能量较低的能带。完全被电子占据的能带称为“满带”,满带中的电子不能导电;高于满带的未被电子填满的能带称为“导带”,导带中的电子能够导电;两能带间的中间狭小区域称为“禁带”,电子不可能具有这种能量。绝缘体中的满带全部被电子占据,导带中没有电子,因此不能导电。若满带未被电子填满,或有处于导带中的电子,这时外加一个电场就能使电子作定向运动而形成电流,这就成了导体。半导体内的电子在能带上的分布与绝缘体相似,然而它的禁带宽度比绝缘体窄,热运动有可能使一部分能量较高的电子跃迁到导带中去而产生微弱的导电性。

第二次世界大战后固体物理学进入了一个新的发展阶段，更深入地分析了固体内部的微观过程，掌握其结构及变化规律。现代科学理论的进步，工艺技术的提高，实验条件的改善，以及实际应用的迫切需要，都是战后固体物理学大发展的重要原因。固体物理开初主要研究晶体，即由原子规则排列而成的固体。近年来，由于社会对新材料的需要，研究集中于固体的表面和原子无规则的排列形态，开创了表面物理和非晶态物理，这对于改善和稳定电子器件性能、降低成本、开发新元件都有很大的理论指导意义。目前固体物理学正沿着宏观研究与微观探索结合，物性考察与结构分析统一的道路前进。

二、半导体物理学的兴起

半导体物理学的飞跃发展是从20世纪40年代晶体管的发明开始的，能带理论在半导体的理论建立上起了重要的作用。

电子真空管是20世纪前半叶电子技术的基础，但随着电子技术的发展，电子管逐渐暴露了在寿命、体积、功耗等方面的缺陷。半导体的发现给人们带来了新的曙光。根据能带理论的基本思想，1947年底美国贝尔电话试验室的肖克利小组发明了第一只晶体管，其后又提出了PN结的整流理论。人们发现，高纯度半导体的导电性能一般很差，但掺入某种杂质后，可以大大提高导电性能。因为半导体材料多数是4价元素，如锗、硅等。当掺入5价元素磷后，磷的4个价电子和相邻的4个硅原子组成了共价键，还多出一个电子，这个电子就成了自由电子。我们称这种电子导电的半导体为N型半导体。相反，若掺入3价元素硼后，则缺少一个电子，出现了空穴，这个空穴很容易被附近的电子占据而出现新的空穴，空穴的移动也就形成了电流。这种以空穴导电的半导体称为P型半导体。PN结就是一块P型半导体和一块N型半导体结合在一起形成的，根据PN结原理可制成二极管。PN结具有单向导电性，因而有整流、检波、开关等作用。两个PN结可以构成具有电流放大作用的晶体三极管。二极管、晶体管以及电阻、电容这些基本元件构成了当今形形色色的电子设备。

在半导体技术的发展中，小型化是非常突出的特征。小型化并不是简单地缩小尺寸，把大量元件叠加堆积，而是在解决一系列理论和实际科学问题中取得的。1957年美国的基尔比(Jack Kilby,1923~2005)发明集成电路，使半导体器件进入集成化时期。集成电路就是将二极管、晶体管、电阻、电容及电路都制作在同一块硅片(通常面积不超过1平方厘米)上，20世纪60年代出现了在一块硅片上包含几十个晶体管的小规模集成电路，20世纪70年代集成度大大提高，发展了包含几千个、几万个的大规模集成电路。现正朝着超大规模集成电路发展。

集成电路的集成度从小规模到大规模、再到超大规模的迅速发展，关键就在于集成电路的布图设计水平的迅速提高，集成电路的布图设计由此而日益复杂而精密。中国的集成电路产业起步于20世纪60年代中期，现在已经初具规模，形成了产品设计、芯片制造、电路封装共同发展的态势。

集成化使电子器件的成本大大降低，展望未来，小型化仍然是半导体技术的重要发展力向。

三、磁学的进展

磁学(magnetism),又称为铁磁学(ferromagnetism),是现代物理学的一个重要分支。现代磁学是研究磁,磁场,磁材料,磁效应,磁现象及其实际应用的一门学科。

20世纪20年代以前,物质磁性的研究处于唯象阶段。1846年法拉第发现抗磁性。1905年法国物理家郎之万发现顺磁性。1907年法国物理学家外斯(Weiss,Pierre,1865~1940年)提出磁畴概念,用以解释铁磁性。1928年海森伯把量子力学引进外斯的铁磁理论,解释了磁性的起源。法国科学家奈耳(Louis Eugène Félix Néel,1904~2000)于1932年发现了反磁性,1948年他又发现了亚铁磁性。美国物理学家安德森(Carl David Anderson,1923~)等人发展了磁相互作用的超交换理论,对固体磁学作出了很大贡献。20世纪70年代后,又发现了非晶态磁性材料。

四、超导体物理学的发展

早在19世纪人们就认识到,金属的电阻率随温度的下降而减小,由此开展了低温下物质导电性的研究。1911年,荷兰的卡曼林-昂内斯(Heike Kamerlingh Onnes,1853~1926)首次发现:当温度低于液氦温度4.2K,水银的电阻突然趋于零。随后人们又发现了其他一些金属和合金在超低温下电阻趋于零的现象。这种电阻完全消失的现象称为超导现象,具有超导性能的物质就称为超导体。

超导体有两个显著的特征:一是完全导电性。由于没有电阻,电流可以无阻碍地在超导环中流动,一根很细的线就能通过很大的电流而不会发热,几乎不消耗能量。二是完全抗磁性。一块磁铁放在超导体上面会向上浮起,这是因为磁力线无法穿越超导体,磁场变形而产生了浮力。这是荷兰的迈斯纳(W. Meissner,1891~1959)于1933年发现的,因而也称为迈期纳效应。

超导体发现后,许多科学家试图从微观上解释超导奥秘,并进行了一系列艰苦的探索。1957年,理论研究取得了突破,美国的巴丁(John Bardeen,1908~1991)、库柏(Leon N. Cooper,1930~)和施里弗(Schrieffer,John Robert,1931~)创立了超导的微观理论,称为BCS理论(用三人姓氏的头一个字母组成)。BCS理论成功地解释了超导现象。继BCS理论后,超导理论研究又取得了一些重要成果。

超导性有广阔的应用前景。首先电工技术将引起一场革命,电动机的体积、能耗都可以大大减小,发电机功率也可大大提高。目前发电厂送出的电起码有1/10被线路电阻损耗掉,应用超导体就可实现无损耗输电,电能也可以存储。超导体应用引人注目的还有超导磁悬浮列车,抗磁性使列车与轨道之间没有摩擦力,从而能高速运行。德国和日本是世界上最早开展磁悬浮列车研究的国家,德国开发的磁悬浮列车Transrapid于1989年在埃姆斯兰试验线上达到每小时436千米的速度。日本开发的磁悬浮列车MAGLEV(Magnetically Levitated Trains)于1997年12月在山梨县的试验线上创造出每小时550千米的世界最高纪录。

由于超导要求极低温条件,而目前的液氦低温技术很难。成本太高,使超导技术不能广泛应用。因此实现常温超导就成为国际重点研究项目。如果能在常温下找到超导体,它就会像当年电的发现一样,给世界带来翻天覆地的变化。

●复习思考题

1. 简述19世纪末物理学上的三次重大发现。
2. 什么是相对论?
3. 简述爱因斯坦光的量子理论。
4. 简述原子核物理学的形成?
5. 粒子物理学研究的主要内容是什么?
6. 凝聚态物理学研究的重大意义是什么?

第九章　现代数学

20世纪初，在数学史上发生了两个重大事件。一件是希尔伯特问题，另一件是“数学危机”。

希尔伯特是德国数学家，1900年，他在巴黎召开的第二届国际数学家会议上提出了23个尚待解决的数学问题，其中有一些是纯粹的理论问题，也有些是其他学科所迫切需要解决的实际问题。这23个问题激发起数学家们的巨大兴趣，在此后的大半个世纪里、许多数学家都在为解决这些问题付出了辛勤的劳动。尽管如此，至今只解决了大约一半，其余的或者只有部分的进展，或者还未有一点头绪。可以说，希尔伯特问题在一定程度上左右了半个世纪的数学研究，甚至影响后来几代数学家的研究方向。

所谓“数学危机”是这样发生的，法国著名学者、数学家庞卡莱出席了1900年的一次国际会议，并宣布数学的“完全的严格性已经达到了”。然而，事隔不久，1902年英国学者罗素提出了一个数学上的悖论，顿时就把数学家们吓呆了。这个悖论指出了集合论的基本理论中的自相矛盾。罗素悖论的提出无异给庞卡莱一类的数学家当头一棒。它迫使数学家们重新面对数学的认识问题，这就是所谓的“数学危机”。

如同“物理学危机”一样，“数学危机”也不过只是人们认识上的危机，并非学科本身的危机。数学作为一门学科不但没有停止前进的步伐，而是更加速向前了。20世纪以来，数学原先形成的分支都有长足的进步，新的分支更不断诞生。下面简要介绍现代数学的几个主要的分支。

第一节　泛函分析与突变理论

一、泛函分析概述

泛函分析是分析数学的一个分支，它研究把函数类从一个拓扑向量空间映射到另一个拓扑向量空间的性质。拓扑是研究几何图形在形变与伸缩下不变的空间性质的数学分支。拓扑学包括代数拓扑与点集拓扑等，它在泛函分析、微分几何、微分方程和其他许多数学分支中都有应用。泛函分析是在19世纪的数学分析和数学其他分支充分发展的基础上形成的。泛函分析的基本思想实质上就是所谓变函概念。在经典数学分析中的量是变的，在泛函分析中把函数本身也看作是变的，某一个给定的函数在这里不能独立地确定，而必须在它和另外一些函数的关系上才能确立。因此，在泛函分析中所考察的已不再是单个函数，而是所有的以这种或那种共同性质为特征的函数集合。变函数的思想与现代代数和现代几何相结合，产生了泛函分析。

二、突变理论的诞生

20世纪50年代对拓扑的研究与微分学发生了密切的联系，对于高微空间可微函数奇异点的研究盛行起来。1968年，法国数学家托姆发表了《生物学中的拓扑模型》一文，标志着突变理论的诞生。1972年,托姆又发在了《结构稳定性和形态发生学》一书,采用了突变的名称,系统地阐述了他的“突变理论”。这种理论实际上是用数学工具描述系统的不连续过程和系统的状态跃迁,给出系统处于稳定状态的参数区域和它处于不稳定状态的参数区域,力图通过对突变过程的描述来建立突变现象的数学模型。

在自然界和许多研究领域中,普遍存在大量突变现象,如火山爆发、细胞分裂、钢梁断裂、微观粒子“能级跃迁“等,都属于突变现象。突变理论不仅结出了描述突变现象的数学模型,而且得出一条重要结论,指出突变过程只有7种基本类型,如折叠型、尖顶型、燕尾型等。目前,突变理论已在一些物理和技术领域中取得初步应用和进展,有的学者还大胆地把该理论应用于社会科学。

第二节 数学逻辑

一、数学逻辑概述

数学逻辑亦称符号逻辑,它是数学和逻辑学之间的边缘学科,是运用数学方法研究推理的规律,是研究正确思维所遵循的规律的一门学科。所谓采用数学方法是指系统地使用符号、公式来陈述、处理逻辑问题,对于理论中的概念作出严格的定义,对于定理作出严格的证明等。数理逻辑从它的研究对象来说,是一门逻辑学。它扩大了逻辑学(形式逻辑)的范围,使逻辑学的应用扩大到其他科学技术领域。它也给数学提供了新的研究方法,促进了现代数学的发展。

二、数学逻辑的分支

早在19世纪中叶,英国数学家布尔(Boole · George,1815~1864)创立了布尔代数,从而奠定了数理逻辑的理论基础,以后许多数学家陆续建立了数理逻辑的各个分支,它包括演绎逻辑、概率逻辑、算法理论、递归论、证明论、模型论、集合论等。

第三节 模糊数学与数理统计

一、模糊数学概述

模糊数学是20世纪60年代新兴的一门数学分支。它是研究模糊现象和事物的数量关系的科学。它的基础是模糊集合论。集合原是德国数学家康托儿(Kangtuoer,1845~1918)在19世纪末提出的概念。例如太阳系是所有行星的集合,车厢里是所有乘客的集合。经典集合论对事物只作明确的划分。然而,事实上一个事物是否属于某集合,并非只有“是”或“非”两种回答,常有模棱两可的情况。这就是说,在现实世界中,集合的边缘往往是模糊的。我们常常会遇到一些远不是“非此即彼”这样简单明了的事物。它们的界限并不十分清晰,甚至十分模糊。于是,原先以精确性描述事物为特征的数学就显然不适用了。而模糊数学却能对这些模糊的集合进行定量的分析。1965年,美国加利福尼亚大学教授查德提出了“模糊集合”的概念,并给出了模糊概念的定量表示法,这就标志着模糊数学的诞生。模糊集合考虑的是“全部属于”和“全不属于”的中间状态,即“隶属程度”的问题。这就把数学从处理两种绝对状态(即绝对发生,概率为1;绝对不发生,概率为0)转移到处理连续值的逻辑上来,在适当的限度上相对地加以划分。模糊数学现已受到世界各国数学家所关注,它必将成为电子计算机、机器人向人工智能方向发展的有力工具。目前,它的应用范围十分广泛,尤其在信息处理、系统工程、自动控制、图像识别、综合评判、聚类分析、自动机理论、生物系统等方面,因而有人把模糊数学誉为70年代数学发展的重大突破。

二、数理统计概述

数理统计是以概率论为基础的数学的一个分支,它应用概率论来研究自然界和生产中大量现象的统计规律性。可以说,数理统计是关于收集、整理和分析受到随机性影响的数据,并从中得出这些数据所来自的总体的统计性结论的数学学科。

数理统计方法的主要特征是通过部分材料的分析得到关于整体的充分正确的了解。收集数据一般有两种方式:一是通过抽样观察,一是通过安排特定的试验。观察和试验所得全部数据称作样本。根据所得的样本,可以对所研究的总体作出一定的结论,这称“统计推断”。数理统计在人类活动的各个不同的领域内已得到广泛的应用,这是因为它使人们能够通过概率来判断某种事物发生的可能程度和正确程度,算出发生错误判断的可能性。这就使得我们所作的判断既能保证足够的正确性,又能最大限度地节省人力、物力和时间,达到多快好省地开展工作的目的。所以说,数理统计是现代数学中与实际联系最紧密、应用最广泛、成效最显著的分支之一。

第四节 运 筹 学

一、运筹学的产生和发展

运筹学是运用数学方法谋求自然及社会中有关人和物运行最佳安排的一门学科,它是在20世纪40年代发展起来的一门新兴学科,它起源于二战期间军事上的需要。当时军事装备和新武器虽然有了飞速的发展,可是对武器的配备和运用上却远远跟不上形势发展的需要。最突出的问题如反潜艇战和雷达系统的运用等方面。因此英、美等国组织了包括数学家、物理学家和军官在内的一批学者进行研究,主要是运用数学手段来表达和研究有关运用、筹划和管理等问题,研究出科学的管理方法,以达到人、物、财的合理利用,最大限度地减少在时间、人力、资金、武器等方面的浪费。学者们很快研究出一些成果,归结为数学问题就是:满足给定的要求和限制下,按某一衡量指标寻求最优方案,并在实际运用中取得很好效果。二战后便把这些成果应用到经济、工业、商业等领域中去,这样运筹学便形成了一门学科。

应该指出,至今对运筹学的定义还没有一个完全一致的认识,但这并不影响运筹学的发展和应用。运筹学的目的是为管理人员在作决策时提供科学依据,因此,运筹学是实现管理现代化的有力工具,它在生产管理、工程技术、军事作战、科学试验、财政经济以及社会科学小部得到了极为广泛的应用。

二、运筹学的分支学科

运筹学中有不少分支，主要有规划论、排队论、决策论、对策论、存贮论、模型论、优选法等，下面就几个分支简述一下。

（一）规划论

亦称数学规划，它是运用数学模型来研究系统管理，以取得最优化方案的理论，主要包括线性、非线性和动态规划等，常用的是线性规划。线性规划自 1947 年提出单纯形法之后，理论趋向成熟，在实际中应用日益广泛与深入，从解决技术问题中的最优化，到工业、农业、商业、交通运输、军事的计划和管理及决策分析上都可以发挥作用，因此它是现代管理科学的重要基础和手段之一。动态规划是解决多阶段决策过程最优化的一种方法，产生于 20 世纪 50 年代，同线性规划一样，在各部门也有广泛的应用，并取得显著效果。近年来又广泛用于最优控制方面。应当注意，在许多问题中利用动态规划的方法往往比线性或非线性规划更有成效。

（二）排队论

它是研究拥挤现象的一门科学，它是运筹学的重要分支，也是应用概率论的一个分支。排队论，亦称随机服务理论、随机服务系统，是研究各种排队系统的统计规律性，从而解决有关排队系统的最优化问题。它所研究的问题有很强的实际背景，其理论结果有着广泛的用途，包括电信、交通运输、机器看管、生产线与维修、水库设计、库存管理、系统可靠性及军事等领域，还可应用到计算机系统的最优设计与运行管理中去。排队论对随机过程理论研究有重要作用，并为物理学提供了思路、概念和方法。目前，排队论的发展，着重于研究怎样改进系统的设计和控制，提高系统的效率，以取得最佳收益。

（三）对策论

亦称博弈论。它是用数学方法来研究对抗性局势的抽象模型和寻求最优对抗策略。对策的思想萌芽古人有之。1928 年美籍匈牙利人冯·诺尹曼（John von Neumann 1903～1957）证明了著名的极小极大定理，为对策论奠定了基础。二战中这种方法很快在各方面得到应用，各种新的对策模型也陆续推出，应用也更广泛。

决策论是研究在决策方面最佳方案的学问。决策是人们生活和工作中普遍存在的一种活动，是为解决当前或未来可能发生的问题，选择最佳方案的一种过程。决策贯彻管理的全过程，管理就是决策。决策是管理过程的核心，所以各级、各部门、各单位等的决策者必须了解和掌握科学的决策原理和方法，才能提高决策的水平。

第五节　科学的数学化趋势

一、数学化趋势概述

数学既是一门高度抽象的理论性学科，又是一门应用广泛的工具性学科，理论与应用有机地统一于一身。事实证明,科学技术的发展是离不开数学的,没有数学的新进展,也就没有今天的和未来的科技进步。

20世纪以来,数学与多学科的关系更为密切,以致出现了数学化的重要趋势。马克思曾指出:“一种科学只有在成功地运用数学时,才算达到真正完善的地步。”①这是对科学必须走向数学化的科学预见。

二、数学化趋势的新特点

第一,数学向各门学科领域广泛渗透。首先是物理科学的数学化,其中尤以物理学的数学化程度最高,它早就从质的分析转向量的描述,许多物理学理论早已公理化了。与此同时,生物科学也开始了数学化。遗传密码的解释、动物增长速度规律的确立和动物增长公式的引入、医学和农业中的应用等,都是数学化的成果。生物学从定性研究转向定量研究,必将把人类对生命世界的认识提高到一个新水平。

第二,电子计算机的产生和广泛应用,使自然科学数学化进入到“数学实验”和“机器证明”的新阶段。由于计算机可以模拟人脑的部分功能,具有逻辑推理判断的能力,所以某些定律的证明可以借助计算机去完成,某些科学实验可以用数学方法与计算机相结合的途径,即通过“数学实验”来进行。这就大大加快了科学数学化的进程。

第三,数学方法和其他科学方法相互结合,综合地应用于科学研究。由于数学方法的广泛应用性和极强的渗透性,使它成为所有科学方法的灵魂和支柱,并且通过其他方法来充分发挥自己的作用。

展望未来,数学的许多老的分支将进一步发展,新的分支将不断产生。历史和现实表明,数学已经进入一个新的发展时期。

●复习思考题

1. “数学危机”是怎样发生的?
2. 简述泛函分析与突变理论。
3. 简述模糊数学与数理统计。
4. 运筹学是怎么产生和发展的?
5. 论述科学的数学化趋势。

①拉法格.1982.忆马克思.北京.人民出版社:95

第十章 现代化学

自从波义耳把化学确立为科学，经过拉瓦锡、道尔顿和门捷列夫等为代表的化学家们的大量工作，到19世纪末已发现一系列重要的化学定律，找到了一系列重要的元素，提出了一系列重要的化学概念；化学三大基础理论（原子-分子学说、有机分子结构理论、元素周期律和元素周期系理论）基本确立了；化学的四大分支学科（无机化学、有机化学、分析化学、物理化学）也初步形成。近代化学取得了相当令人瞩目的成就。但这并非说，化学已达到完善的地步。恰恰相反，随着化学本身的发展，又带出了一系列需要进一步探讨的新问题。这些问题中比较突出的有：元素周期律的实质、化学键的本质、光谱的秘密、各种物质分子的内部结构等等。研究这一系列问题的目的，主要是为了进一步了解各类物质结构的细节。

第一节 物理学革命带来化学理论的变革

19世纪末20世纪初的物理学革命，迅速影响到现代自然科学的各个领域，与物理学有密切关系的化学更是得益不浅，出现了由经典化学理论向现代化学理论的转变。所谓经典化学理论是指建立在道尔顿原子论基础上的化学理论，而现代化学理论则指的是人们把对原子内部结构深入研究的成果应用到化学领域所总结出来的新的化学理论。

一、门捷列夫周期律得到理论的论证和本质的解释

周期律发现不久，就有许多人对它提出了一些疑问；这些彼此毫不相干的元素的性质为什么会随着原子量的增加而呈现周期性的变化？它们之间有什么内在关系呢？随着原子大门的打开，特别是玻尔提出的原子结构模型之后才进一步解决了这个疑问。原来，电子层结构变化的规律性，正是元素按周期表排列的根据，或者说是决定元素性质呈周期性变化的内因。若两个元素的电子层状结构不同而最外层相同，其化学性质就很相似。可见，元素的化学性质完全取决于核外电子的排布，特别是最外电子壳层的情况。有了这种新的认识人们就能更深刻地理解元素周期律的实质和意义。

二、量子化学的建立和化学键概念的提出

量子化学是用量子力学的原理和方法研究分子的结构和性质以及化学反应的一门新兴的边缘性的化学基础学科。它是继原子论、分子论和元素周期律之后化学理论发展的新的里程碑。它是20世纪化学变革中的一股巨流，标志着化学由一门经验科学向着理性科学的过渡。

1916年，德国科学家柯塞尔（W. Kossel，1888～1956）在玻尔的原子结构模型的影响下，提出了原子价理论。他认为，原子因失去电子或夺得电子而形成了稳定的离子，这些稳定离子中一部分因失去电子而显正电性，另一部分又因夺得电子而显负电性。这一观

点适用于无机化合物。

至于有机化合物,美国化学家路易斯(G. N. Lewis,1875~1946)于1916年提出了共价键的电子理论:两个原子共用一对或多对电子,而形成稳定的分子。这种共用电子对的结合方式叫共价键。

1927年,德国的海特勒和美籍德国人伦敦从薛定鄂方程出发,对氢分子进行了研究,建立起崭新的化学键概念,弄清了两个氢原子所以能结合成一个稳定的氢分子,是由于分子中电子运动的范围主要集中在两个原子核之间. 形成了一个"电子桥",把两个氢原子核拉在一起,或有说,"电子云"的分布集中在原子核之间形成了化学键。自此,一个又一个新的化学键理论不断建立,共同组成一个较为完整和系统的分子结构理论。

总之,现代化学在物理学革命的影响下得到了迅速地发展,并显示出三个特点:从描述性科学走向推理性科学;从宏观走向微观;从定性走向定量,往一个更高的水平上发展。

第二节 无机化学和分析化学的迅速发展

20世纪以来,化学的各个分支(无机化学、有机化学、分析化学、高分子化学、物理化学、结构化学)都得到较快的发展,其中以无机化学和分析化学进展最迅速。

一、无机化学概述

现代无机化学已成为一门以现代科学理论为依据,采用先进的实验技术,把无机物的性质和反应同结构联系起来的学科。天然资源的开发利用,科学技术对合成新型材料的迫切要求,为无机化学提出了大量急需解决的课题,使无机化学从理论和实践方面部取得新的进展。如今,除了碳的衍生物——有机化合物之外,周期表中所有一百多种元素及其他合物几乎都是无机化学的研究对象。近30多年来,无机化学研究的新发展主要是许多新型的化合物,如夹心、笼状、簇状和穴状等化合物的合成和应用,以及新的边缘学科,如生物无机化学、有机金属化学和无机固体化学的开拓和发展。

二、分析化学概述

现代分析化学的发展同无机化学一样,经历了一个不寻常的时期。20世纪以来,随着生产和科学的发展,对分析化学的要求越来越高。单从成分分析来看,半导体材料中常量成分的测定要求准确度达到百万分之一数量级,材料中痕量杂质成分的分析对灵敏度的要求达到十亿分之一数量级。因此,对有害痕量物质的精确分析成为各国化学家所面临的重大研究课题。现代原子能工业、石油化工、生物化学等还不断提出了对复杂混合物分析的新课题,不仅要求对其微量的测量,而且还要求给予分离。正是在这样的要求下,产生了色层分析法、X射线衍射法、光分析法、极谱分析法等新的分析技术和分析方法。

目前,分析化学正进入一个迅猛发展时期。在物理学、数学、电子学以反激光技术、微波技术、真空技术的推动下,广泛采用电子计算机和分析仪器联用,改进了分析方法,扩大了实用能力，实现了仪器的自动化、数字化和计算化，使分析化学发生了革命性的变化。可以说，电子计算机的应用是分析化学发展过程中的一个新的里程碑，它使分析方法更加精密、快速。这一切都标志着化学领域中分析仪器时代的到来。

第三节　有机化学和高分子化学的发展

一、有机化学概述

有机化学的研究主要是碳和它的衍生物，但在人类研究的化合物中，有机物占最大多数，至今已知的有机化合物超过 500 万种。20 世纪以来，有机化学的理论和实践都取得很大发展，尤其在有机化合物的结构、化学反应机理、化学键的本质与空间构型等方面都有不少新的突破。

在有机化学中，是从研究和制造染料、炸药等相对分子质量比较低的化合物，发展到分析测定棉花、丝、橡胶、树脂等相对分子质量在几千到几百万以上的高分子聚合物，并且希望能够人工合成同天然产品性能相像的高分子聚合物。

二、高分子化学概述

与此同时，高分子化学也迅速崛起，给材料的发展带来了划时代的变革，对现代工农业生产及日常生活都产生极为深远的影响。

人们最早发现的高分子化合物一般都是天然的，它们的许多特性都不能适应直接生产的需要。比如，天然橡胶是以胶乳液形式出现的，天然纤维素质地较为坚硬，难于加工。然而这一切都在富于智慧的人类面前一个个地被克服了，人们逐步实现了对天然高分子的化学性能的改进，使高分子化学的现代化发展成为可能。

20 世纪 20 年代前后，人们越来越认识到，高分子作为一种具有优良特性的新材料，不仅仅局限在经验探索中，而应该注意在理论上的提高。于是，一个以研究物质结构为重点的课题，把高分子化学带入最重要的时期。20 世纪 20 年代末，德国人施道丁格（H. Staudinger，1881～1965）总结出高分子稀溶液之黏度与它们相对分子质量之间的定量关系，使高分子相对分子质量的测定进入了定量的阶段；他还提出了由小分子通过共价键连接而形成大分子的概念，为合成各种各样的高分子展示了广阔的前景。1932 年，他总结前一段对高分子化合物研究的成果，发表了第一部有关高分子化学的论著，标志着这一新学科的诞生。到 20 世纪 30 年代中期，有关自由基化学"连锁反应"、"缩聚反应"的机理也得到阐明。从此，聚合方法大力简化，各种高分子化合物如雨后春笋般地发展起来。

如今，高分子化学已经发展成为一门包括合成、分析、物化等的学科，由于它对于分子结构与性能之间的相互关系研究得最有成效，从而为合成高分子的"分子设计"提供了有利条件。而包括生物高分子在内的天然高分子的研究，将使化学与生物学进一步沟通，使目前发展很快的生物医学高分子化学成为包括生物学、医学与高分子化学几个方面的多学科科学。

1955年,英国人桑格(F. Sanger,1918~)测定了最简单的蛋白质牛胰岛素的结构,确定了蛋白质中氨基酸的结合顺序,从此,世界上一些国家即开始进行胰岛素的人工合成工作。我国科学工作者从1959年开始,经过几年通力协作,于1965年9月首次合成结晶牛胰岛素,其特性与天然胰岛素一致。人工胰岛素的合成,突破了一般有机物和生物高分子的界限。使人类在认识生命、揭开生命奥秘的历程中,写下了光辉的一页,开创了人工合成蛋白质的新时期。

●复习思考题

1. 试述19世纪末20世纪初现代化学理论的变革。
2. 试述20世纪以来无机化学和分析化学的发展概况。
3. 试述20世纪以来有机化学和高分子化学的发展概况。

第十一章　现代生物学

20 世纪以来,生物学有了巨大发展,尤其是 50 年代以来. 由于化学和物理学的新成就被应用于生物学之后,对生命现象的研究日益从整体深入到细胞、亚细胞及分子水平。人们开始在分子水平上研究生命现象的物质基础,在此基础上建立起来的分子生物学成为现代生物学一个重要的发展方向,它导致了遗传工程等生物改造技术的蓬勃兴起。

人类对生命现象的认识是围绕遗传问题展开的。所谓“种瓜得瓜、种豆得豆”的经验之谈,从生物学角度看就是遗传性问题。关于生物的遗传有无规律?是什么东西决定遗传?这是千百年来人们一直在努力探索的问题,直到 19 世纪 60 年代之后才有了眉目。它经历了从遗传理论——基因理论——DNA 结构和功能——遗传密码和破译等艰苦的探索过程。

第一节　基因理论的建立

一、基因理论的先导——孟德尔的遗传因子假说

关于孟德尔的遗传理论及其被埋没的情况,近代科学技术部分已作了介绍。孟德尔为了解释他的遗传定律,提出了因子假说。他认为,在植物的生殖细胞中,含有代表植物性状的成分叫做因子,这些因子一半来自父本,一半来自母本;如果来自父本和来自母本的两个因子相同,叫做同质结合,同质结合产生的是纯种;如果来自父本和母本的两个因子不同,叫做异质结合,异质结合产生的是杂种,与纯种有着不同的遗传内容。通过大量实验分析,孟德尔发现,无论是同质结合还是异质结合,在形成花粉(精细胞)或胚珠(卵细胞)时代表一对性状的两个因子彼此分离,分别分配到两个生殖细胞中去,而每一个生殖细胞(不论是精细胞还是卵细胞)中只含有一个因子。当精卵结合后,受精卵又具有两个因子,恢复了原来的因子数,但是孟德尔并没说明遗传因子是什么?它在哪里?寻找遗传因子的工作,从 20 世纪初开始有了进展,人们首先把它同 19 世纪下半叶发现的染色体结合起来,然后步步逼近的。

二、染色体的发现

染色体是研究细胞构造和分裂的一个结果。1879 年,德国生物学家弗莱明(Fleming. W,1843~1905)发现细胞核中有一种丝状物极易被碱性苯胺染料着色,这种被着色的丝称为染色丝,它在细胞分裂时有奇妙的行为。1882 年,他详细叙述了细胞有丝分裂的过程,并指出,染色丝在细胞开始分裂时变短、变粗,形成染色体;每一条染色体能准确地进行自我复制,变成两条相同的姐妹染色体。这些染色单体先是成对地排列在细胞“赤道板”上,然后彼此分开,被细胞两极的中心粒伸出的纺锤丝所牵动而向两端移动;随后细胞质也分成两部分。这样,细胞中的染色体就均等地分配在两个新形成的细胞中。由于染色体的自我复制和均等分配,使分裂后的子细胞中含有的染色体在数目及形状、

大小所含物质上都与母细胞相等或一致。细胞的这种分裂过程称为有丝分裂,染色体发现后有人认为它就是遗传物质。

1887年,贝纳登和斯特劳斯等人又相继发现、一个母细胞经连续两次分裂,形成4个子细胞。但分裂过程中染色体却只复制一次,因而4个子细胞只含有原有细胞一半数目的染色体,他们把这种分裂方式叫做减数分裂。就是说,受精卵发育而成的子代个体在染色体上的数目与亲代相等。这是以有性方式繁殖的动植物的生殖细胞在成熟时所采取的一种分裂方式。这一成果证实了弗莱明的发现。

染色体的发现使人想起了孟德尔的遗传因子。1904年,美国生物学家萨顿(W. S. Sutton,1877~1916)根据染色体同遗传因子一样都是成对的,分别来自父本与母本这一事实,猜想遗传因子可能存在于染色体之中。但是这一推测遇到一个矛盾,即生物的遗传性状及代表这些性状的因子数目远远多于该生物细胞内的染色体数目,二者没有一一对应关系。所以萨顿又提出一条染色体上可能有若干遗传基因,但这需要证明。

三、摩尔根的基因理论

摩尔根(T. H. Morgan,1866~1945)出身于名门望族,从小热爱自然,大学时学习生物,1904年在哥伦比亚大学动物系工作时就从事果蝇遗传试验。1908年,他和他的学生们通过雌性红眼果蝇与雄性白眼果蝇杂交实验,形成了基因理论。其主要内容是:

第一,他们得到了与孟德尔豌豆杂交实验相似的结果,即子二代红眼果蝇与白眼果蝇的数目比为3∶1;红眼果蝇虽有雌雄两性,但白眼果蝇一定是雄性,亲代白眼果蝇只把它的眼睛颜色特征遗传给孙男,说明果蝇眼睛颜色的遗传与它的性别有关,他们把决定性状遗传的因子叫做基因(这一名词是1909丹麦生物学家约翰逊提出的,含义与孟德尔的因子相似),并认为决定性状的基因与决定性别的基因必然连在一起,他们把它叫做基因连锁、证明了萨顿的一条染色体上存在多个基因的猜测。

第二,他们还找到了生物遗传规律的细胞学基础。指出,生物的种种性状起源于生殖细胞中成对的基因,而基因是染色体上独立分立的遗传单位,呈直线排列,“它代表着一个有机化学实体”,这就为探索基因在哪里和它的本质是什么指明了方向。

四、一个基因一个酶学说

1940年,美国生物学家比德尔(G. W. Beadlle,1903~1989)和斯坦福大学的微生物学家泰特姆(E. L. Tatum,1909~1975)把新陈代谢过程中的生物催化剂——酶的缺乏或存在与基因联系起来,提出一个基因控制一个酶的学说。这个学说的提出源于英国皇家御医加罗德(A. Garrod,1858~1936)对黑尿酸病的研究。加罗德发现,黑尿酸病的病因是因为病人体内缺少黑尿酸氧化酶,致使黑尿酸不能分解而排出,故得黑尿酸氧化病。这一研究表明,基因突变影响酶的生成,从而影响正常的新陈代谢。正是受加罗德的启发,比德尔和泰特姆才提出上述学说的。他们二人由于提出这个学说而分享了1958年度的诺贝尔生理学和医学奖。一个基因一个酶学说的提出标志生物学的研究工作开始进入分子水平。

第二节　遗传之谜的破译

摩尔根的基因“代表着一个有机化学的实体”的预言把人们的目光引向了更深的物质结构层次，为人类最终揭开遗传之谜起了先导作用。

一、对核酸和蛋白质的认识

19世纪60年代，人们已经认识到，细胞核中的一种特殊的含磷化合物是核酸蛋白质，它是由核酸和蛋白质组成的。核酸是由糖类（核糖或脱氧核糖）、含氮碱基（嘌呤、嘧啶）及磷酸组成的。核酸根据所含糖类的不同可分为脱氧核糖核酸（DNA）和核糖核酸（RNA），DNA的糖是脱氧核糖，其含氮碱基是腺嘌呤（A）、鸟嘌呤（G）、胞嘧啶（C）、胸腺嘧啶（T）；RNA的糖是核糖，其含氮碱基是腺嘌呤、鸟嘌呤、胞嘧啶和尿嘧啶（U）。因为这两种核酸分别含有4种碱基，每一种碱基与一个糖和一个磷酸结合时能生成一种核苷酸，所以一个核酸大分子中就包含4种核苷酸。一个DNA分子一般由几百个或几千个核苷酸组成的多核苷酸链。核酸是细胞核和染色体的主要成分。简言之，核酸是由核苷酸组成的，蛋白质是由成百上千个氨基酸单体组成的生物大分子，排列方式也有很多种。20世纪初，德国化学家费舍尔（E. Fischer，1852～1919）提出了蛋白质的肽键结构理论。他认为在蛋白质大分子中，氨基酸之间是由肽键相连接。后来发现，当肽键缠绕时，由于氢链的作用而呈α螺旋形。20世纪以来，人们相继发现组成蛋白质的氨基酸单体有20多种。由于它在细胞核和染色体中也有重要作用，加之它的结构比核酸更为复杂，因而人们曾认为蛋白质是遗传的物质基础，是它载有复杂的遗传信息。关于核酸和蛋白质的生物功能是什么？长期弄不清楚。

二、遗传信息载体DNA的确认

为了确认遗传载体究竟是核酸还是蛋白质，生物学家们用肺炎双球菌进行了判决性实验。由于肺炎是一种流行性传染病，对人体危害很大，从20世纪20年代细菌学家们就花很大气力研究它的病原细菌——肺炎双球菌。研究发现，肺炎双球菌有几种类型，一种是有一层外膜包着的两个球，这是正常型；另一种是突变体，既没有膜也没有传染性。1925年，美国细菌学家艾弗里（O. T. Arcry，1877～1955）发现，能致病的只是肺炎双球菌的外膜。1928年，英国微生物学家格里非斯（J. Griffith，1881～1941）证明，在正常的肺炎双球菌中含有一个“转化因子”，它能使无膜、无传染性的突变体转变为有膜、有传染性的正常型。1944年，艾弗里等人通过研究这种“转化因子’的化学成分，最后证明：正常型肺炎双球菌中DNA使突变体转变成正常型。这说明，在细胞核中，只有DNA能控制生物的遗传性，蛋白质则不起这种转化作用。1950年，生物学家又用放射性示踪元素跟踪噬菌体的感染过程，再一次证明DNA是遗传信息的载体。这样，遗传的物质基础（遗传信息载体）是核酸（DNA）而不是蛋白质就被证据确凿的认定下来。

三、DNA 双螺旋结构的发现

既然 DNA 是遗传物质，是基因的化学构成。那么，它的结构是怎样的？有何功能？这便是生物学家们继续研究的课题。

对 DNA 结构进行研究，首开先河的是量子力学创始人之一的薛定谔。1945 年二战结束前夕，他在英国出版了一本生物学的小册子，名为《生命是什么？》副标题是“活细胞的物理观”。该书旨在用量子力学的观点论证基因的稳定性和突变发生的可能性。他认为，基因是一种非周期性的晶体，它不是像一般晶体那样是单晶胞的周期性重复，而是一种复杂、结合巧妙的生物大分子，其中含有由巨大数量的排列组合而构成的遗传密码。这本书的意义在于：它激发了人们用物理学的思想和方法去探索生命物质及其运动的兴趣，被誉为“唤起生物学革命的小册子”。

首先获得 DNA 结构突破性进展的是英国皇家学院的维尔金斯（M. Wilkins，1916～2004）和女科学家富兰克林（R. Franklin，1920～1958）。1951 年，维尔金斯第一次获得了 DNA 晶体结构的 X 射线衍射图，证明 DNA 呈螺旋形结构，并初步算出了螺旋的直径和螺距。同年，富兰克林经过实验推断，DNA 除 A 型外，还有 B 型，并获得了 DNA 的 X 射线衍射 B 型图。B 型也呈螺旋形，有多股链。

1951 年秋，美国生物学家沃森（J. Watson，1928～）来到英国剑桥大学学习用 X 射线方法分析蛋白质的晶体结构，并结识了英国物理学家克里克（F. H. C. Crick，1916～2004）。克里克在二次大战后对生物学发生兴趣，便改行从事生物学研究。当沃森和克里克得知维尔金斯和富兰克林有关 DNA 晶体结构的 X 射线衍射分析数据以及从他人那里得知的 DNA 中 4 种碱基含量的新数据后，经过反复努力，于 1953 年提出了 DNA 双螺旋结构的分子模型。这个模型认为，DNA 有两股链，他们像旋转楼梯一样围绕一个中心轴盘旋，双螺旋结构内侧的碱基通过氢键而互相配对，即腺嘌呤与胸腺嘧啶配对（A-T），鸟嘌呤与胞嘧啶配对（G-C），使两条 DNA 长链之间存在“互补”关系。螺旋直径为 20 埃，沿主轴延伸方向每 34 埃完成 1 个螺距、每螺距含有一叠 10 个核苷酸。1953 年 4 月，他们在英国《自然》杂志上发表了 1000 多字的短文，公布了他们的模型。DNA 双螺旋结构的发现，被誉为 20 世纪以来生物学上最伟大的发现，它标志着分子生物学的诞生，并对后来关于基因分离、复制、转录、翻译的中心法则的提出以及遗传密码的破译铺平了道路。他们二人也因此而获得了 1962 年度的诺贝尔生物医学奖。

四、遗传密码的破译

关于遗传密码的破译问题，欧美学术界曾进行过热烈讨论，但无结果。这个问题随着沃森、克里克 DNA 双螺旋结构模型的提出及伽莫夫的工作得以圆满地解决。

最早提出遗传密码设想的是薛定谔，他在《生命是什么？》一书中就指出，染色体是一种微小而复杂的有机分子，它以遗传密码的形式决定生物的遗传性状及未来的发育模式。“就基因分子图式来说，微型密码是丝毫不错的对应于一个高度复杂的、特定的发育计划，并且包含了使密码发生作用的手段，这一点已经不再是难以想象了”。这一设想使伽莫夫把物理学和 DNA 双螺旋结构模型结合起来，开展了对遗传密码的研究，并第一个提出了遗传密码的具体设想。

当伽莫夫从英国《自然》杂志上看到沃森、克里克的DNA双螺旋结构模型后，便于1954年2月在英国《自然》杂志上公开了他的遗传密码具体设想。伽莫夫把DNA双螺旋结构中由于氢链生成而形成的空穴用氨基酸填上，就像钥匙插入锁孔一样，每一个空穴的4个角是4个碱基，也就是说，4种碱基的这种排列组合就是遗传密码。1955年和1956年，伽莫夫又发表文章，从数字的排列组合进行计算，确认2个碱基组成的密码太少（$4^2=16$），4个碱基组成的密码又太多（$4^4=256$），只有三联密码（$4^3=64$）比较合适。他还进一步推论出一种氨基酸可能有1个以上的密码。

遗传密码学说提出后，生物学家们便着手进行破译工作。第一个用实验方法对遗传密码以确切解释的是美国科学家尼伦贝格（M. W. Nirenberg，1927～2010）。1961年他和德国科学家马太（H. Matthaei）在美国国家卫生研究院的实验室内，发现了苯丙氨酸的密码是RNA上的尿嘧啶（U），其发现过程大致是：他们在用大肠杆菌的无细胞提取液研究蛋白质的生物合成问题时，发现当向这个提取液中加进核酸时，蛋白质便合成了。当用由单一的尿嘧啶组成的核酸长链加进该提取液中，由单一苯丙氨酸组成的蛋白质产生了。这一结果表明，测定整个遗传密码的可能性是完全可能的。但是它需要一种多核苷酸磷化酶。西班牙血统的美籍科学家奥乔亚（S. Ochoa，1905～1993）帮助尼伦贝格找到了这种酶，从此便能测定了各种氨基酸的遗传密码，到1963年已测出20种。1969年，64种遗传密码全部被测出。

遗传密码的破译，使过去只能在活细胞中进行的蛋白质合成，现在完全可以在试管内重现。1958年以来，人工合成的核苷酸层出不穷，它有力地破除了生命遗传问题上的神秘主义，展示了生物界（从人类到病毒）最基本的统一性，即蛋白质生物合成的遗传密码完全一致．在追溯生命的起源上又前进了一步。

五、中心法则

中心法则是克里克于1958年在《论蛋白质的合成》一文中提出来的，旨在说明DNA的自我复制和制造蛋白质的过程。换句话说，中心法则是指遗传信息的自我复制和指导蛋白质生物合成所遵循的一般原则。这个法则认为，DNA分子一方面自我复制产生DNA分子，另一方面把遗传信息转录给RNA，RNA再把遗传信息翻译为蛋白质，这个方向是不可逆的。

关于DNA分子的复制机理，1961年法国科学家雅可布（F. Jacob）和莫诺（J. L. Monod，1910～1976）提出：DNA首先把遗传信息转录给信使核糖核酸mRNA，当mRNA通过细胞中大量存在的核糖体时，完成了蛋白质的翻译过程。但是氨基酸又是怎样按次序地装配成蛋白质的呢？为了说明这个机理，1958年克里克曾提出过受体概念。在这个受体上有遗传密码的反密码子，它可以和mRNA上的三联密码互补。（DNA分子中的4种碱基是以3个碱基为一组编排密码的，这种组合称为碱基三联体或密码子。）这个受体又是什么？后来经过青年生物化学工作者的努力，终于发现，它就是转移核糖核酸分子tRNA。而每一种氨基酸都有一个相当的tRNA，在tRNA分子上都有一个和遗传密码相当的反密码子；他们还发现了一组能激活氨基酸的激酶，它能使氨基酸和tRNA结合，氨基酸一经和tRNA结合，在tRNA上的反密码子的作用，就产生识别mRNA上遗传密码的能力,于是氨基酸就能按 mRNA 上遗传密码排列的顺序去合成相应的蛋白质。总之,在蛋白质的合成过程中,是以 DNA 分子上碱基的线性排列为模板,指挥着氨基酸的装配顺序的。简言之,中心法则就是指遗传信息是按照 DNA-RNA-蛋白质的方向传递的。

中心法则在 20 世纪 70 年代又有新的发展。1970 年,特明(Temin,Howard Martin,1934~)和巴尔蒂摩(Darid Baltimore,1938~)在研究癌症中,各自独立地发现了反转录酶,它能使 RNA 病毒逆转方向,产生 DNA 抄本。这一发现不仅打破了中心法则的不可逆原则,也为病毒可以改变宿主细胞的遗传性提出了科学依据,这一发现再一次在分子生物学界引起了轰动。

第三节 分子生物学的分子学科

分子生物学的建立对整个生物学产生了深远影响。以分子遗传学为核心,又出现了分子分类学、分子神经生物学等新学科。

一、分子分类学——分子水平上对生物进行分类

分子生物学建立之前,生物的分类主要依据它们的外部形态、解剖比较等确定它们的种属关系,这种分类方法有两个缺点:一是没有量的标准,二是对简单的微生物难以奏效。分子生物学建立之后,人们可以对不同种属中生物的蛋白质或核酸的化学结构进行比较,通过测定它们细胞色素 c 中所含氨基酸的序列进行分类。科学家们先后对 100 种生物(包括动物、植物、真菌、细菌等)进行了这种测定。结果发现,它们的亲缘关系越近,氨基酸序列的差别就越小。用这种方法所得的生物进化系列与经典进化论所得的进化系列基本吻合,这种分类法称为分子分类法,它不仅为生物分类提供了一个定量标准,而且弄清了从最简单的无核的原核生物到有核的真核生物的进化系列。分子分类学是生物分类史上一大进步。

二、分子神经生物学——实现记忆转移

分子神经生物学是在分子水平上研究高等动物和人的学习、记忆的物质基础的学科。生物学家们通过研究发现,在动物的学习和记忆过程中,左脑中的 RNA 的含量和某些蛋白质的组成发生了明显的变化;一些影响生物体蛋白质合成的药物又会明显地影响动物的学习和记忆能力。这使科学家们认识到,经过训练并获得一定记忆能力的动物脑中可以形成“记忆分子”,这种分子是一种多肽,若用生物技术取出这些“记忆分子”,把它注入未经训练的同种动物的脑中,有可能实现记忆的转移。

此外,分子神经生物学还研究了先天性痴呆病人的代谢过程及人体的衰老过程。发现这些过程都与某种生物大分子的活动障碍有关。例如,如果缺少某种酶就会使代谢过程中的某种产物不能分解,它的浓度过高就对大脑造成损害,从而形成痴呆;如果某些酶的活性降低,使 DNA 复制中的错误不能纠正,人体便会衰老,掌握这些过程的机理就可以从分子角度设法治疗痴呆、延缓衰老过程。

●复习思考题

1. 基因理论是如何建立的?
2. 遗传密码是如何破译的?
3. 分子分类学在生物分类史上有何重大进步?
4. 分子神经生物学研究有何重大意义?

第十二章　现代天文学

天文学是研究天体的位置、分布、结构、化学组成、演化规律及整个宇宙起源和演化的科学。天文学一般分为天体测量学、天体力学、天体物理和天体演化学等学科。

19 世纪中叶以后，随着照相技术、光度测量方法和光谱方法在天文学的应用，天文学的一个分支学科——天体物理应运而生。它使天文学家考察天体的物理状态和内部过程成为可能。天体物理不仅标志现代天文学的发展，而且成为现代天文学的"主干"。

人类观测天体世代采用光学望远镜。20 世纪以来一改用光学望远镜观测天体的历史，射电望远镜上升到重要地位。1932 年美国电信工程师央斯基(K. Jansky, 1905～1950)首先发现了来自银河系中的无线电波，开创了用射电波研究天体的新纪元，第二次世界大战中，英国的军用雷达接收到来自太阳的强烈无线电辐射，拉开了射电天文学的序幕。从此在光学天窗之外，又打开了射电天窗，开始了用波长从毫米到米的电磁辐射研究天体的历史。20 世纪 60 年代，随着航天技术的发展，人们已能冲出大气圈去观测宇宙的远紫外、红外、X 射线和 γ 射线，使天文学进入了全波天文学的崭新时期。天文考察的范围可达到 150 亿光年的深度，追溯到 150 亿年以前的宇宙事件。

又由于相对论、核物理和微波波谱在天文学上的应用，使人们可以认识到天体的本质和天体形成的奥秘，这是天体物理发展的理论基础。

现代天文学是现代科学的前沿之一，它研究的重大课题是阐明地球、太阳和太阳系的来龙去脉，星系的起源和演化，宇宙的过去和未来，以及地外生命和地外文明等。本章着重介绍现代天体演化理论和现代宇宙学的部分理论。

第一节　现代天体演化理论

一、对太阳能源和太阳发生发展的认识

现代天文学要解决的一个重大课题是天体怎样形成、发展和灭亡的。宇宙中存在数以亿计的天体。要一一研究它们的兴衰历史是很难的。因此首先只能研究离我们最近的一颗恒星——太阳。

太阳是一个炽热的天体，它源源不断地向人们提供光和热。它的能源是哪里来的，早已成为人们关注的问题。爱因斯坦的质能关系式($E=mc^2$)为揭开这个谜提供了线索。1938 年美籍德国人贝特(H. A. Bethe, 1906～2005)和德国人冯·魏扎克(von Weizsacker, 1912～2007)分别提出了太阳能产生的现代理论。他们认为，第一，恒星内核在高温(1 千万度以上)、高密(每立方厘米几百吨)和高压(几千个大气压)的条件下，轻原子核会聚合成较重的原子核，同时放出巨大能量。太阳内部的聚变反应就是 4 个氢原子核(即质子)合成一个氦核的过程。在这一反应过程中，每个氢核的质量有 0.7% 转化为能量，这种能量比化学反应过程释放的能量大 100 万倍，这就是地球上光和热的来源。第二，他们还认为，在太阳的组成成分中，氢占 71%，氦占 27%，其他元素占 2%。第三，太阳的表

面温度为6000度,太阳大气外层的日冕含有温度高达100~200万度的电子气体。

关于太阳的形成和发展过程,也是千百年来人们热衷的课题,也只有到了现代才有重大突破。天体物理学家认为,50亿年前,太阳的前身是银河系的一团尘埃(气体云),由于引力的作用而收缩,在9亿年的漫长时间内逐渐聚集成发光的“星前天体”,随即形成了太阳系的雏形。“星前天体”继续收缩,其中心部分温度越来越高,当温度达到700万度以上时,便发生核聚变反应(即氢聚为氦),同时放出大量能量。这时由于太阳内部的辐射压和气体压抵挡住了进一步的引力收缩,使太阳进入平衡期;太阳内部所含的氢可以使它“燃烧”100亿年,而太阳现在的年龄是50亿年,正处于中年期,也就是说,太阳像现在这个样子还可维持50亿年。氢“燃烧”的末期,太阳的核心部分只剩下“燃烧”(即聚变)的产物氦,只有外壳仍以氢为主;由氦构成的内核,由于引力作用,愈缩愈密,而由氢构成的外壳则在继续燃烧中膨胀,使太阳变成一个表面温度较低,体积很大(比原来扩大250倍)的红巨星,大到连地球轨道都包括进去。太阳的中心氦核部分还将继续收缩,当中心温度达到1亿度时,便开始“氦燃烧”(氦聚变成碳)的过程,过程的末期,由碳构成的核心不再收缩,使外完很快膨胀成与中心脱离的行星状星云;而中心体不具备引起碳“燃烧”的条件,因而又继续收缩,形成一个密度很大、亮度很低的白矮星,太阳的一生就此结束。

二、对恒星演化的总体认识

太阳是恒星中的一个特例,其他恒星的演化过程与太阳的演化过程大体相同,只是由于它们的质量大小不同,演化的最终结果有所区别。现代天体物理认为,一般恒星的演化都经历引力收缩-平衡期-红巨星-白矮星(或中子星,或黑洞)四个阶段。

恒星的末期,依据质量大小不同,将形成三种天体:白矮星、中子星和黑洞。它们各由何种质量大小的恒星演变而来呢?天文学上一般以太阳质量为标准进行判断。如果恒星质量小于1.44个太阳质量的,其结果就变成白矮星;质量在1.44~2个太阳质量的,就变成中子星;如果超过2个太阳质量的,就变成黑洞。

最早发现的白矮星是天狼星的伴星,它是美国科学家克拉克(A. Clook,1832~1897)于1862年发现的,白矮星的体积很小,密度很大,光亮度只有普通恒星的平均亮度的千分之一到万分之一,肉眼很难看到。它的密度之大,直到20世纪量子力学建立后才得到解释。目前已发现的白矮星有1000颗以上。

中子星的存在是苏联物理学家朗道(Lev Davidovich Lendau,1908~1968)从理论上提出的一个预言。他认为,当物质被压缩到原子核密度时,90%以上的电子和质子结合成中子,由这种物质组成的恒星是可能存在的。1934年、美国天文学家巴德(Walte Baade,1893~1960)和茨维基提出中子星是由超新星爆发而产生的假说。1939年,美国物理学家奥本海默用广义相对论研究了中子星的结构,并算出中子星的直径只有几十千米,密度则比白矮星高1亿倍以上,这一假说当时难以令人信服,因而被搁置了30年。1969年,英国物理学家休伊斯(Antony Hewish,1924~)和贝尔在研究行星闪烁现象时,无意中观察到来自天空的射电脉冲信号,他们把这一新发现的射电源称为“脉冲星”。不久.“脉冲星”就被确认为是快速自转、有强磁场的中子星。目前人们已经发现的中子星在330颗以上。我国在中子星的研究方面已达到国际先进水平。我国天文学和物理学家指出,中子星是一种物质密度大得惊人的恒星,假如从中子星上取下一粒花生米大小的物质,其重量竟达几亿吨;中子星上的磁场比地球上实验室内可以达到的最强磁场强几百万倍;中子星上的引力场比地球上的引力场要强千亿倍。近年来,我国形成了一支以中青年为骨干的中子星研究队伍,并取得了令人注目的成果。

黑洞是广义相对论所预言的又一种特殊的天体。1939 年,奥本海墨等人根据广义相对论推断:一个大质量天体,当它向外的辐射压力抵挡不住向内的引力时,要发生塌缩;当塌缩到某一临界大小时,便形成一个封闭的世界,称为“视界”。“视界”之外的物质和辐射(包括光子)可以进入“视界”之内,但“视界”之内的物质和辐射却不能跑到“视界”之外。也就是说,一切物质和辐射到它那里,有来无回,统统吃掉,人们把这种天体称为“黑洞’。由于黑洞的探测十分困难,所以这个预言也被搁起来,直到中子星发现后,人们才想到它可能存在,并进行了探测。目前认为,最有可能是黑洞的天体是天鹅星座的 x-1、天琴座 β 和御夫座 ε 的等。x-1 的质量是太阳质量的 5.5 倍。关于黑洞是否真的存在,也有不同意见:1974 年霍金(S. W. Hawking,1942~)证明,黑洞可能不黑,也会发生辐射,甚至出现剧烈地爆发。俄新社 1994 年 10 月 16 日报道说,俄国一科学家认为,黑洞理论没有任何根据,是虚构的。但是半个月后,即 1994 年 11 月 1 日的香港《快报》又报道了英国科学家首次准确测定了一个黑洞的质量为 2400 亿亿亿(24×10^{27})吨,是太阳质量的 12 倍。总之,关于黑洞存在与否,黑洞的性质等等,有待于科学家们进一步探索。

第二节 现代宇宙学

现代宇宙学是从整体上研究宇宙结构和演化的一个天文学的分支,它以现今观测所及的大天区上的大尺度特征为研究课题,即是研究大尺度上的时空性质、物理分布及运动规律的学科。

一、宇宙结构及其特征探讨

宇宙结构怎样?它是静止的还是运动的?对此科学家提出了几种宇宙模型予以说明。

(一) 爱因斯坦的有限无边静态宇宙模型

现代宇宙学的研究是从爱因斯坦开始的。广义相对论创立之后,他就试图用这一理论考察宇宙结构问题。1917 年他在《广义相对论的宇宙考察》一文中,提出了有限无边静态宇宙模型,后来被称为“爱因斯坦宇宙”。所谓有限无边是指宇宙无内外,宇宙是唯一的,没有“宇宙之外”问题。所谓静态是指宇宙在小范围内是运动的,但从大范围上看是静止的。

爱因斯坦假设:宇宙间物质的分布大体上是均匀的,宇宙大尺度上的特征是不应当随时间变化的。又因为当时尚未发现河外星系的普遍退行现象,所以他提出的模型实质上是一个有物质无运动的静态宇宙模型,这是可以理解的。为了得到静态解,他在模型中引进了“宇宙项”和宇宙常数概念。“宇宙项”相当于一种斥力,称为“宇宙斥力”,这种斥力只有当物体之间的距离很大时,才变得比引力更大。若“宇宙斥力”与引力相互抵消，便得到一个平衡的宇宙。为了求得宇宙常数的大小，天体物理学家进行了10年的努力，最后认定宇宙常数等于零。为什么是零？近1个世纪以来无法解释。爱因斯坦本人也为引进“宇宙项”失去发现宇宙膨胀的机会而懊悔，认为引进“宇宙项”是他“一生中最大的失策”，而提出宇宙常数是他“一生中一个严重错误”。

关于宇宙常数等于零的破译，我国新疆大学教授查朝征（1935~）取得了重大突破。他证明在由共形对称性高能到低能破缺时，宇宙常数必然等于零。这一论证，在世界上尚属首次，他的成果得到了世界物理学界的公认，他也因此而被破格晋升为教授。

（二）德西特、弗里德曼、勒栋特的宇宙膨胀模型

1917年，荷兰天文学家德西特（W. desitter，1872~1934）也根据广义相对论提出了一个宇宙模型。这个模型认为，宇宙在不断膨胀着，但它的物质平均密度等于零。因此，这是一个有运动而无物质的空虚的宇宙，后来被称为“德西特宇宙”。

1922年，苏联数学家弗里德曼（A. A. Friedman，1888~1934）重新讨论了爱因斯坦的引力方程在宇宙结构上的应用。他认为，无需引进宇宙项，从而在没有宇宙项的情况下，去求解引力方程，得到了一个均匀的、各向同性的动态宇宙模型。也就是说，弗里德曼得到的爱因斯坦方程解是一个不稳定的解。这个解有三种情况：如果空间几何特征遵循欧几里得几何，就得到一个不断膨胀的宇宙；如果空间特征遵循黎曼几何，就得到一个脉动的，即膨胀和收缩互相交替的封闭宇宙；如果空间特性遵循罗巴切夫斯基几何，就得到一个膨胀的敞开的宇宙。根据W. J. 卡夫曼1979年所著《黑洞与弯曲时空》一书对弗里德曼宇宙模型的解释和发挥，我们可以把它归纳成如下简表：

几何种类	空间几何形状	空间曲率	空间平均密度(p)	减速参数(q_0)	宇宙类型	宇宙最终前途
欧氏	平坦	0	=临界 p	$q_0=\frac{1}{2}$	平坦	勉强膨胀
罗氏	双曲	负	<临界 p	$q_0=0-\frac{1}{2}$	开放	永远膨胀
黎氏	球形	正	>临界 p	$q_0>\frac{1}{2}$	封闭	塌缩

弗里德曼模型依据的两个重要参数的说明：第一，关于宇宙膨胀速率，通常用哈勃常数来表示。据美国海耳天文台的桑德奇等人测定，$H_0=17$千米/秒/百万光年，由此推出，距我们1亿光年远的星系，就应该以1700千米/秒的速度远离我们而去（逃逸）。第二，关于宇宙减慢速率（减速参数），通常用q_0系示，假如$q_0=0$，表明绝无物质和引力，宇宙将永远膨胀，慢不下来；假如$q_0=1/2$，表明那里的物质刚好能确保星团间相互逃逸；假如$q_0>1/2$，表明膨胀将停止，塌缩。“我们的宇宙”（即总星系）当今属于哪种情况、年龄多大呢？据1978年海耳天文台桑德奇等人测量减速参数得知，“我们的宇宙”减速参数$q_0=1.6$，说明我们正居住在一个曲率为正的、封闭的宇宙之中。“我们的宇宙”年龄为120亿年，经过推算，再过600亿年膨胀会停止，接着塌缩（变成黑洞）。1300亿年后，它将发生

爆炸,开始了新的宇宙过程"①。据路透社华盛顿1994年10月26日消息,根据哈勃望远镜发回的准确测得的宇宙以300万英里/小时速度膨胀的数据测算,宇宙年龄比想象的要年轻。科学家猜测宇宙年龄在80亿~120亿年之间。

1927年,比利时天文学家勒梅特(G. Lemaitre,1894~1966)进一步研究了弗里德曼模型,提出了大尺度空间随时间膨胀的概念,建立了勒梅特宇宙膨胀模型。

怎样证明宇宙在膨胀?红移现象的发现及哈勃定律是对宇宙膨胀假说的最好支持。20世纪初美国科学家弗里斯(V. M. Slipher,1875~1969)在对旋涡星云的光谱进行研究时,发现了恒星的谱线向红端移动。1929年,美国天文学家哈勃(E. P. Hubble,1889~1953)进一步研究和分析了弗里斯的观察结果,发现河外星系作普遍的退行运动,星系离我们的距离越远,红移越大,退行的速度也越大,其退行速度和距离成正比,用公式可以表示成:$V=H_0r$ 后人称它为哈勃定律(式中,V 为天体退行速度;r 为距离;H_0为哈勃常数,表示膨胀的速率)。哈勃定律的发现,被认为是广义相对论预言的成功。它第一次揭示出大尺度的天体体系所表现出来的物理特征。

二、宇宙起源和演化的大爆炸理论

宇宙是怎样起源的?这恐怕几乎是人人都想过的问题,唯物辩证法认为,任何事物都有生有灭,宇宙也不应当例外。关于宇宙起源问题,20世纪30年代以后,科学家们相继提出了不少假说,其中大爆炸假说最受推崇。

1932年,勒梅侍从宇宙膨胀理论出发,根据元素放射性推出了宇宙起源于"原始原子"的假说。勒梅特认为,宇宙物质最初都聚集在一个"原始原子"(即宇宙蛋)里,"原始原子"由于剧烈的放射性衰变而发生爆炸,爆炸后的"碎片"迅速散开,形成一种气体云,这是一个快速膨胀过程;其间由于密度很大,引力大于斥力,"碎片"散开的速度减慢,气体云互相碰撞又形成星云,这时处于减速膨胀过程;在星云阶段,又由于引力大于斥力,星云又形成了星云团,这又是一个快速膨胀过程。这样,用一个"原始原子"就创造出一个宇宙来。勒梅持的假说是大爆炸理论的开始。

1948年,美国物理学家伽莫夫(G. Gamov,1904~1968)等人受奥本海默的核爆炸研究工作的启发,把核物理知识与宇宙膨胀理论结合起来,提出宇宙起源于一个温度极高(约150亿度)、密度极大(约水的10^{14})、由中子组成的"原始火球"的假说,这个假说发展了勒梅特的大爆炸理论,并说明了化学元素的起源。伽莫夫认为,"原始火球"充满了辐射和基本粒子,后来由于球内的基本粒子的相互作用发生核聚变反应,引起了爆炸,并向外膨胀;后来辐射温度和物质密度急速下降,热核反应停止,其间产生了各种元素,这些元素的演变便形成了今天宇宙中的各种物质。这个过程的大体细节是:"原始火球"在爆炸前,即所谓"原始的宇宙汤"中,中子和质子分别占14%与86%,认它们处于热平衡状态。"原始火球"爆炸开始时,温度极高,约几十亿度,这时仍没有任何元素,只有质子、中子、电子、中微子、光子等基本粒子;当温度降到10亿度时,质子与中子发生聚变反应,生成氢的同位素氘($_1H^2$)和氚($_1H^3$)以及氦($_2H^4e$)、锂($_3Li^6$)等元素;当温度降到100万度时,元素的生成停止(聚变反应停止),出现了等离子体(即没有发生反应的少量中子变成

①W.J.卡夫曼.1987.黑洞与弯曲时空.北京.科学出版社:147~150

了质子和电子);数万年后即当温度降到几千度时,辐射降为次要地位,宇宙中充满了由电子和等离子体复合成的气体;当温度继续降到绝对温度 170 度时,气体生成气体云块,这些气体云块在引力和斥力作用下便形成了星系、星系团和恒星;由于星系、星系团、恒星的空间平均密度≤临界密度,于是便开始膨胀。总之,“我们的宇宙”从诞生到发展,经历了一个从热到冷的过程。这个假说,由于在元素形成问题上遇到了很大困难,因而被搁置了将近 20 年。

由大爆炸理论(未证实前仍是假说)人们自然联想到:“原始火球”或“原始原子”的物质是哪里来的问题。根据质量、动量守恒及能量守恒和转化定律判断,它一定是由某种物质转化而来的。又根据狄拉克的反物质理论分析,它可能来自反物质世界。狄拉克理论认为,反物质只存在于真空条件下,在非真空条件下,正、反物质一旦相遇,使发生“湮灭”,并放出巨大能量。有文章认为,现在已经取得“湮灭”、放能的间接证据。文章称,1987 年科学家从卫星上测到距我们 16 亿光年处的麦哲伦星系有一星球(类星体)爆发,发出的 γ 辐射其能量是太阳能量的 1000 亿倍,这么大的能量,有可能是反物质在“湮灭”中释放出来的。如果这一假说得到证实,那么,“原始火球”的能量和物质就有了来源。

大爆炸理论被冷落一段之后,随着氦的丰度的测量和 3K 宇宙微波背景辐射的发现,又热了起来。经测量,宇宙中存在的氦占三分之一到四分之一,这么多的氦是从哪里来的?如果用氢的聚变来解释的话、那么,恒星的年龄最多只有 100 多亿年,依靠氢的聚变远远不足以形成这么多的氦,所以无法解释。目前只有认定它是宇宙大爆炸时的残留物质。因为根据大爆炸理论,在宇宙的早期,存在着产生氦的时代,而且产生的效率是很高的。

根据氦的丰度和宇宙膨胀速度,可以计算出宇宙早期的温度,并由此推出宇宙现在的辐射温度。1953 年,伽莫夫、阿尔浮(R. A. Alpher)和赫曼(R. Herman)曾预言宇宙背景辐射温度为 5K(绝对温度),如果能测得这个温度,那么,大爆炸理论就被证实。

1964 年 5 月,美国贝尔实验室的两位科学家彭齐斯(A. A. Penzias,1933～)和威尔逊(R. W. Wilson,1936～)利用 20 世纪 20 年代为了改进与通讯卫星的联系所建立的一套新型无线接收系统进行测量时,意外地发现了一种原因不明的“噪音”干扰。经反复测量,发现这是一种消除不掉的噪声辐射,其温度相当于 3. 5K,而且各向同性,不受季节变化的影响。显然,它不是来自任何特定的辐射源,那么,它是什么原因造成的?两位科学家无法解释。消息传到普林斯顿大学,该大学以迪克(R. H. Dicke,1915～)为首的一个研究组恰巧正在研究“原始火球”的遗迹,即测量宇宙背景辐射。1965 年初、彭齐斯和威尔逊与迪克小组进行了互访,最后共同确认这个相当于 3. 5K 的宇宙背景辐射就是“原始火球”的残余辐射。这是对大爆炸理论的强有力支持,从此,大爆炸理论又获得了新生。1992 年 4 月 23 日劳伦兹、伯克利实验室(LBL)的斯摩脱(G. F. Smuot)宣布,美国国家宇航局“宇宙背景探测器”(COBE)测到了大爆炸产生宇宙后 30 万年时,就已存在的团块状结构的残余,也就是发现了 100 亿～150 亿年前大爆炸后的“宇宙化石”。这一发现的公布又为大爆炸理论提供了新的重要证据。

大爆炸理论只是用以解释宇宙起源的现代宇宙学中的一种理论。此外还有霍依尔(F. Hoyle)、邦迪(H. Bondi)、哥尔特(T. Gold)于 1946 年提出的稳恒态宇宙学,与大爆炸宇宙学观点相反。

我国在现代宇宙学和天体物理学的研究方面也有不少成就。例如,有人在黑洞和引力方面取得了重大的研究成果,在国际上也显露了光辉。

三、现代天文学的新发现

关于天文学上的发现,层出不穷,硕果累累,传媒经常报道一些新的发现。比如,美国《洛杉矶时报》1996 年 5 月 1 日以《卫星发现中子星发出的频率极快的脉冲》为题报道说,4 月 30 日美国天文学会于圣迭戈会议上宣布:美国去年 12 月发射的一颗观测 X 射线的卫星发现了一颗以每秒 1130 次的极快振动速度喷发 X 射线流的坍塌的星体。这颗脉冲星体是一颗高热值的中子星。它是一颗密度极高的恒星的核,它在几十亿年前发生爆炸,其碎片又被极巨大的引力吸引回来,它的核粒子被熔化为中子团。构成这颗中子星的物质被非常紧密地挤压在一起,犹如 50 万颗地球披挤压到相当于圣迭戈这么小的范围内。这是我们迄今所知的宇宙中最极端状态的物质。伯克利加州大学天体物理学家查德、克莱因和齐纳森、阿伦斯认为,这颗星体上的碰撞强度相当于每秒钟爆炸几十亿颗核装置,是一种前所未见的新现象。科学家们认为。这只是许多惊人发现的开端。这一发现也许能最终揭示人类尚未观测到的宇宙的秘密。其他天文上的新发现,由于篇幅有限,就不一一列举了。

●复习思考题

1. 试述太阳的形成和发展过程。
2. 试述恒星的演化过程。
3. 试论宇宙的结构。
4. 试述宇宙大爆炸假说。

第十三章　现代地质学

地球科学是人类在长期对地球进行全面观察和探索中所获得的关于地球知识的系统化、理论化的知识体系。由于地球历史之久远(45 亿年)、空间之广袤(半径 6400 千米),因而对它的全面认识难度较大,相对其他学科来说是发展比较慢的学科。20 世纪以来、随着物理、化学、数学以及空间技术、海洋探测技术、电子计算机技术等发展,为人类全面认识地球提供了各种有利手段,从而使地球科学在 20 世纪,特别是 50 年代以来有了飞速发展,尤其是对地球圈层结构、大陆构造理论以及地球的早期历史研究等方面取得了突破性进展。

第一节　地球的圈层结构及物理、化学性质

一、地球的圈层结构

现在人们已经知道,我们的地球是一个南极略凹、北极略凸,长半轴 6378.245 千米,短半轴为 6356.863 千米,平均 6371.118 千米的梨状体,可分为大气、地壳、地幔、地核四个圈层。

对大气圈层的认识是 20 世纪初的事情。人类生活在对流层里,然而直到 19 世纪末,人类从未跑出这个圈层,因而认为大气是不分层的。直到 19 世纪末、20 世纪初,德波特(L. P. T. de Bort)发现大气分层现象后,人们才从不同角度对它进行分层。德波特本人于 1902 年把大气分成对流层和平流层。二次大战后,由于火箭探空技术的发展,人们按大气温度和密度把它分为“中层”、“热层”和“外层”三个层次;按它的物理、化学组成成分又可分成臭氧层、氦层、质子层;还可按其电磁性质把它分为电离层、磁层等。

对地球内部结构的认识是十分困难的,人们不能对它进行直接观察,即使当今世界最先进的钻探机也只能钻到地下 11 千米的深度,它仅是地球半径的 1/600。现在所知道的地球内部分为地壳、地幔和地核三个圈层是借助于地震波进行判断的。1855 年意大利的帕尔米里(L. Palmieri, 1807~1896)设计了第一台地震仪,19 世纪末英国的米尔恩(J. Milne, 1850~1913)证实地震是一种能通过地球传播的震波,此后人们纷纷建立地震观测台以监视地震。地震观测台的建立为人们认识地震波的特性创造了条件。接着,人们又用地震波的传播特性来分析地球的内部结构。因为不同的地震波在介质中的传播情况不同,根据不同的地震波在地下不同深度的反射、折射及强度的变化情况,可以判断界面的存在和位置。

地震波有两种基本形式:纵波(P 波)和横波(S 波)。纵波在固体、液体、气体中均可传播,速度也较快;横波只能在固体中传播,速度比纵波慢。1909 年,奥地利地震学家莫霍洛维奇(A. Mohorovicie)在研究某地地震记录时发现:P 波过后有一明显的波群(-P),后经证实,这个界面是全球性的,是地壳和地幔的分界面,于是人们把这一界面叫做莫霍面。这个界面的深度各地不一,最浅处为 5 千米,最深处为 75 千米。从莫霍面往下,地震

波速度继续增大,但在2898千米深处,纵波速度骤然减少,横波速度突然消失,说明此处又出现一个分界面,这就是地幔与地核的分界面。由于美籍德裔地球物理学家古登伯格(B. Gutenberg,1889~1960)最早(1914年)确定并计算出这一界面的深度,因而人们把这一界面称为古登伯格面。这样,人们就把地球内部区分为地壳、地幔、地核三个圈层。三个圈层的厚度和性质各不相同。

地壳是指从地表到莫霍面的岩石圈的部分,它的厚度因地面异,大陆上较厚,最厚处是我国青藏高原,厚达65千米,海洋中的地壳较薄,一般为5~8千米,整个地壳的平均厚度为35千米,大陆地壳的表层还有一层风化壳,其上的薄土是人类的衣食之源。

地幔是指莫霍面以下、古登面以上的部分,深度为35~2900千米的圈层。占地球总体积的83%,地幔又可分为上、下两层。上层叫上地幔,深度为35~1000千米,主要由橄榄岩质的超基性岩石组成,温度为400~3000℃,物质状态呈固相结晶质,有较大的塑性;下层叫下地幔,深度为1000~2900千米,温度为1850~4400℃,物质状态呈非晶固态。上地幔到下地幔的密度由3.31克/厘米^{3}增加到5.62克/厘米^3。

地核位于地球的中心部分,在2900千米以下,它以古登面与地幔分界,厚度约3473千米,占地球总体积的16%,总质量的31.5%,温度为2860~6000℃。地核可分为外核和内核两部分。处在地表以下2900~4980千米的部分叫外核,根据地震波推知,可能是液态;4980~5120千米深处是一个过渡带;由5100千米到地心为内核,可能为固态。地核主要由铁、镍组成,外层密度为9.5克/厘米^3,至中心增加到13克/厘米^3。

二、地球的物理、化学性质

20世纪以来,科学家们借助于物理学理论和方法对地球的物理性质(如几种场)进行了研究,并取得了一定的成果。

在重力场方面,人们已经能区分出正常重力场和异常重力场。可以根据异常重力场深入研究地球的形状、地壳及上地慢的结构,确定大地水准面高度;还可根据重力场的变化,研究地球内部物质的迁移及地壳的运动。

在地电场方面,人们发现地电场分为大地电场和自然电场两部分。大地电场是由电离层E层,即高约100千米中的电流体系的感应所产生的电场,其强度随时间、地点而异,有一定的变化周期;自然电场主要由各种岩石的接触电位差、金属矿物的氧化还原电势、地下水及河流流动产生的过滤电势等组成的,其分布范围较小,但在矿区或山坡丘陵地带表现较为明显,因此可以根据它去寻找矿藏和预报地震。

在地磁场方面,20世纪50年代以来。由于航海、通讯、地震预报及矿藏开发等需要,逐渐建立起古地磁学。这个学说认为,天然岩石和矿物在自然过程中都获得不同程度的磁性,称为天然剩余磁化强度。岩石在形成时获得的磁性称为原生剩余磁性,由于它的磁轴与当时的磁场方向一致,因面可以用它确定古代地磁场的方向和强度。根据这一理论,人们发现,在不同的地质年代,古地磁极的位置不同,在不停地移动,甚至倒转。早在20世纪30年代,日本的松山范基就发现了大陆上古地磁倒转的现象,后经证实这是一种普遍现象。1954年核磁共振磁力仪问世后,可以用它测定海底的微弱古地磁。20世纪50年代后期,通过对海上地磁的大规模测量,发现了大洋中脊两边的海洋地壳的古地磁有多次反向,形成地磁条带。1964年第一个磁场反向时间表问世,1968年美国的海茨勒

(J. R. Heirtzler,1925～)又编出了7600万年统一的171次磁场反向时间表。这个时间表是人们确定岩石年龄和进行地层对比的一个重要依据,也为海底扩张说提供了证据。

地热场是指地球表面及内部的热的分布状况。地表热主要来自太阳对地面的热辐射,深度可达地表以下3米。地球内部的热主要由地幔上部的放射性物质蜕变和地下物质受压后释放出的热量决定的。地热场的研究对地球的演化史、地震的成因、火山活动、能源开发、医疗等均有实际意义。

人们在用物理手段研究地球的同时,还用化学理论和方法对地球各圈层的化学组成及其有关规律进行了研究,取得了可喜的成果。首先对地壳中的平均化学成分进行探索的是美国化学家克拉克(F. W. Crac)等。他们通过半个多世纪的研究,终于发现:地壳中的化学元素主要是氧、硅、铝、铁、钙、钠、钾、镁、氢等9种元素,约占元素总量的98.13%;而铜、金等含量甚微,铜只占0.01%,金只占5×10^{-7}%;其他稀有金属含量更微乎其微。同时发现,不同种类的岩石中各种元素也很不相同,并有某些规律性变化。挪威学者戈尔德施密特曾根据这些元素的性质及在地圈内的分配关系,把它们分为亲石元素(主要集中在岩石圈)、亲铜元素(主要集中在硫化物-氧化物过渡圈)、亲铁元素(主要集中在地球的核心)、亲气元素(主要集中在大气圈)。由于地壳物质的不断运动及岩石、土壤、有机质等的分解,因而各种元素也会从一种形式转变成另一种形式,并会在空间上发生位移,称为"元素迁移"。现已发现元素迁移有3种类型:硅酸盐熔体迁移、水及水溶液迁移、气体迁移,统称为物理、化学迁移;生物或生物地球化学迁移;机械迁移。造成这些迁移的因素有内因也有外因,内因主要是化合价、电离势、电子亲和能等。外因主要是温度、压力、组分密度、介质的酸碱度、氧化还原电位等。

人们对地球圈层结构及对地球各种物理、化学性质的认识将随着科学的发展不断深入。人们关心的另一个地球问题是大陆和海洋的演变,就是说,大陆和海洋是历来如此,还是发生过变迁?这便涉及大陆构造问题。

第二节　大陆构造理论

关于大陆构造理论的假说有多个,其中最有科学价值的当推大陆漂移说、海底扩张说和板块构造说。

一、大陆漂移说

(一)大陆漂移说的渊源——从大陆固定论到漂移论

19世纪后半叶之前,人们一直认为,现在的陆地和海洋从来就是如此,千古不变,这就是大陆固定论和海洋永存论的基本思想。19世纪下半叶,随着地质、地理资料的积累,这种观点发生了动摇。

人们早就发现:被大洋相隔的大陆上的生物有着亲缘关系。对这一现象当时人们用"陆桥"加以解释。认为两块大陆之间曾经存在着狭长的'陆桥",生物通过这座桥互相迁移和传布,后来这座桥沉没了,两块大陆被大洋隔开,致使其上的生物有亲缘关系。然而后来相继发现的另一些事实,推翻了这一假说。例如,胡安·费尔南斯群岛的植物与临近的智利植物并没有亲缘关系,反而和被海相隔很远的火地岛、南极洲、新西兰及太平洋诸岛的植物有亲缘关系。又如,澳大利亚的有袋类和临近的其他群岛的不一样,反而和远隔重洋的南美动物有亲缘关系,如此等等。在事实面前人们想到,这可能是两块大陆原来相距很近,甚至是连在一起的,后来漂移开来造成的,陆桥说也就销声匿迹了。

大陆漂移思想自古有之。古希腊的泰勒斯曾设想大地是浮在水上的圆盘,古代中国也有过"地若浮舟"的说法。1868 年天主教神甫普斯顿认为,在大洪水之前,欧、美、非三大洲是连在一起的,并猜想诺亚方舟是沿着不太宽的大西洋航行的。1756 年,德国神学家撒尔根据大陆相对的两岸轮廓的相似性,提出过它们是在大洪水之后分裂的设想。1858 年,意大利的斯奈德也曾根据一些地质资料,推断非洲与美洲大陆过去是连在一起的。1889 年,杜顿(C. E. Dutton)创立了地壳均衡论,认为大陆是处于平衡状态的浮体,当受到外力作用时,可以作垂直和水平两个方向的运动,这对大陆漂移论是一个巨大的鼓舞。19 世纪末,休斯曾明确指出,南半球各大陆可以拼合成一个巨大的大陆——岗瓦纳古陆,并认为欧亚大陆对岗瓦纳古陆存在着水平运动。1908 年美国地质学家泰勒(F. B. Toylor,1860~1938)根据喜马拉雅山、阿尔卑斯山等第三纪山脉大多呈弧形向南弯曲的现象,提出了地球旋转时产生的离心力导致大陆向南滑动的观点。在众多的大陆漂移论者中,人们最推崇的还是魏格纳(A. Wegener, ,1880~1930),称他为大陆漂移说的创始人。

(二) 魏格纳的大陆漂移说

德国地球物理学家魏格纳,还是一位地质学家和探险家。他生于柏林,后来在海德堡大学和因斯布鲁大学学习。他一生喜爱探险,具有不畏艰险,勇往直前的精神。为了观察高空气象,1906 年同他的兄弟乘气球连续飞行 52 小时,创造了世界纪录。他的大陆漂移思想是这样萌发的:1912—1913 年,他在格陵兰观察时,曾亲眼看到一座座巍峨的冰山在缓慢的移动,这之前,即 1910 年,魏格纳因病卧床,偶然从墙上的世界地图中发现南大西洋两岸的相似性,感到南美东海岸与非洲西海岸一凸一凹互相对应,似乎可以拼合到一起;1911 年,他又从一些文件的记载中看到过一些有关古生物分布情况的比较及南美和非洲之间有过陆地相连的论述,于是萌发了他的大陆漂移思想,并开始深入研究。

1915 年,他出版了《海陆的起源》一书,提出古生代石炭纪以前(约 3 亿年前),各大陆是连在一起的,在中生代末期开始分裂,逐渐漂移到现在的位置等观点。魏格纳大陆漂移假说的提出不仅仅是依据南美和非洲大陆能拼在一起的思想,而且有生物学和古生物学、地质学、古气候等事实的依据。在生物学和古生物学方面。他指出,大西洋两岸的许多生物有亲缘关系。比如,有一种蚯蚓,不仅西欧有,美国东部也有;园庭蜗牛在欧洲和北美都有发现;肺鱼和鸵鸟在南美、非洲、澳大利亚都有;此外,中龙化石也分别在巴西和南非的地层中发现;舌羊齿植物化石广泛分布在印度及南半球各大陆的晚古生代地层中,说明过去确实存在过南方古大陆。在地质学方面,他认为,大西洋两岸的岩石、地层与皱褶构造也相当吻合。比如,南非开普敦山脉与南美的布宜诺斯艾利斯山脉相接,其地质构造、岩层分布和年龄都相同;加拿大的阿巴拉契亚山脉同欧洲的加里东山脉也有许多相似之处。在古气候方面,他认为,在 2.5 亿~3.5 亿年前,今天的赤道地区曾经出现过冰川,今天的两极地区曾是炎热的沙漠。

魏格纳认为,上述种种事实只能用大陆漂移来解释。他还对大陆漂移的机制进行了探讨。认为,促使大陆漂移的动力来自两个方面:一是由于地球自转面产生的自两极推向赤道的力;二是因太阳和月亮的吸引而来的自东向西的推动力。魏格纳的大陆漂移说,20 世纪初曾风行一时,但是经一些学者的计算,这两种力都远远不足以推动大陆漂移,因此又受到大陆固定论的攻击,批评文章接踵而来。有的说他的假说"定量不够,定性不当",是"大诗人的梦"。到 20 世纪 30 年代时,这一假说便冷落下来。为了寻找大陆漂移的直接证据,1929 年、1930 年他先后两次去格陵兰探险,冒着零下 65℃的严寒,跋涉 100 英里,于 1930 年 11 月 1 日,在他 50 岁生日那天遇难,为科学献出了自己的生命。

大陆漂移说经历了二、三十年的"冬眠",于 20 世纪 50 年代随着古地磁学的研究又复活了。古地磁学的研究结果表明,许多岩石都具有相当稳定的磁性,它是在岩石形成时由于地磁场的作用而获得的,其磁化方向与岩石形成时的磁场方向是一致的。人们对化石磁性的研究证实:地球的纬度自古至今发生了很大变化,甚至地球的磁极也在不断迁移,北美和欧洲的磁极迁移曲线在形状上相同,只是前者位于后者的西面而已。如果把北美与欧洲两块大陆移动靠拢,那么这两条曲线就合二为一,大西洋也就不存在了。古地磁学强有力地证明欧美两大陆原来确实是相连的,这是对大陆漂移说的有力证据。

1957 年,英国的布莱克特(L. Blackett,1897～1974)通过对英国和印度等古地磁部分的测量发现,在地质期中地磁极存在着漂移。还发现不同大陆所记录的漂移轨迹不重合,存有规律性的偏差。例如,英国两亿年来向北移动了很大距离;印度的孟贾目前处于北纬 19°,但在侏罗纪(约 2 亿年)却在南半球 48°处,向北漂移了 7000 千米。这是大陆漂移的有力证明,于是大陆漂移说又重新成为人们谈论的话题了。根据大陆漂移说,1965 年,英国的布拉德用电子计算机进行大陆的拼合(按大陆坡某一深度线来拼接),结果平均误差不超过 1 度,叫人不得不对大陆漂移说刮目相看。

按照魏格纳的大陆是在海底上漂移的观点,人们必然要问:海底的情况又是怎样的?大陆是怎样在海底漂移的?魏格纳对漂移机制的解释尚不能令人满意,而且仅从陆地上寻找大陆漂移的原因是不全面的,这就要求人们能从海洋中寻找新的证据,于是海底扩张说应运而生。

二、海底扩张说

(一)海洋地质的重大发现

对海洋地质,尤其是深海地质的研究更加困难,它要借助于更加复杂的技术手段。1872～1876 年,英国"挑战者号'调查船进行的环球航行是对海洋进行系统的综合性调查研究的开端。这次调查航行 11 万千米,收集了海洋物理、海洋化学、海洋生物、海底地貌和沉积物等方面的大量资料,并编成了 50 卷的调查报告,对人类认识海洋地质开辟了一条探索性的道路。

20 世纪以来,由于军事、渔业及石油等矿产开发的需要,加大了对海洋研究的力度。1925～1927 年德国的"流星号"调查船在大西洋海域、1946 年美国 8 艘船只在太平洋海域的调查都获得了许多重要的海洋地质资料,被海水深深覆盖着的海底越来越清晰地展现在人们的眼前。海洋分为大陆架、大陆坡、陆隆、大洋盆底四个部分。在这些调查、探测中获得的最突出成果是海底全球性山系（现称大洋中脊）、海底热流量及海底磁带的发现。

关于大洋中脊的发现。早在德国“流星号”船调查时已发现海底并非像人们过去想象的那样，是什么平坦的盆地，而是像陆地一样也有一系列山脉。20世纪50年代随着海洋探测技术的运用，终于发现：各大洋都有洋脊纵贯其中。大西洋底有高约3千米、长达数百千米的巨大山脉，它把大西洋分为东西两部分，称为大西洋中脊；太平洋东侧有洋隆；印度洋有倒丫字形山脉，它的西南分支与大西洋中脊相连，东西支与太平洋洋隆相连。这样，三大洋底的山脉都是相连的，形成一个全球性的全长65000千米的山系，比陆地上的任何山系都大。海底山脉与大陆山脉不同，它没有褶皱，全部由火山岩组成（有的像挤出的牙膏，有的像蛋白），洋脊堆积物离中脊越远，越古老；越近则越年轻，最老的也不超过2亿年，而且中脊两侧的堆积物的年龄对称，洋脊的中央有数十千米宽的裂谷，洋脊顶部的地热流值最高，大洋中的地震点多沿大洋中脊排列，也就是说，洋脊是重要的地震带，地震主要发生在裂谷带上。

人们早在17~18世纪已经发现：地下温度随深度而增加的现象，但是海底的温度怎样？热流量多大？却迟迟不得而知。对这个问题的认识也是20世纪50年代以后的事情。经探测得知，海底的温度和热流量比预想的要大得多，如在大西洋裂谷所测得的热流量，相当于几百万年烧了300米厚的煤层所放出的热量。这么大的热来自哪里？地质学家们知道，大陆地下热来自花岗岩中放射性元素的裂变，但大洋下地壳的花岗岩则是缺乏的，显然不能用花岗岩中放射性元素的裂变进行解释，于是认为，大洋中脊的热源可能来自上地幔。

前面已经提到，关于古地磁的研究始于20世纪30年代，那时已经发现，在地质年代中地磁场曾经多次反向、即南北磁极曾多次转换，这一发现引起了人们极大的兴趣。50年代以后，地质学家又用新的手段对洋底的古地磁情况进行了探测，发现沿大洋中脊的两侧，古地磁的强弱倒转呈有规律的对称分布。经研究断定，这是由于大洋中脊不断喷出岩浆，这些岩浆在向两侧流出及冷却过程中，因受到当时地磁场的作用而磁化，磁化的方向亦随地磁场的转向而转向；岩浆不断喷出，海底地壳被挤向两侧，便形成了两侧对称的古地磁分布。

（二）海底扩张说

海洋地质的重大发现既说明海底是年轻的，又说明海底是在扩张之中。1960~1962年美国普林斯顿大学地质系的赫斯（H. Hess，1906~1969）和迪茨（Rokerl. S. Dietz）根据上述发现，分别提出了海底扩张说。他们认为，海底以大洋中脊为中轴，不断地向两侧扩张。具体地说，地幔中有一个圆环形的对流体，驱使地幔的炽热物质从洋脊的裂谷中涌出，冷却后形成新的海底，并以每年约几厘米的速度推动原来的海底向两侧扩张，当扩张到海沟时，又重新下沉，钻入地幔之中，被地幔所吸收。由于海底的扩张像传送带一样连续运转，海底不断更新，大陆同海底一起在地幔对流体上漂移。海底在2亿年便可更新一次。

几年后，海底扩张说便得到了一系列有力证据。海底钻探工作表明，最古老的沉积物的年龄不超过1.6亿年，海底地壳的年龄随它同洋脊距离的增加而增加，其扩张速度为 2 厘米/年。从理论上对海底扩张说以有力支持的是英国剑桥大学的凡因(F. J. Vine)等人 1963 年提出的海底磁异常条带假说(洋底磁异常条带是海底扩张和磁极倒转联合作用的结果)和 1964 年美国地质学家考克斯(A. Cox)把古地磁倒转与同位素测年法相结合完成的地磁倒转年表。1965 年加拿大人威尔逊(JT. Wilson)对大洋火山岛考察时发现,除个别岛屿外,所有大洋岛屿的年龄都小于 1.5 亿年,并且离洋脊越远越古老。这样,到 20 世纪 60 年代末,不仅海底扩张说取得了有力的证据,而且也使固定论被彻底击败。

三、板块构造理论

1968~1969 年,美国普林斯顿大学的摩根(J. Morgan),地质研究所的法国人勒比雄(X. Lepichan)和英国剑桥大学的麦肯齐(D. P. Maken,Zie)在综合海洋地质三大发现基础上,建立起一种新的地壳运动模型——板块构造理论,从而发展了大陆漂移说的海底扩张说,被称为"新全球构造理论"。

他们把岩石圈被各种断裂分割成的块段称为板块。勒比雄把整个地球岩石圈划分为六大板块,即欧亚、非洲、澳洲、南极、美洲及太平洋板块,并详细讨论了它们的运动情况。他们认为,板块是漂浮在软流层上的刚块体;板块在洋中脊处增生,在海沟处消减;板块运动的动力源泉是地幔的热对流。软流圈以每年几厘米的速度作对流循环运动,驮载其上的板块便因此作水平方向的漂移,运动方向与转换断层平行;板块的边界处是构造运动最活跃的地方(岩浆自大洋中脊裂谷中涌出,冷凝成地壳的一部分,同时把板块推向两侧,海洋板块与大陆块交界处或沉入大陆板块之下,或对大陆板块产生强大的挤压,其交界处便成为地质构造最活跃的地区);板块的边界按其应力可分为三种情况:两侧板块相对运动(挤压),形成海沟或年轻的造山带;两侧板块相背离去(张引),形成了裂谷;两侧板块相互滑过(剪切),留下剪切状痕迹。

板块构造理论的提出是地球科学史上的一次重大变革,它开创了人类对地球史认识的新阶段,对大地构造学、地质学以及整个地球科学产生了深刻影响,也改变着人们的旧地球观。第一,它描绘了大陆有分有合,大洋有生有灭的图景。据《人民日报》1986 年 2 月 25 日在《印度陆地北移使喜马拉雅山易地震》一文中报道:印度陆地以每年 2.5 厘米的速度向北移动,使喜马拉雅山易地震。南亚地区目前的位置已经向北移动了 8000 千米,这一事实既是板块构造理论的证据,又只能用这一理论予以说明。第二,它对研究山脉及高原的成因、矿带分布、古气候及生物演化等,展示了美好前景。

当然,板块构造理论也有它的不足之处。如板块运动的驱动力问题,地幔对流的证据问题,秘鲁海沟沉积物基本未经变动问题等,这一理论还不能予以很好地说明,仍有待于地球科学家们进一步去探索。

四、李四光的地质力学

李四光(1889~1971)是我国地质学家、地质力学的创立者。他用力学的观点研究地壳运动的现象,探索地壳运动与矿产分布的规律,把各种构造迹象看作是地应力活动的结果,建立了"构造体系"这一地质力学的基本概念,创立了地质力学。地质力学是大地构造学中的一个重要学派,它和大陆漂移说、海底扩张说、板块构造说一样,在人类认识地球的历史长河中,作出了自己的贡献。

李四光于1913年赴英国学习地质学,当时正值魏格纳大陆漂移说震惊世界的时候,李四光很快接受了大陆漂移的思想。1919年回国后从事华北主要成煤地层——石炭二叠纪及其标准化石蜓科的研究,1921年他发现这个地层在南北方有很大不同,华北以陆相沉积为主,华南以海相沉积为主。他认为这是由于海水进退在南北有差异引起的。他在翻阅大量外国文献时,发现许多学者注意到这一现象,并认为海水进退是全球性的,时间上有交替;而且魏格纳也曾运用海水进退规律来论证大陆漂移说,从而坚信自己的看法。后来他又经过反复研究、比较,认为海水进退现象是由于地球自转速度在漫长的地质年代不断发生变化的结果。当自转变快时离心力增大,海水便由两极流向赤道,于是高纬度地区发生海退,低纬度地区发生海进;当自转变慢时离心力减少,则使过程相反。接着他又进一步推想,这种使地球水平运动的水,也应当适用于固体的地壳构造现象。1926年,他在《地球表面形象变迁的主因》一文中系统地阐述了这一观点．并在后来写的《大陆漂移》一文中明确表达了地壳水平运动的实现途径。李四光的工作是对在三、四十年代一度被冷落、抛弃的大陆漂移说的一个有力支持,可以说他捍卫了大陆漂移说。1926年以后他又把研究重点转到区域性构造现象的探索。三、四十年代进入模型实验阶段,从事岩石在自然界的力学性质和应力场的分析。1945年他发表了《地质力学的基础和方法》,标志地质力学已成一门独立的学科。

新中国成立后,地质力学获得了新生,李四光的才华得到发挥。李四光在分析了我国东部地质构造的特点后,认为新华夏构造体系的三个沉降带具有广泛的找油前景。大庆、胜利、大港等油田的发现证实了李四光理论的正确性。李四光为我国石油工业的崛起作出了重大贡献,他的理论也使我国地质学在国际学术界占有一席之地。李四光的名字将永远铭刻在人们的心目中。

●复习思考题

1. 简述地球的圈层结构。
2. 论述魏格纳的大陆漂移说产生及其历史影响。
3. 简述海底扩张说。
4. 简述板块构造理论。
5. 简述李四光的地质力学。

第十四章 横断科学

20世纪以来,随着自然科学研究对象向广度和深度的发展,呈现出两种趋势:一方面,学科分工越来越细,形成了许多分支学科;另一方面,学科之间又相互渗透、相互交叉,综合化、整体化趋势日益明显,形成了若干横断科学。信息论、控制论和系统论就是突出的代表。

第一节 系统论的建立和发展的概况

一、系统论的建立

系统论的建立与现代生物学中的机体概念以及对活的有机体的研究密切相关,它是在对生物学中机械论和活力论的批判中诞生的。持机械论观点的人试图用物理的或化学的规律来解释复杂的生命现象,把有机体分解成若干个基本要素并用这些要素的简单相加来说明有机体的性质;持活力论观点的人则认为,在有机体中存在一种有目的的、超物质的"活力",它支配生物体内全部物理、化学过程和整个生命过程。显然,这两种观点都不能正确解释生命过程的本质。

1924~1927年间,美籍奥地利生物学家贝塔朗菲(Ludeig von Bertalanffy,1901~1972)多次发表文章,提出了生物学中的有机体概念,主张把有机体当作一个整体或系统来考察,认为生物学的主要任务就是发现生物系统中不同层次的组织原则。1932年和1934年,贝塔朗菲先后发表了他的著作《理论生物学》和《现代发展理论》,进一步阐述了整体性原则,认为整体的属性大于其各孤立部分属性的简单总和。他主张用数学和模型的方法研究生物现象,提出机体系统论概念。1937年,贝塔朗菲在美国芝加哥大学哲学研讨会上首次提出一般系统论概念。1945年又在《德国哲学周刊》发表《关于一般系统论》一文,遗憾的是,这篇论文竟几乎不为人所知。直到1947年和1948年期间,由于他多年的努力和积极的倡导,一般系统论才形成一门崭新的学科。

二、系统论的学科性质

学术界普遍认为,一般系统论导源于理论生物学中的机体论,但它本身与哲学、方法论密切相关。就学科性质来说,它并不是理论生物学体系中的一个分支,但也不等于哲学。可以说,它是一种介乎具体科学(生物学)与哲学之间,具有横断科学性质的基本理论,具有一般的科学方法论的特点。所以,贝塔朗菲认为"在不同领域中表现出结构上的相似性或同构性",可以看作是一般系统论形成的一种重要依据。一般系统论的任务就是要找到不同系统、不同学科之间的共同语言和术语。在这个意义上,可以把一般系统论理解为关于任意系统研究的一种一般的理论与方法论。贝塔朗菲给系统下了一个完备的定义,他说:"系统的定义可以确定为处于一定的相互关系中并与环境发生关系的各组成部分(要素)的总体。"①系统无处不在,万物皆成系统,小至基本粒子,大至宇宙,从微观到宏观;从无机界到有机界;从自然到社会,任何一个现实事物都是一个系统。

从系统的定义中可以看出,系统具有整体性、结构性、层次性、动态性和开放性等特性。研究系统的含义和特征的目的,在于掌握系统方法。运用这种方法就是要求把系统的各个要素综合起来,进行全面考虑和统筹,以求得系统整体功能的最优化。也就是说,要从整体出发,始终着重于整体要素、整体与结构、整体与层次、整体与环境动态的相互联系、相互作用,综合地处理问题。

运用系统方法研究客观事物的大体步骤是:制定系统所要达到的总目标;拟定为达到总目标的实施方案;对各种方案进行模型模拟;从模拟中选出最佳方案;依据最佳方案确定系统的结构组成及其相互关系。

三、系统论的发展

目前,系统论仍在发展之中,它的理论也正在不断地充实和完善。1968 年,贝塔朗菲编著了《一般系统论的基础、发展和应用》一书,全面阐述了系统论的思想。1972 年,即他逝世的那年,又发表了《一般系统论的历史和现状》一文,试图突破人们对一般系统论的"技术"上和"数学"上的理解．对它重新加以定义。贝塔朗菲认为,一般系统论可以作为一个新的科学规范,适用于广泛的研究领域,它应包括三个方面内容:①一般系统论——运用精确的数学语言描述各种系统;②系统技术——涉及系统工程的内容;③系统哲学——研究系统的本体论、认识论以及研究人与世界的关系。

1969 年比利时科学家普里高津(Ilya Prigogine,1917~2003),应用和发展了贝塔朗菲的理论,提出了耗散结构理论。讨论了一个系统从混沌无序向有序转化的机理、条件和规律,回答了开放系统如何从无序走向有序的问题,解决了科学上一项最扰人而又似是而非的问题,即进化和退化的矛盾。

系统论发展的又一重要标志是德国科学家哈肯(Haken,1927~)在 1974 年提出的"协同学"理论。协同学研究的是非平衡开放系统,在外界参量影响下,在内部各子系统间的协同作用下,在宏观尺度上如何形成时间、空间和功能有序的问题。

耗散结构理论和协同学是系统论的发展,也是现代系统工程的最新理论基础。它们的运用有助于我们更深入地认识许多系统的现象。迄今,系统理论不仅得到迅速发展和广泛应用,而且已成为人们认识世界和改造世界的有效的思想武器。

第二节　信息论的建立和发展的概况

一、信息论的建立

人类认识和利用信息的历史可以追溯到古代。人类在生产过程中建立了人与人之间的关系,而要沟通这种关系就必须要有信息,要进行通信。通信是人与人之间交流信息的手段。早期的人类直接面对面使用口头语言进行通信,交流劳动中所获取的信息。

①贝塔朗菲．1978．普通系统论的历史和现状．国外社会科学．第 2 期．北京:中国社会科学院文献信息中心

后来出现了用图形、象形文字等存贮、传递信息。随着人类文明的进展,这些图形、象形文字缩简成为较正规的文字符号,从而出现了用字母组成的各种文字符号。人们为了传递、存贮和利用信息,不仅需要各种文字符号,而且也利用除了语言以外的其他各种信号。刚果的许多部落用击鼓声的高和低,烟的长和短作为传递信息的信号;中国古代的"举烽火为号"也是用火作信号,是进行光通信的一种原始方式。"结绳记事"的绳结也是一种信号,用以存贮信息、传递信息。

人类在社会实践中深刻地认识到获得信息、利用信息的重要性。古代《孙子兵法》中曾讲过:"知被知己、百战不殆。"其意是交战的双方要想取得战争的胜利,必须了解敌我双方的兵力、装备、战略、战术等有关信息,然后经过指挥人员的分析、研究,作出正确的判断与决策,才能取得战争的胜利。多少年来,人们获取信息、传递信息、利用信息,但对信息的认识,长期以来还是处于感性阶段,没有形成一门系统的科学理论。信息论作为一门科学,它是由于资本主义生产实践的需要,以及近代自然科学的发展而逐渐形成起来的。

19 世纪中叶到 20 世纪 40 年代可以作为信息论产生前的准备阶段。自牛顿力学创立以来,从 17 世纪到 19 世纪在自然科学领域中机械唯物论的世界观占据统治地位,机械唯物论否认客观世界存在着偶然因素,把偶然性和必然性绝对地对立起来,企图用法国数学家和天文学家拉普拉斯的决定论来解释一切。拉普拉斯曾经提出,只要知道了宇宙中所有的作用力及所有原子在某一时刻的坐标和速度,就能确定世界的全部过去和未来,这就是人们通常所说的拉普拉斯决定论。这种形而上学的思想束缚着当时绝大多数的自然科学家。但是,美国物理学家吉布斯(Gibbs,1839~1903)和奥地利物理学家波尔兹曼(Boltzmann,1844~1906)却冲破机械决定论,决意把统计学引进物理领域,使物理学对客观世界中存在的不确定性和偶然性不得不加以考虑。把研究偶然性作为—种科学方法引入物理学,这是吉布斯的一大功绩。他这种研究方法为信息理论的创立提供了方法论的前提。

随着资本主义的发展,特别是近几十年来生产及科学技术的发展,人们对传输信息的要求越来越高,因此怎样提高通信系统传输信息的能力和传输的可靠性,怎样对各种形式的消息中所包含的信息作定量的描述,就成为迫切需要加以解决的课题。到了 20 世纪 40 年代,随着雷达、无线电通讯和电子算机、自动控制相继出现和发展以及防空系统的需要,促使科技工作者在各自的工作岗位上,对信息问题进行了大量的研究。正是由于实践的推动,使得科学家们能够从不同的角度对信息论中的一些概念和理论问题得出一致的结论。例如,单位信息量的思想差不多是在同一个时候由好几位科学家同时提出来的。可见,信息论的产生有其历史的必然。

1948 年,美国著名数学家申农(C. E. Shannon,1916~2001)发表了《通信的数学理论》,1949 年又发表了《在噪声中的通信》一文。当时申农在贝尔电话公司工作,他为了解决信息的编码问题,为了提高通信系统的效率和可靠性,在研究过程中,需要对信息进行数学处理,这就要求舍弃通信系统中消息的具体内容,把信息源发生的信息仅仅看作一个抽象的量。同时,由于通信的对象——信息具有随机性的特点,因此申农把用于物理学中的数学统计方法移植到通信领域,从而提出了信息的概念,从量的方面来描述信息的传输和提取的问题,并提出了信息量的数学公式。正是申农的这两篇著作确立了现代信息理论的基础,而申农也因此成为信息论的奠基人。此后,信息论就逐步发展成为一门独立的边缘学科。

信息论诞生以后,大体上沿着两个方向发展:一个是应用于多种学科和技术领域,另一个则是不断地丰富、完善和发展它本身的理论体系。

二、信息论的应用

信息论的出现给科学技术,尤其是通信技术带来了很大的好处。50年代初,科学家们把信息论推广到物理学领域获得了巨大成功。后来,科学家们试图把信息论扩展到生物学、心理学、语言学等领域,遇到许多困难,没有取得令人满意的结果。20世纪50年代末和60年代初,美国控制论学者、神经生理学家艾什比发表了《控制论导论》和《系统与信息》的论文,从系统的角度研究信息,为信息论推广应用于生物学、神经生理学等领域打下了基础。

信息论经过近几十年的发展,已经远远超出申农信息论的范围,而广泛应用于物理学、化学、生物学、心理学、经济管理等各个学科领域。为了适应科学技术发展的需要,迎接信息化社会的到来,一门新的科学正在迅速兴起,这就是广义信息论,或称信息科学。这是由信息论、控制论、计算机、人工智能和系统论等相互渗透、相互结台而形成的一门新兴的综合性学科。

第三节　控制论的建立和发展的概况

一、控制论的建立

著名的数学家维纳(Norbert Wiener,1894~1964)1931年被选为美国数学学会会长。从20世纪30年代起,他开始转向应用研究。二战期间,由于改进防空炮系统的需要,他曾先后两次参加火炮自动瞄准系统的研究工作,这是他提出控制论的直接动因。那时飞机的速度已经比击落它的炮弹的速度小不了很多,使得火力瞄准方法不适用,即不能用直接瞄准的方法而需要预测飞机未来的位置。这就要求控制装置能自动迅速地进行计算,以使炮弹能与飞机在空中恰好相遇,这就是预测和自动控制问题,实际上也就是人和机器组成的控制系统。为了说明这个系统,必须了解二者的特性,对人和机器中的某些控制进行类比,找出它们之间共同的规律性。但是维纳不是把人、生物与以传递物质和能量为主的机器进行类比,而是把人、生物和以传递信息为主的机器进行类比,这就为控制论的诞生打下了思想基础。1948年,维纳出版了《控制论》一书,标志着这—学科的诞生。他第一次把信息与控制放在一起来研究,在生物系统与机器系统二者之间架起了一座桥梁,发现了贯穿于其中的共同规律,因此,维纳把控制论称为“关于在动物和机器中控制和通信的科学”。从广义上说,控制论是研究各种系统的控制和调节的一般规律的科学,是自动控制、电子技术、无线电通讯、神经生理学、数理逻辑、统计力学等多种学科相互渗透的产物,它的产生突出地体现了现代科学技术发展的特点。

二、控制论的应用

50 多年来的实践证明,控制论对科学技术的发展有极大的影响,这一点已逐渐被人们所认识。但是,更要使人们加深认识的是,控制论不仅是一门技术学科,而且还是一门具有浓厚的科学方法论性质的学科。

恩格斯曾指出,在科学技术的发展中,理论思维有着不可忽视的作用。控制论的形成和发展突出说明了这一点。维纳是一位很注意哲学思考和方法论研究的科学家。他自称长期以来就对科学方法很感兴趣。早在 1911~1913 年期间,他就在哈佛参加科学方法研讨班。到了 20 世纪 30~40 年代,每月参加一次由从事医学、物理学、数学等方面研究的学者与专家参加的方法论研讨班,他对邻近的学科较为熟悉。维纳等人已意识到当代科技发展的趋势,是各门学科之间的相互渗透。在《行为、目的和目的论》一文中,他认为“在科学发展上可以得到最大的收获的领域,是各种已经建立起来的部门之间被人忽视的无人区”即边缘地区,他称之为科学的处女地。他把开垦这块处女地选作科学研究的突破口。他认为在这块领地上进行工作不能采用那种“公认的方法来达到目的”,而必须集合一批有共同愿望的,不同学科的、自由的科学家进行广泛的协作与交流,使其彼此熟悉各自的学科,相互取长补短,进行概念和方法的移植。他在《人有人的用处》一书中指出:“控制论的目的在于创造一种语言和技术,使我们能有效地研究一般的控制和通讯问题,同时也要寻找一套恰当的思想和技术,以便使通讯和控制问题的各种特殊表现都能借助于一定的概念加以分类。”维纳在《目的论的机械论》一书中也指出:控制论力求“寻找新的途径,新的综合的概念和方法,用来研究机体和人构成的巨大整体”。可见,他创立控制论的目的不仅着眼在技术、而且亦着眼于方法,并力图在创立新学科的同时,提供解决问题的一般方法,如功能模拟方法、黑箱方法等。

三、控制论的发展概况

控制论诞生以后,根据应用领域的不同,在 20 世纪 50 年代初出现了两个十分活跃的学科分支:一个是工程控制论,一个是生物控制论。工程控制论是在控制论的基本概念和方法与反馈放大器、伺服机理论相结合的基础上形成的。我国的著名科学家钱学森就是工程控制论创始人之一,他在 1958 年出版的《工程控制论》是这个学科的奠基性文献之一。工程控制论是电子线路、电力机械气动和液动等自动化系统的理论基础。生物控制论是用控制论的方法研究生物体系统和生物体的各种生理系统的自动调节和控制机理的。20 世纪 60 年代以来,由于大型电子计算机的出现和空间技术的发展,控制论进入了一个新阶段,由一般控制论发展到现代控制论。以计算机为手段,运用状态空间方法研究多变量复杂系统是现代控制论的重要特点。20 世纪 70 年代以来,控制论进入大系统理论研究时期。一般系统往往是在总目标下对某一关键因素实现控制,而大系统所要控制的是整个体系的总体性能指标,可以包括整个工厂、城市乃至国家。现在已经可以看到,以电子计算机为技术工具,运用现代控制论的概念和方法来研究大型工业企业的管理系统以至生态系统、经济系统和社会系统,已受到各国的普通重视,这对于促进人类文明的发展将是有意义的事。

系统论、信息论和控制论作为独立的学科，各自都有自己的发展方向。同时，由于这三门学科之间的内在联系，它们亦有综合发展的趋势，目前出现的以下几种动向值得引起重视。

第一，把系统论、信息论、控制论作为一组新兴学科结合起来进行考察，从而导致新理论的创立。例如，20 世纪 70 年代以来，人们开始将系统、信息、控制结合起来，探索物质系统有序结构的形成，并由此产生了一组被称为自组织理论的学科。其中有代表性的是耗散结构理论，协同学和超循环理论。这一组学科的创立，为系统科学研究开辟了新领域，提供了新的概念和新的方法。人们俗称为“新三论”。

第二，一门解决复杂系统的系统基础科学——系统学正在酝酿中，系统科学体系正在形成。目前国外一些学者把系统科学分成三个部分，即狭义的系统科学、系统工程学、系统哲学。

第三，“三论”不仅是一组技术学科，而且有浓厚的方法论性质。因此，在注意这些科学发展的同时，必须把它们中间具有普遍意义的科学方法加以提炼，在马克思主义哲学指导下，吸取现代科学哲学方法论流派中的精华，对 20 世纪 30 年代以来的科学方法进行系统的概括和总结，建立具有时代特点的现代科学方法论或系统科学方法论，这是值得深入探讨的课题。

第四，从历史考察中，人们清楚地看到，系统观与系统论的发展与人类哲学思想的发展，特别是与辩证法的发展是不可分的。自古以来，系统观就是人们观察事物的一种根本观点。三论中许多科学概念，直接涉及哲学的基本问题，因此值得我们认真研究，加以提炼和丰富，以发展辩证唯物主义的世界观和方法论。

总之，无论是系统论、信息论和控制论，还是耗散结构、协同论等，它们的诞生和发展，标志人类对客观世界探索的深入，记载着人类认识和改造世界的历程。

●复习思考题

1. 简述系统论的建立和发展的概况。
2. 简述信息论的建立和发展的概况。
3. 简述控制论的建立和发展的概况。

第四篇 现代技术革命与高科技的出现

现代技术指20世纪以来的技术。现代技术是在19世纪已有技术和20世纪自然科学最新突破的基础上发展起来的。现代技术的发展越来越多地来源于科学并依赖于科学的进步。科学发现很快被用于技术发明,科学为技术开拓了一系列新领域。特别是20世纪40年代以来,原子能、电子计算机、高分子合成材料、空间技术等高科技的相继出现,拉开了第三次技术革命的序幕。它是人类文明史上继蒸汽机技术革命和电力技术革命之后科技领域里的又一次重大飞跃。这次科技革命不仅极大地推动了人类社会经济、政治、文化领域的变革,而且也影响了人类生活方式和思维方式,使人类社会生活和人的现代化向更高境界发展。

第十五章 电子计算机与微电子技术

电子计算机是20世纪最辉煌的技术成果之一,具有划时代意义。由于它具有存储数据、记忆、逻辑推理、判断等功能,以及运算速度快,计算精度高等特点,被广泛应用于国民经济、国防、科研直至家庭日常生活等各个领域。同时,微电子技术应运而生,不仅使电子设备和系统的微型化成为可能,更重要的是它引起了电子设备和系统的设计、工艺、封装等的巨大变革。

第一节 电子计算机的诞生

电子计算机是人类在20世纪创造出来的最值得骄傲的工具,就它对社会生产、经济、军事、文化教育和人类生活各方面的影响来说,其意义比任何其他技术都大。而且,电子计算机科学技术方兴未艾,前途颇为广阔。

一、计算器的历史演进

电子计算机是现代科学技术的结晶,又是传统技术高度科学化的产物。人类制造计算工具和发展计算技术由来已久。在古代,就有了算筹、算盘的发明。到了17世纪,由于钟表制造技术与计算工具的结合,在欧洲出现了最早的机械计算器。1642年,法国数学家巴斯噶(Blaise Pascal, 1623~1662)制成了加法器。1671年,德国数学家莱布尼兹(G. W. Leibniz,1646~1716)发明了可以进行四则运算的演算器。早期计算机的最杰出成果,是由英国数学家巴比奇(Charles Babbage,1792~1871)设计的差分机和分析机。他于

1822 年设计了能进行数字表计算(简单多项式计算)的差分机,计算精度达六位小数,且能根据设计者的安排自动完成整个运算过程,包含着程序设计的萌芽。而 1833 年设计的分析机乃是历史上第一个具有运算器、储存器、输入输出器等基本部件的通用计算机,可完成所有的算术运算,包含了现代计算机设计的一些主要思想。但是这是一台机械传动式的计算机,需要大量齿轮、曲柄且用蒸汽力传动,由于当时机械加工水平的限制和缺乏足够的经济支持,尽管巴比奇耗尽了自己毕生的精力和大部分财产,还是未能把它制造出来,在巴比奇的工作失败以后,数字计算机的研究工作停滞了约 70 年。

二、电子管计算机(1946~1959)

1944 年,美国国防部门组织了由莫奇利和埃克特领导的计算机研究小组,当时在普林斯顿大学工作的现代计算机的奠基者美籍匈牙利数学家冯·诺伊曼(John von Neumann 1903~1957)也参加了这项研究工作。经过两年多的努力,终于在 1946 年 2 月 15 日研制成世界上第一台电子计算机 ENIAC。ENIAC 共使用了 18000 个电子管和 86000 个其他电子元件,有两个教室那么大,运算速度却只有每秒 300 次各种运算或 5000 次加法,耗资 100 万美元以上。尽管 ENIAC 有许多不足之处,但它毕竟是计算机的始祖,揭开了计算机时代的序幕。

根据冯·诺伊曼的思想,ENIAC 电子计算机方案在 1945 年完成了。这个方案采用了二进制和存储程序,为提高计算机的运行速度开辟了道路。1949 年 5 月,英国剑桥大学数学实验室制成电子延迟存储自动计算机 EDSAC,这是第一台带有存储程序结构的电子计算机。随后,在 1952 年 1 月,由冯·诺伊曼设计的 IAS 电子计算机问世,终于使诺伊曼的设想在这台机器上得到了圆满的体现。这台 IAS 计算机总共只采用了 2300 个电子管,但运算速度却比拥有 18000 个电子管的 ENIAC 提高了 l0 倍。因此 IAS 计算机被屡屡仿制,并成为诺伊曼型电子计算机的鼻祖。从 1953 年起,美国的 IBM 公司开始批量生产应用于科研的大型计算机系列,从此电子计算机走上了工业生产阶段。1955 年,原苏联科学家也研制成快速大型电子计算机,该机占用机房面积达 $100m^2$,共用了 5000 多个电子管,平均计算速度达每秒 7000~8000 次,该机包括一个能存储 1004 个代码的专用内存储器。1958 年,中国科学院也制成了中国第一台采用电子管的大型快速计算机。

第一代电子计算机的主要特点是使用电子管作为逻辑元件。它的 5 个基本部分为运算器、控制器、存储器、输入器和输出器。运算器和控制器采用电子管,存储器采用电子管和延迟线。这一代计算机的一切操作,包括输入、输出在内,都由中央处理器集中控制;没有系统软件,只能用机器语言和汇编语言编程。这种计算机主要用于科学技术方面的计算。

三、晶体管计算机(1959~1965)

1954 年,美国贝尔实验室研制成功第一台使用晶体管线路的计算机,取名 TRADIC,装有 800 个晶体管。1955 年,美国在阿塔拉斯洲际导弹上装备了以晶体管为主要元件的小型计算机。10 年以后,在美国生产的同一型号的导弹中,由于改用集成电路元件,重量只有原来的 1/100,体积与功耗减少到原来的 1/300。

1958 年,美国的 IBM 公司制成了第一台全部使用晶体管的计算机 RCA501 型。由于第二代计算机采用晶体管逻辑元件及快速磁芯存储器,计算速度从每秒几千次提高到几十万次,主存储器的存储量从几千 kB 提高到 10 万 kB 以上。1959 年,IBM 公司又生产出全部晶体管化的电子计算机 IBM7090。1958～1964 年,晶体管电子计算机经历了大范围的发展过程,从印刷电路板到单元电路和随机存储器,从运算理论到程序设计语言,不断的革新使晶体管电子计算机日臻完善。1961 年,世界上最大的晶体管电子计算机 ATLAS 安装完毕。1964 年,中国制成了第一台全晶体管电子计算机 441-B 型。

晶体管电子计算机增加了浮点运算,使数据的绝对值可达到 2 的几十次方或几百次方,使电子计算机的计算能力实现了一次飞跃。晶体管计算机的程序语言从机器语言发展到汇编语言。接着,高级语言、FORTRAN 语言和 COBOL 语言相继开发出来并被广泛使用。这时,开始使用磁盘和磁带作为辅助存储器。同时,用晶体管取代了电子管使晶体管电子计算机的体积大大减小,寿命延长,价格降低,为电子计算机的广泛应用创造了条件。

四、集成电路计算机(1965～1969)

1958 年,世界上第一个集成电路(Integrated Circuit,简称 r)由美国科学家基尔比(Jack Kilby,1924～2005)研制成功。与晶体管相比,集成电路的体积更小,功耗更低,而可靠性更高,造价更低廉,因此得到迅速发展。

1964 年 4 月 7 日,美国 IBM 公司采用混合集成电路生产了 IBM 360 系列机,它成为集成电路电子计算机的代表。该系列有大、中、小型机共 6 个机型,它兼顾了科学计算和事务处理两方面的应用,各种机器全都相互兼容,适用于各方面的用户,具有全方位的特点,正如罗盘有 360 度刻度一样,所以取名为 360。它的研制开发经费高达 50 亿美元,是研制第一顾原子弹的曼哈顿计划的 2. 5 倍。

随着半导体集成技术的快速发展,美国开始研究军用大规模集成电路计算机。1967 年,美国无线电有限公司制成了领航用的机载计算机 LIMAC。军用机载大规模集成电路试验的成功,为过渡到民用大规模集成电路通用机积累了丰富的经验。1969 年,美国自动化公司制成计算机 D-200,得克萨斯仪器公司也制成机载大规模集成电路计算机。1971 年,IBM 公司开始生产 IBM 370 系列机,与 IBM360 一样著名。

集成电路计算机系统软件有了很大发展,出现了分时操作系统,多用户可以共享计算机软硬件资源。在程序设计方面采用了结构化程序设计,为研制更加复杂的软件提供了技术上的保证。

五、超大规模集成电路计算机(1970～)

进入 20 世纪 60 年代后,微电子技术发展迅猛。在 1967 年和 1977 年,分别出现了大规模集成电路(Large Scale Integrated Circuit,简称 LSI)和超大规模集成电路(Very Large Scale Integrated Circuit,简称 VLSI),并立即在电子计算机上得到了应用。

美国 ILLIAC—Ⅳ计算机,是第一台全面使用大规模集成电路作为逻辑元件和存储器的计算机,它标志着计算机的发展已经到了第四代。1975 年,美国阿姆尔公司研制成

470V/6型计算机,随后日本富士通公司生产出M-190机,是比较有代表性的第四代计算机。英国曼彻斯特大学1968年开始研制第四代机,1974年研制成功ICL2900计算机。1973年,德国西门子公司、法国国际信息公司与荷兰飞利浦公司联合成立了统一数据公司,研制出Unidata 7710系列机。

1975年,美国IBM公司推出了个人计算机PC(Personal Computer),计算机开始深入到人类生活的各个方面。1976年,美国硅谷的乔布斯和沃兹匹克这两个年仅20岁的青年设计成功了"苹果"微型机,为计算机进入家庭首开先河。随后又迅速以新产品"丽莎"投放市场,微型机获得了巨大的发展。1981年8月12日,国际商用机器公司(IBM)推出第一代个人电脑,它的销售量达到百万台以上。

中国于1993年11月研制出第一台586微型机,它采用英特尔公司1993年5月推出的新一代升级的最高档的"奔腾"微处理器,与386、486微型机完全兼容;而功能比486提高了3倍左右,可以与超小型机相比。1997年,我国巨型计算机研制技术取得新突破,"银河-Ⅲ"运算速度为每秒130亿次,"银河-Ⅲ"的研制成功,使我国在高性能巨型机的研制领域跨入了世界先进行列。

20世纪90年代以后,个人电脑开始向微型化发展。1992年,东芝公司推出T6400DX型和T6400SX型便携式笔记本型电脑,有彩色液晶显示屏,存储扩展到20兆字节;夏普推出的笔记本型电脑采用8.4英寸的显示屏,功率损耗减少1/2,可与IBM个人电脑兼容。1992年,美国一家计算机公司推出一种日历薄大小的袖珍计算机,可同国际商用机器公司的PC/XT兼容;韩国三星集团则研制出世界上第一台A5尺寸的手册式计算机,带有一个硬盘和2兆字节存储器。

从计算机技术的发展趋势看,目前,计算机正在进入第五代,即用超大规模集成电路装备的具有人工智能的巨型计算机和微型机。科学家们正致力于智能计算机、光学计算机和生物计算机的研究和探索。

计算机的运算速度在不断提高,大约每两年就会提高1倍。在仅仅10年的时间内,个人电脑的运算速度就发展为原来的20倍,内存储能力为原来的64倍,磁盘存储能力则提高了500倍。这一代计算机技术与通信技术相结合,计算机网络把世界紧密地联系在一起。多媒体技术崛起,计算机集图像、图形、声音、文字、处理于一体,在信息处理领域掀起了一场革命。

第二节　微电子技术的发展

随着集成电路,尤其是超大规模集成电路而发展起来的一门新的技术学科。微电子技术包括系统和电路设计、器件物理、工艺技术、材料制备、自动测试,以及封装、组装等一系列专门的技术。微电子技术是微电子学中的各项工艺技术的总和。微电子学研究的对象十分广泛,除各种集成电路(单片集成电路、薄膜电路、厚膜电路和混合集成电路)外,还包括集成磁泡、集成超导器件和集成光电子器件等。

一、微电子技术发展的历程

微电子技术是在电子电路和系统的超小型化和微型化过程中逐渐形成和发展起来

的。第二次世界大战中、后期，由于军事需要，对电子设备提出了不少具有根本意义的设想，并研究出一些有用的技术。例如，用电阻墨水和银浆按图形在陶瓷衬底上用网印法制造电阻阵列和连线的方法。利用腐蚀方法成批制作电路连接的技术，经过不断演变成为后来的印制电路制版技术；而用腐蚀方法获得的金属化图案的思想，后来也为集成电路所采用。1947 年，晶体管的发明，后来又结合印制电路组装，使电子电路在小型化方面前进了一大步。20 世纪 40 年代末到 50 年代初，人们提出电路组件的概念，当时称为电子模块，即有固定功能的微模组件。到 1958 年前后已研究成功以这种组件为基础的混合组件（混合集成电路）。这种微型组件只能构成元件数不多的较简单的单元电路，成本和可靠性还不能与集成电路相比。

集成电路的主要工艺技术，是在 20 世纪 50 年代后半期硅平面晶体管技术和更早的金属真空涂膜等技术基础上发展起来的。在改善锗高频台式管性能的基础上，硅扩散晶体管于 1955 年制成。此后，由于扩散掩蔽和保护 PN 结的需要，人们开始对硅上二氧化硅生长工艺及其性能进行研究，并在 1959 年前后实现了硅平面工艺，试制出硅平面型晶体管。同年还制成了第一个硅单片集成电路（一个移相振荡电路，由一个张弛振荡器和 RC 分布回路组成）。随后于 1961 年出现了硅双极型集成电路产品，即电阻-晶体管逻辑电路。1962 年，生产出晶体管-晶体管逻辑电路和发射极耦合逻辑电路。1960 年，MOS 场效应晶体管问世；1962 年，MOS 集成电路出现。由于 MOS 电路在高密度集成方面的优点和集成电路对电子技术的影响，集成电路的发展越来越快。1969 年，研制成属于大规模集成的单片 MOS1024 位随机存储器；MOS 计算器和微处理器也于 1970 和 1971 年相继问世。从此，微电子技术进入了以大规模集成电路为中心的新阶段。

进入 70 年代以后，微电子技术的进展十分迅速，这首先表现在工艺技术方面。①微细加工技术：由于引用了电子束制版、投影曝光、硅片上的直接分步重复技术和干法刻蚀等工艺，最小的光刻线条已达到 1 微米左右。②掺杂工艺：由扩散方法转变到全部用离子注入的方法。③多晶硅技术、等平面工艺、化学汽相淀积工艺、新的隔离方法、多层布线以及各种低温加工工艺等被先后采用，从而使加工精度大大提高。④硅片质量的改进使芯片面积、加工硅片的直径和每批加工硅片的数量都大大提高。集成电路的性能-价格比得以持续、大幅度地增长。随着集成密度日益提高，集成电路已向集成系统发展，电路的设计也日益复杂、费时和昂贵。实际上，如果没有计算机的辅助，较复杂的大规模集成电路的设计是不可能的。20 世纪 70 年代以来，集成电路利用计算机的设计有很大的进展。制版的计算机辅助设计、器件模拟、电路模拟、逻辑模拟、布局、布线的计算机辅助设计等程序，都先后研究成功，并发展成为包括校核、优化等算法在内的混合的计算机辅助设计，乃至整套设计的计算机辅助设计系统。集成电路制造的计算机管理，也已开始实现。此外，与大规模集成和超大规模集成的高速发展相适应，有关的器件物理、材料科学和技术、测试科学和计算机辅助测试、封装技术和超净室技术等都有重大的进展。

二、微电子技术的发展展望

微电子技术发展较快。在工艺技术上，微细加工技术，如电子束、离子束、X 射线等复印技术和干法刻蚀技术日益完善，使生产上达到亚微米以至更高的光刻水平，集成电路的集成度将大大提高，以至达到全圆片上集成一个复杂的微电子系统。高质量的超薄氧化层(约为 100 埃)、新的离子注入退火技术、高电导高熔点金属及其硅化物金属化和浅欧姆结等一系列工艺正获得进一步的发展。硅片加工面积将增大至直径 15 厘米以上。为此,除了晶体完整性大大提高外,加工温度必须再度降低。因此,一系列低温加工技术(包括高温瞬态技术)正在发展。这些发展必然导致微电子设备生产工装高速度地更新。在微电子技术的设计和测试技术方面,随着集成度和集成系统复杂性的提高,冗余技术、容错技术将在设计技术中得到广泛应用。随着超高速集成电路和光电集成器件的发展,以 GaAs 为基片的,包括各种异质结和超晶格器件的集成逐渐在微电子技术中起重要作用。因此,与此相联系的如分子束外延、金属有机物外延和相应的工艺技术将加速展现。此外,随着微细加工技术的进步,线度已经接近半导体中电子运动的一些特征长度,如自由程、电子波长等。因而,微电子学中使用新原理的器件和利用新的电子效应也是必然的趋向。

● 复习思考题

1. 简述电子计算机的发展历程。
2. 微电子技术是如何发展的?

第十六章　激光技术

激光技术是20世纪60年代初发展起来的一门新技术。激光的问世标志着人类对光的认识和掌握进入了一个新阶段。它不仅赋予光学学科以新的生命力,而且引起现代光学应用技术的革命性发展,目前已广泛应用于工业、医学、通信、国防、农业等领域,起到了不可替代的作用。

第一节　激光及其产生机理

一、什么是激光

激光一词来源于"light amplification by stimulated emission of radiation"的缩写"Laser",音译为"莱塞";港、台、澳等地称为"镭射"。"Laser"的原意是"受激辐射的光放大"。1964年,我国科学家钱学森建议把当时流行的莱塞和光量子放大器等名称统一起来,定名为激光,这就是激光一词的由来。

激光是一种人造光,是单一波长,具有全波相位的(相干)光,波长仅为电磁波波长的千分之几,被称作是一种新颖的光源。它除了具有反射、折射、干涉等一般光的特性外,还具有方向性强、亮度高、单色性好、相干性好等独特的特点。

1. 方向性强

光的方向性如何,用光束在空间传播的发散角来衡量。发散角越小,方向性越好,如果发散角等于零,就称为平行光。普通光源发出的光射向四面八方,谈不到什么方向性,即使加上聚光镜后,其光束的发散角仍有1度左右。探照灯可谓有方向性,但它的光束是喇叭形,光束有明显的扩散。而激光的发散角很小,一般为几个毫弧度,比探照灯的发散角小100倍,若加上光学系统聚集后,其发散角还可再减小100倍,已接近于平行光。如果把它射向月球(距地球384 000千米),在月面上的光斑直径不超过2千米,而用最好的探照灯照射月球,其光斑直径至少有几百千米(实际上探照灯的灯光是达不到月球的)。

2. 亮度高

所谓亮度,光学上给出的定义是:光源在单位面积上向某一方向的单位立体角内发射的光功率。亮度与发光面积与光源的发散角成反比,与发射功率成正比。激光束的面积比普通光源的发光面积小得多。激光的发散角是普通光源的几百万分之一,激光的亮度就是通过激光的能量在空间上的高度集中等原因而实现的。一支输出功率为1毫瓦的氦氖激光器的亮度,就比太阳光的亮度高100倍,而大功率的激光器输出的激光,其亮度可比太阳光的亮度高10万亿倍。至今为止,只有氢弹爆炸的瞬间所产生的闪光,才可与之相比。

3. 单色性好

普通光源发出的光,一般都是极为复杂的,都包括极宽的波长范围。也就是说,它的谱线宽度很大,如太阳光包含了所有可见光的波长(即包括所有的颜色);而激光则能密集在单一波长上,谱线宽度极窄,与普通光的谱线相比相差几个数量级,即激光的波长范围只有千分之五埃(1埃=10^{-8}厘米),如单色性能较好的氦氖激光,其波长范围只有千万分之一埃,比氪灯的单色性好5万倍。所以激光是一种亮度高的单色光。

4. 相干性好

普通光源发出的光,属于非相干光,这种光叠加在一起,其幅度是起伏不定的,不会产生稳定的干涉现象,而激光的频率、相位和传播方向是相同的,属于相干光,这种光叠加在一起,其幅度是稳定的。也就是说,由于激光的发光波长单一,因而在相当长的时间内,可以保持光波前后的相位关系不变,这是任何其他光源所达不到的。

二、激光产生的机理

激光的发光机理与普通光有很大不同。普通光是由自发辐射产生的,而激光是由发射放大而产生的。在介绍原子结构时已经谈到:围绕原子核运动的电子处于不同的能级上,离核近的能量小、能级低;离核远的能量大、能级高。能量最低的状态称为基态,比基态能量高的状态称为激发态,通常情况下原子或其他粒子总是处于能量最低的状态(即基态),因而原子呈现出稳定性,当原子受到外界能量作用时,原子中的电子由于吸收了能量,就会从低能级跃迁到高能级。原子便从稳定状态变为激发状态,即不稳定状态。但是被激发后处于高能级上的原子,在高能级上只能停留极短的时间,约为亿分之一秒,然后又立即跃迁回低能级。这个过程完全是自发进行的,因而称为自发跃迁。在自发跃迁中,原子会把原先吸收的能量释放出来,即自发辐射出光子,于是便产生了光,这就是普通光产生的机理。太阳光、灯光均属于这类光。自发辐射过程中产生的光子没有统一的步调,不仅辐射出的光子有先有后、波长有长有短,而且传播方向也不一致,射向四面八方。物理学上把自发辐射产生的光称为非相干光。

原子从高能级跃迁到低能级并非只有自发跃迁一种形式。1917年爱因斯坦在他的受激发射理论中就指出:原子从高能级向低能级跃迁,也可以在光子诱发下进行,并且向外辐射相同的光子,这种现象称为受激辐射(或称受激发射)。受激辐射产生的光子在频率、振动方向和传播方向上均与诱发光子完全相同。受激辐射会产生光放大效应:一个光子诱发一个原子产生受激辐射,得到两个完全相同的光子,这两个光子再去诱发两个原子产生受激辐射,又可得到4个完全相同的光子。依此类推,形成连锁反应,使完全相同的光子越来越多。因而,受激辐射过程就是光放大的过程,受激辐射过程产生并放大的光,就是激光。可见受激辐射放大就是激光产生的机理,也是爱因斯坦受激发射理论的核心。

第二节 激光技术发展的历史

一、激光的产生和发展

光是人类生存发展的必要前提之一。白天人们借助太阳光生活。为了解决黑夜照明问题,人类自己又发明创造了许多人造光源。如古代的油灯、蜡烛、现代的各式各样的电灯。这些光都是普通光,它的作用有限。现代科学技术的发展迫切需要使用相干光。早在古代,人们就知道了凸透镜可以使光聚焦后生火,从而梦想发明一种破坏力极大的超高强度的光束(“死光”)武器。20 世纪 60 年代以来,激光器的发明圆了古人的梦。

前面已经提到,爱因斯坦的受激辐射理论为激光的发明奠定了理论基础。但是当时的科学技术水平还达不到制造激光的能力,因而在以后的三四十年内没什么进展。20 世纪 50 年代,随着光子技术和微波技术的发展,迫切需要一种能产生可控制的光波的振荡器,即今天所说的激光器,当时的难点在于寻找合适的光源物质。为此,许多科技工作者进行了尝试。1951 年,美国哥伦比亚大学的汤斯发现:假如在盛有氨气的容器中有足够多的氨分子处于高能状态,氨分子固有的两个能级间会产生粒数反转现象,此时受激辐射就可超过吸收辐射,从而出现产生光子的连锁反应,得到强大的输出光。1953 年戈登 · 蔡格尔 · 汤斯根据上述原理制成了第一台微波量子放大器,这台放大器成为激光器的雏形。由于它产生的波长为 1. 25 厘米,居于微波范围,故称为微波量子放大器(或微波激射器)而不叫激光器。1958 年汤斯又把微波放大器原理由微波波段推广到光波波段,为激光器的制造打下了基础。

从 20 世纪 60 年代起各种各样的激光器相继诞生。1960 年 7 月美国休斯公司实验室的一位从事红宝石材料研究的年轻科学家梅曼(Maiman, Theodore Harold, 1927 ~)制成了第一台以红宝石为光源的量子放大器,即第一台激光器。它用脉冲疝灯进行光激励,激光输出为脉冲输出。波长为 6943 埃(深红色),峰值功率为 10^4 瓦。它的问世立即引起了世界各国科学界的重视,各种类型的激光器也就雨后春笋般地相继出现。1961 年 11 月,斯尼泽(E . Snitzer)制出钕玻璃激光器,目前用于激光核聚变。1962 年 6 月又出现了红色波长的氦氖激光器,发出的光色鲜红,单色性、方向性和稳定性都很好,被广泛应用于各大学的实验室。同年又出现了镓砷半导体激光器。1963 年出现了液体激光器。1964 年倔特耳研制成第一台二氧化碳激光器,这台机器的特点是功率强、能量大,最高输出功率高达 6 万瓦。同年卡斯被等人又制造出化学激光器,其特点不仅功率大(经不断改进,功率已达万亿瓦),而且不用电能。1966 年索洛金等人研制出液体染料激光器,其特点是可以连续调节激光波长。1977 年又出现了自由电子激光器,它可以大幅度改变激光波长,具有大功率、高效率,有可能从它得到毫米波和 X 射线波。

二、我国的激光技术

我国第一台红宝石激光器诞生于 1961 年 9 月,仅比美国晚一年,氦氖激光器的制成也比美国晚一年。这说明我国在激光器的研制方面并不比世界落后,后来只是由于“文革”的原因,进展才受到一定影响。但是 1978 年科学大会后,特别是 863 计划后,激光技术的研究不仅重新受到重视,而且作为一个重点开发领域。经过多年的努力,我国在激光工业应用、激光医学、高功率激光、激光晶体、激光物理、激光化学等分支领域都取得了可喜的成果,有的项目已走在世界前列。1991 年 1 月,中国科技大学研制成功了世界上第一台万兆瓦可调谐新型钕玻璃激光装置。1992 年 12 月,由吉林大学高锦岳教授主持的科研小组,在钠原子中第一次观察到了无粒子数反转条件下的光放大信号。这是激光物理和量子光学的一个重大突破,在国际上居领先地位。

总之,目前发现:能产生激光的物质上千种,激光的波长范围不断扩展,长波方向可扩展到远红外,与无线电波的毫米波相接,短波方向可扩展到紫外线和X射线。激光具有广阔前景。

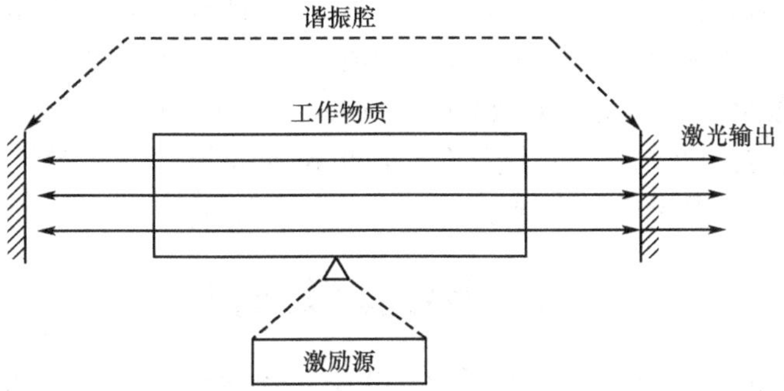

图16-1 激光器示意图

第三节 激光器的基本结构和种类

激光器是产生激光的装置,它通常由激光工作物质、光学谐振腔和激励源三部分组成,如图16-1。

激光器的种类很多,按照它的工作物质、激励源、工作方式和工作波长的不同,大体可分为五大类。

一、固体激光器

固体激光器的工作物质主要是掺有钕离子(Nb3+)等的晶体和玻璃,最常用的有钕玻璃(掺钕,输出波长1.054微米,由斯尼泽制成)、钇铝石榴石(掺钕、输出波长为1.064微米,1964年4月由范尤特(L. G. vanUitert)制成、红宝石(掺铬,输出波长为0.6943微米,第一台激光器就是红宝石激光器)。20世纪80年代以来又研制出输出激光波长在一定范围内、连续调谐的激光晶体金绿宝石(输出波长为0.701~0.815微米)、蓝宝石(掺钛,输出波长为0.66~1.18微米)。固体激光器的激励源是光泵。为了提高激励效率,采用聚光器的办法,把光泵的光聚集到工作物质上。常用的光泵有脉冲疝灯、连续氪弧灯等。固体激光器的谐振腔是由镀膜的全反射镜和部分反射镜构成。

固体激光器具有输出功率大、结构紧凑、牢固耐用等优点,常用于激光测距、激光加工、跟踪制导等方面。

二、气体激光器

气体激光器具有和霓虹灯相似的结构,即由电源(包括电极、变压器等)、发光物质构成,不过气体激光器还要在灯管的两端装上反射镜,构成光学谐振腔。通电后整个放电管发出一种扩散的橘红色辉光。这种辉光经过在谐振腔中来回振荡便产生出一束极细的、耀眼的红色激光(输出波长为0.6328微米)沿轴线射出。这种激光的输出功率为几毫瓦到几十毫瓦,可连续工作达几万小时。气体激光器的工作物质是各种气体或金属蒸气。气体激光器主要有:氦氖激光器(美籍伊朗科学家贾万等人于 1962 年 6 月制成,输出波长为 1.15 微米,为红外线)、氩离子激光器和二氧化碳激光器。氩离子激光器发出的激光有蓝色(输出波长为 0.488 微米)和绿色(输出波长为 0.5154 微米)两种,最大输出功率可达几百瓦,脉冲功率达兆兆瓦级。氩离子激光器于 1964 年问世,发出的绿光在水中有良好的穿透能力。二氧化碳激光器是 1964 年夏由佩特耳研制成功的,可在 10.6 微米处工作。由于它的能量大、功率大而获得极迅速发展。气体激光器的单色性、相干性均比其他激光器好,常用于精密计量、医疗、通信等领域。

三、半导体激光器

半导体激光器的工作物质是砷化镓、镓铝砷、钢铃砷磷等。它的结构实际上就是改进了的发光二极管,其主要部分是一块只有毫米大小的单晶,形成具有发光作用的 PN 结。当接通电源后,在 N 层聚集大量的电子,通过结平面跃迁到 P 层中去,从而产生光子辐射,PN 结的两个端而制成平行的镜面,镀有反光膜,形成一个谐振腔,由于激发产生的光子在两个镜面间往返反射,便形成振荡放大,于是从一个端面发出激光。第一台半导体激光器是 1962 年 9 月由美国的霍尔(R. N. Hall)制成的砷化镓激光器(输出波长为 0.9 微米)。但是由于它的方向性、单色性较差、寿命短、工作条件苛刻(连续工作必须低温冷却)等原因,因而未能投入实际应用。直至 1976 年贝尔实验室的林严雄等人研制成功异质结砷化镓激光器,才把半导体激光器推向一个新的发展阶段。由于半导体激光器具有体积小、重量轻、效率高、寿命长等特点,而被用于通信、测距、射击模拟和信息存储等方面。它的输出功率小,仅为几十毫瓦至几十瓦。

四、化学激光器

化学激光器的工作物质为气体或液体,它的激励源是利用化学反应中产生的化学能。原则上不需外加的电源、光源等激发源,只是由化学反应产生的化学能的激励便可形成粒子数反转,而产生激光。化学激光器的工作物质本身就蕴藏着巨大能量。比如,每千克氟、氢燃料经化学反应生成氟化氢时,就能放出约 1.3×10^{7} 焦耳的能量,所以当化学能转换成受激辐射时,就能获得高能量的激光。氟化氢、氟化氘激光器的输出功率为兆瓦级,并可连续输出。化学激光器的波长范围较宽,氟化氘的波长在 3.6~5.0 微米,一氧化碳的波长为 5.0~7.0 微米。由于它在空中传播的损耗小、功率大、可调谐,因而化学激光器是最有希望的激光器,它将被用于制造激光武器。

五、自由电子激光器

以固、液、气态为工作物质的激光器的工作原理都是基于原子或分子的受激辐射。这种激光器有如下一些缺点:第一,激光跃迁只能在分立的能级上进行,因而激光的输出频率也只能是分立的,只能在小范围内变化,不能大幅度调谐;第二,波长越短,获得受激辐射越困难;第三,基质工作物质的热效应和强光作用下的非线性效应限制了输出功率和重复率的提高。因而 1977 年美国斯坦相大学的迪肯(D. A. G. Deacon)等人又研究了第一台自由电子作为工作物质的自由电子激光器。该激光器的工作机理与其他激光器截然不同。它的工作机理是基本轫致辐射和康普顿散射。所谓用自由电子是指不受原子核束缚,运动自由的电子作为工作物质,就是指用从电子加速器中获得的高能电子束当工作物质。电子束通过在真空中周围变化的横向磁场,使高速运动的自由电子与电磁场辐射相互作用,形成不同能态的能级,从而实现粒子数反转并产生激光辐射。只要通过改变电子束能量大小和磁场强弱的办法就可达到使其发出的激光波长发生变化,其调谐范围可以从微波到红外、紫外乃至 X 射线波段,可调谐范围很大。正因为如此,可用于同位素分离、激光核聚变、激光武器等方面。不过这种激光器还不够成熟,尚需进一步发展。

除以上几种激光器外,还有液体激光器、准分子激光器、染料激光器、X 射线激光器等,仿佛只要有多少种能产生激光的工作物质就能造出多少种激光器。

第四节　激光技术的应用

由于激光具有独特的特点和种种优点,目前已被应用于工业、农业、医学、通信、测量和国防等各个领域。

一、激光在工业上的应用

激光在工业上主要用于激光加工。利用激光可以完成钻孔、切割、焊接、表面热处理等材料加工,其优点是速度快、精度高、材料变形小、无污染。

用激光可以完成传统工艺对硬质合金材料和金刚石、宝石、陶瓷等非金属材料难以完成的钻孔,孔径可以小到 10 微米以内,孔深与孔径之比值可以高达 50 以上。一般钻头钻出的孔,最小直径只能达到 250 微米。

激光既然能钻孔(实际上是烧孔),那么也能用于切割(连续烧出一条缝)。激光切割具有切缝窄、速度高、热影响区小、节省材料、成本低等优点。激光不仅可以把钢板之类的大的金属材料切割出复杂的形状,而且还可以切割半导体元件之类的小东西。比如,电子工业需要在一平方厘米大小的硅片上,制作几十个集成电路的基片,过去采用金刚刀在硅片上划,用力不当会损坏基片,切缝较宽又会浪费贵重的单晶硅材料;同时,金刚刀划痕还会产生机械应力,影响质量。采用激光划片机,不仅大大提高了切割速度,而且划片质量也很好。

激光焊接和激光打孔、激光切割的道理相同,即用激光把接口两方的材料烧熔后再凝成一体就行了。激光焊接的精度极高、质量好、用它可以焊接用一般焊接方法难以达到的部位,特别适合电子工业及其他有特殊要求的焊接。它既能焊接熔点特别高的材料,又能将两种性质截然不同的材料焊接在一起。如对金属和陶瓷、铜和钽的焊接,用一般方法焊接合格率不到 25%,而用激光焊接,则合格率为 100%。此外,激光还可以透过玻璃对真空管内的电极进行焊接。

激光表面热处理是 20 世纪 80 年代中期左右才开始使用的一种新技术。用激光进行热处理与一般热处理方法相比具有快速、不需淬火介质、硬化均匀、变形小、硬化深度可精确控制等优点,因此它最适用于不需深度硬化或几何形状复杂的部件。

二、激光在农业上的应用

激光在农业上主要用于激光育种、激光杀虫等方面。使用激光技术可以促使种子提前发芽,缩短作物成熟期,提高产量和质量。比如,受激光照射过的蚕豆,种植后 6~7 天使长出新芽,而未受激光照射的蚕豆则需要 9 天。又如,经激光照射后的黄瓜、西红柿种子,发芽率可以提高 10% ~20%;玉米种子经激光照射后,长出的植株高大粗壮、棒大、粒粗,产量增加 1~2 成。

激光能使作物提高产量和质量的机理在于:植物色素是一种能被特定波长的激光"液化"的光接受体,它控制着植物的多种生长反应。实验证明,植物在一定能量与波长的激光照射下,可以促使种子发芽期提前、枝叶变大、花蕾增多、果实早熟。

激光诱发突变育种已经取得了一些有意义的研究成果。比如,用激光辐射方法培育出来的新型西红柿品种,具有成熟期短、果实大、胡萝卜素及糖的含量高、保鲜期长等特点,对激光诱发突变育种的机制尚在研究之中。

三、激光在医学上的应用

激光问世后,很快被用于医疗上,大大提高了医疗效果。用激光"刀"代替传统的手术刀进行外科手术,目前已比较普遍。它的优点在于:无疼痛、无菌、出血少。激光在眼科、耳鼻喉科、妇科、骨科、癌症治疗中广为应用。比如用激光具有能量集中、光束细的特性,焊接视网膜时,可以从瞳孔射入眼内,使病变部分的蛋白质变成凝胶状态,从而把视网膜裂孔或剥离部分焊接起来,达到治疗目的。手术时间极短,可以在千分之一秒内完成、病人无任何痛苦,也不需要任何麻醉,其焊点面积只有针头大小。

激光还可用于对人体组织进行光谱分析,以测定血液中的微量元素含量,并且已测出人体红细胞中铁的平均含量为 10^{-13}克。

激光用于对牙齿钻孔或切开,可以减少患者的痛苦和治疗时间。用激光手术刀切除肿瘤时,可防止痛细胞扩散,还可通过光纤导入人体对体内的肿瘤进行治疗。总之,激光在医疗上用途很广、疗效好。

四、激光在通信上的应用

激光的出现,大大扩充了电磁波谱的范围,为通信技术的发展开辟了广阔的前景。激光通信具有比一般通信容量大的优点。激光是频率单一的电磁波,它的频率可高达 10^{13} ~ 10^{15}赫(即几亿兆赫)用它作载波传送话音信号时,假如每一个通话带宽为 4000 赫,则可容纳 100 亿条话路;若用它传送电视节目,假如每套电视节目所占用的频道宽为 10 兆赫,则可同时播送 1000 万套电视节目而互不干扰。激光通信的另一优点是结构紧凑、轻便。由于它的发散角小、方向性好,因此激光通信所得的发射天线和接收天线都可做得很小,结构紧凑而且轻便。激光通信的第三个优点是通信距离远、保密性能好。由于激光束发散角很小,能量高度集中,因而信息传送距离远,同时它是用不可见光进行信息传送,因而不易被截获,便于保密。

激光通信主要有大气激光通信、光纤通信、水下激光通信三种方式。

1. 大气激光通信

大气激光通信的原理、结构和通信过程均与普通微波通信相似。即需要传送的信息经过电发送机变换成相应的电信号,通过调制器对光源发出的激光载波进行调制,调制后的光信号经发射望远镜变成截面较大面发散角很小的光束送入大气信道;光信号到达接收端,由接收望远镜接收,通过滤光器滤去太阳光等的干扰,由光检测器将信号变成电信号,经电接收机解调,还原成原信号,从而实现大气激光通信。大气激光通信具有保密性、机动性强,抗电磁干扰性好,设备轻便等优点,适用于临时、紧迫和保密性很强的定点通信场合,如江河湖海、高山峡谷、边防哨所等的通信。但是它不能全天候使用,在恶劣的气候条件下会造成通信中断,传输距离亦不远。

2. 光纤通信

光纤通信技术是20世纪70年代发明的,它可以克服大气激光通信的缺点。光纤通信与电缆通信类似,区别只在于它传输的是载有信息的激光信号。光纤是由纤芯(芯径为5~50微米)、包层(包层外径为100微米左右)和涂敷层三部分构成的,结构成圆柱形,粗细相当于一根头发丝。通俗地说,光纤就是一些很细的玻璃丝或塑料丝。光纤通信所用的材料是石英玻璃或塑料,通常采用石英光纤。因为石英玻璃的折射率最低,在传输过程中光损耗小。制造石英光导纤维时,必须首先制造高纯度的石英玻璃,然后才制成光导纤维。实际使用的光缆是由许多根光纤组成的。它既可埋入地下、又可架在空中或海底。一根光缆可通几十万路电话、传播几千路电视节目。光缆的成本低,可节省大量有色金属材料。光缆的主要原料——石英的资源丰富,1千克石英可拉出1000千米长的光纤,而要生产同样的电缆则要耗费500吨铜和2000吨铅。而且光缆有抗电磁干扰、保密性好的优点。激光在光纤中传输不受大气影响、传输损耗低、通信距离远、传输容量大,这些都是电缆通信所不及的。

光纤通信系统是由光发送机、光缆、光中继器、光接收机、电发送机、电接收机等组成。激光通信系统的示意图如图16-2。

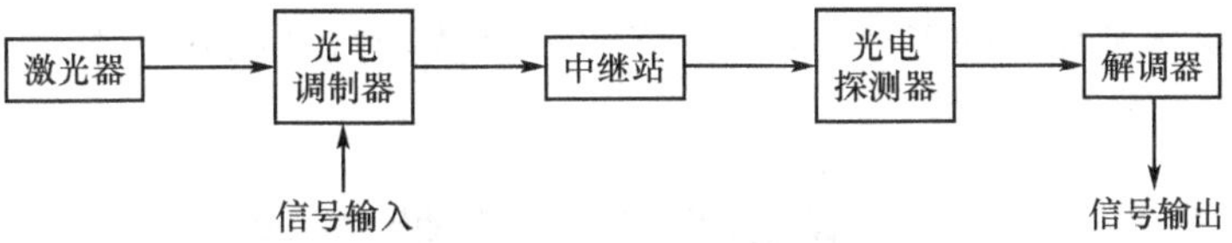

图16-2 激光通信系统示意图

光纤通信在民用和军用方面都有广泛的应用前景。美、日、西欧等国已实现了通信干线光缆化,并合作建成了横跨大西洋和太平洋的海底光缆通信系统。我国也建成了几条长距离的光缆通信干线。如1990年建成的南京—武汉光缆通信系统,全长1000多千米,用的是12芯光缆,安装具有当代先进水平的1920路光纤数字通信设备。1992年5月,又建成了第一条1.55微米无中继光缆通信系统,即南京—芜湖110千米光缆通信工程,质量达到国际先进水平。光缆大有取代电缆的可能。光纤通信的发展非常迅速。1996年3月日本富士通研究所宣布,相当于一份报纸250年所载信息仅用1秒钟即可传送完毕。据说,每秒1.1太拉比特的传送容量大约相当于1500万条电话线路的传送量。

3. 水下激光通信

过去对水下潜艇通信一直采用超长波通信的办法。这种办法不仅需要建造一个十分庞大的超长波电台,而且通信速度慢,电波穿透海水的深度也只有几十米,潜艇在这个深度易被发现,很不安全。现在发现,用波长为0.46~0.53微米的蓝绿激光可以使穿透能力提高几十到几百倍、即可穿透几百至几千米的海水,展示了深海通信的美好前景,美国在20世纪80年代初曾做过一次试验:1981年5月,在圣地亚哥附近海域上空,在一架飞行高度为13000米的飞机上,用波长为0.53微米的激光束向一艘在水下300米深度的导弹核潜艇发出信息,潜艇收到了这一信息,试验获得成功。这种蓝绿激光对潜艇通信,今后可用星载、机载的激光通信装置,或者从地面、舰艇上发射激光,经卫星上的反射镜反射到水下的方式进行。

五、激光在测量上的应用

由于激光具有单色性和相干性好、方向性强等特点,因而被用于高精度的计量和检测上。激光可以用于精确地测量长度、距离、速度、角度、时间等,可以作为长度、频率、光度的计量基准。激光测距按技术途径可分为脉冲式激光测距和相位式激光测距。脉冲式激光测距的原理与雷达测距原理相似,即测距仪向目标发射激光信号,信号碰到目标后就被反射回来,由于光的传播速度是确定的(30万千米/秒),因而只要记录光信号的往返时间,用光速乘以往返时间的1/2,就是所要测定的距离。用这种办法测量月球与地球之间的距离、实际误差仅为几厘米。

相位激光测距是用连续调制的激光波束照射被测目标,通过测量光束往返中造成的相位变化,换算出被测目标的距离。为了确保测量精度,一般要在被测目标上安装激光反射器,用这种办法测量的相对误差为百万分之一,在几千米的距离上误差也只有毫米。激光测距仪已广泛用于地面炮、坦克炮的火控系统,大大提高了命中率。

此外,激光还可用于微量光谱分析、检测大气污染、测量流体速度、制造激光陀螺仪、激光地震仪以及测量纤维的直径,其测量范围可以从几微米到几十微米,对被测纤维没有破坏性等。

六、激光在军事上的应用

由于激光的能量高度集中、因而它刚一产生便被考虑用于军事上。激光在军事上的应用主要用于激光制导和制造激光武器。

1. 激光制导

激光制导是继雷达、红外、电视制导之后发展起来的一种精确制导技术。激光制导由于制导精度高、抗干扰能力强,很快在制导领域跃居主导地位。现在已研制成功的激光制导武器有激光制导导弹、空地导弹、地空导弹、反坦克导弹、炮弹等。还出现了有线制导方式——光纤制导。

激光制导分为寻的制导和波束制导两种方式。寻的制导的机理是:当发现目标后,由激光指示器发射激光去照射目标,紧接着发射激光制导武器,这时装在武器头上的激光寻的器接收目标反射回来的激光信号,经光电探测器转换为电信号,然后经放大、运算处理,得出引导信号,驱动执行机构,使武器导向目标。激光指示器可以装在飞机上,也可由地面人员指示目标。

利用激光作制导手段,可以提高各种武器的命中率。美国研制的激光制导炸弹已用于实践。美国军方曾试验了一种激光制导炸弹。在有效射程内准确度高达 0.8~1 米,它可以击中 5 千米以外、以 30 千米/小时行进的坦克。20 世纪 70 年代,美国在越南战场上曾用 20 枚这种炸弹摧毁了 17 座桥梁,误差在 1 米左右,比普通炸弹精度高 100 倍。激光制导的“铜斑蛇”炮弹,命中精度为 0.3~1 米。1991 年初,美国在海湾战争中利用激光制导武器攻击军事设施等目标,几乎百发百中,收到很好的效果。

激光波束制导的机理是:导弹发射后在对准目标的激光束中飞行,直接接触激光信号,一旦导弹偏离波束中心,装在尾部的光电控制器便感知,通过对信号的处理得出弹轴与波束中心的角偏量,然后向执行机构发出修正指令,引导导弹飞向目标。波束制导通常用于地空导弹和反坦克导弹。激光制导的主要缺点是不能全天候使用。

2. 激光武器

激光武器是利用激光方向性强、亮度高的特点把能量高度集中到目标上,从而产生破坏效应,达到摧毁目标的目的。比如,将激光聚焦在任何物体上,不到半秒钟,焦点处的物体便被加热到 8000 度,足以作为破坏武器使用。激光武器比常规武器具有如下特点:第一,速度快。激光束以光速射向目标、比枪弹、炮弹的飞行速度快 30 万倍,在几十千米的距离内,光束飞行时间只需万分之一秒左右,射击运动目标时不必计算提前量;第二,灵活。发射激光时,由于光束不会产生后坐力,易于迅速调换方向,能在短时间内拦击多个目标;第三,精确;第四,不受电磁波干扰。

激光武器按其功能可分为用于致盲、防空的战术激光武器和用于反卫星、反洲际弹道导弹的战略激光武器。激光致盲武器包括对人眼致盲和武器装备的“眼睛”致盲。比如,只要用 0.53 微米的激光致盲武器就可以使几千米至十几千米外的人眼暂时或永久失明。防空激光武器是通过破坏光电装置、引爆弹头、毁伤壳体等方式、拦击导弹和飞机等来袭目标。如 1983 年 5~7 月,美国用装在飞机上的 500 千瓦二氧化碳激光武器进行试验,将 5 枚“响尾蛇”空对空导弹全部击毁。1989 年 2 月,美国海军又在靶场用中红外化学激光武器,成功地拦截并击毁了一枚快速、低飞的巡航导弹。反卫星激光武器主要是通过干扰破坏卫星上的光电侦察设备,使卫星失效。战略反导激光武器是用于多层次的战略防御系统中,对洲际弹道导弹进行有效拦截,这是美国“星球大战”的重点研究项目之一。

激光武器的弱点在于:它随射程的增加,落到目标上的激光光斑增大,功率密度降低,使破坏力减弱;另外,大气对激光有较强的衰减作用,难以进行全天候使用。

七、激光在摄影上的应用——激光全息摄影

普通摄影技术只能在照片上显示出物体的平面图像,采用激光全息摄影技术则可以显示出物体的三维立体图像。激光全息摄影有如下一些优点:它所显示的物体图像,其视觉效果如同我们身临其境观察到的物体一样;全息照片如果被切割成若干小块,不论其大小,每一块都可以完整地再现原来的全部物像。因此,全息照片即使有缺损,也不会使再现像失真;全息照片易于复制。正因为激光全息摄影有这些优点(或特点),因而在

军事上,科学研究上都有重要用途。

拍摄全息图像需要相干性极好的强光,所以全息摄影只有在 20 世纪 60 年代激光器诞生后才能实现。全息原理的发现者是英国科学家(匈牙利人)盖伯(D. Gabor,1900 ~ 1979),他为此获得了 1971 年诺贝尔物理奖。第一张全息照片是 1961 年美国的刘思(E. N. Leith)和乌帕特尼克斯(J. Upatnieks)拍摄的。

第五节　激光技术的前景

激光技术经过 50 多年的发展,在基本理论、基本技术、制造工艺等方面均已成熟,它在各个领域的应用正推动着激光技术向更高层次发展。世界各国都瞄准了这一高科技领域,竞相投入大量人力、物力和财力,奋力抢占这一高科技前沿阵地,它的前景是十分广阔的。

1. 激光技术与电子技术的紧密结合

将大大提高信息探测、传输和处理能力。现代电话、电报、电视等传统的电通信方式将被“光话”、“光报”、“光视”等崭新的通信方式所取代。21 世纪将出现每秒运算速度亿次以上的光计算机。

2. 激光技术与核技术的紧密结合

将开辟能源的新途径,激光核聚变是实现受控核聚变的重要途径,它将为人类提取取之不尽、用之不竭的新能源。

3. 激光武器的研制

这也是激光技术发展的重要方面。美国把激光武器的研制作为重点项目,他们将在前面列举的激光武器、激光制导的基础上进一步拓宽研究领域。预计 21 世纪激光武器时代将会到来,各种激光武器将在地面、空中、海上、太空大显神威。

● 复习思考题

1. 激光及其产生机理。
2. 激光器的基本原理是什么?
3. 激光技术有什么应用价值和开发前景?

第十七章 空间技术

空间技术又称航天技术或宇航技术，它是解决人类如何冲出大气层，把无人或载人的航天器送入太空，以达到对太空的探索、开发和利用的一门综合性的尖端技术。近50年来，空间技术取得了飞速发展，未来的人类将进入另一个美妙的世界。

第一节 空间技术的发展历程

一、航空技术的发展

人类在长期的生产和生活实践中，对绚丽壮观的天空进行过仔细的地对空观察，梦想能像鸟儿一样离开地球在空中翱翔。为了把航空理想变为现实，人类曾做过多种尝试。我国是航空器的摇篮，东汉年间，张衡曾制造出木鸟，并进行了试飞。古代欧洲人也研究过飞行问题，文艺复兴时代的时代骄子、意大利的画家和工程师达·芬奇曾仿照鸟类的飞行动作，制造过扑翼机。18 世纪法国的蒙特奇哥尔兄弟从烟的上升中得到启发，制作了欧洲历史上最早的热气球，并于 1783 年 6 月 5 日试飞，10 分钟后下落；同年 9 月他们又表演了载有动物的气球，上升高度为 1830 米，浮游约 3.22 千米，安全降落。后来法国历史学家路泽尔乘蒙特奇哥菲尔的热气球在巴黎上空上升 1000 米，25 分钟内飞行 12 千米，并安全降落。19 世纪热气球又发展到飞艇。1852 年 9 月 24 日法国的吉法尔乘自制的长 44 米、直径 12 米、体积为 2499 立方米、由功率为 3 匹马力蒸汽机带动的三叶螺旋桨飞艇，以 8 千米/小时的速度飞行 28 千米，但尚不能完全操纵。1884 年 8 月 9 日第一艘可完全操纵的载人飞艇“法兰西号”试飞成功。该艇长 51.8 米，用功率为 9 匹马力的电动机驱动，时速为 19.3 千米。20 世纪初(1903 年)美国的莱特兄弟制成了第一架动力飞机“飞行者 1 号”，并试飞成功。以后各种飞机相继出现，性能不断改进，其动力源从最初的活塞式发展到喷气式，速度达到超音速。至今，航空技术已经达到相当完善的地步。我国在飞机制造上也由仿制发展到可以自行设计制造，大型客机麦道及“运七”等机型飞行性能良好。哈尔滨产的小型机已出口外销。

从飞行原理上看，气球和飞艇都是依靠空气浮力(空气静力)而离开地面的，是轻于空气的飞行器；飞机是依靠飞行器与空气的相对运动产生向上的升力来支持它在空气中飞行的，它本身的重量大于它所排开的同体积空气的重量，是重于空气的飞行器，但两者都离不开空气。气球和飞艇受大气密度的限制，有一个确定的升限，大气密度过低就浮不起来；飞机要依赖大气的支持，而大气层高度只有 30 多千米，这就是说，飞机只能在 30 千米以下的高度飞行。可见，利用飞机升空，人类是飞不出大气层的。总之，航空只是在稠密的大气层中的航行。

二、火箭技术的发展

早在 19 世纪末，科学家们已经认识到，人类要实现飞出大气层、进入太空，就要摆脱地球引力的束缚。而摆脱地球引力的首要条件是必须达到足够高的速度。也就是说，要进入绕地球飞行的轨道，成为人造地球卫星，其速度必须达到 79 千米/秒（称为第一宇宙速度）；要成为太阳系的人造卫星，则要达到 11.2 千米/秒的速度（称为第二宇宙速度），不借助于推进工具，任何物体都不可能达到这两种速度，即都不可能冲出大气层进入太空。那种不借助于推进工具就企图飞向宇宙空间的想法，只不过是一种幻想。这种推进工具终于被人们找到了，这就是火箭。火箭具有不依赖于空气的推进功能，它可以按照人类设计的第一、二宇宙速度在外层空间工作。

火箭的飞行原理完全不同于气球、飞艇和飞机。它的特点是：本身带有燃烧型和助燃的氧化剂，可以摆脱对大气的依赖，进入外层空间。

我国是火箭的发源地。早在 12 世纪，我国南宋与金交战中就开始用火箭做武器。它利用火药燃烧向后急速喷出气体产生的反作用力，使火箭向前射出。从原理上说，我国火箭是现代火箭的鼻祖。欧洲 13 世纪才有早期的火箭。近代火箭是从 19 世纪开始的。对近代火箭的研究作出重要贡献的是俄国科学家齐奥尔科夫斯基（Konstantin E. Tsiolkovsky，1857 ~ 1935）和美国科学家戈达德（RobertHutchings Goddard，1882 ~ 1945）。齐奥尔科夫斯基提出了火箭运动的方程式为 $V = V_r ln \frac{M_0}{M} - gt$（式中 V_r 为燃气相对火箭的喷气速度，M_0为发射火箭的总重量：M 表示燃料烧尽时的火箭自重；g 为重力加速度）和液体火箭推进及喷射理论；1903 年他又提出用液氧和液氢作为推进剂的重要设想；1933 年，由他设计的第一枚液体燃料火箭发射成功；他还提出了用液体火箭对未来太空飞行的设想。他描述道："脚踏上其他小行星的土地，手举起月球上的石头，从几千里外观测火星，登上它的卫星或甚至火星本土。还有比这些更神奇的事吗?!"他还率先提出了多级火箭和惯性导航概念。总之，齐奥尔科夫斯基证明了到宇宙飞行的可能性。所谓多级火箭就是用几个火箭连接而成的火箭组合，一般用三级（或四级）。火箭起飞时，第一级火箭的发动机"点火"，推动各级火箭一起前进，当这一级的燃料烧尽后，第二级火箭开始工作，并自动脱掉第一级火箭的外壳；第二级火箭在第一级火箭基础上进一步加速，依此类推，最终达到所需要的速度。齐奥尔科夫斯基之后，美国的戈达德和在德国工作的别尔曼、奥伯特等人对液体火箭的发展也作出过较大贡献。他们把理论与实践结合起来，用液氧和汽油混合燃料作推进剂，于 1926 年在美国的麻省成功地发射了世界上第一枚无控液体推进剂火箭。1931 年德国的第一枚液体火箭也发射成功。

第二次世界大战期间，火箭技术有了新的发展。当时，德国政府对火箭的研制十分重视和支持。纳粹德国出于推行法西斯军国主义政策的需要，在火箭专家冯·布劳恩等人的主持下于 1942 年成功地发射了一枚液体火箭"V-2"，这枚火箭长 14 米、重 130 吨，最大飞行高度 80 千米、最大飞行速度 7.5 千米/秒，它可以把大约 1 吨重的弹头送到约 300 千米远处、1944 年投入使用。整个二战期间，纳粹德国共发射了 4300 枚"V-2"火箭，在用它对英国发动的袭击中，给英国造成了很大威胁和破坏。然而武器的先进并不能挽救德国法西斯覆灭的命运。

第二次世界大战后，前苏联和美国都在"V-2"火箭的基础上研制成功了弹道导弹。二战结束后，苏、美两国作为战利品从德国缴获了"V-2"火箭技术。美国缴获了 100 枚"V-2"火箭及其主要研制者——以冯·布劳恩为首的 130 名火箭专家（布劳恩，后来是美国第一颗人造地球卫星运载火箭和"阿波罗"登月飞船运载火箭研制的主持者,任马歇尔航天飞行中心主任),为美国航天技术的发展提供了丰富的资料和难能可贵的人才。1957年8月,前苏联发射成功世界上第一枚洲际导弹。同年12月,美国也发射了自己的洲际导弹。有了洲际导弹就可以把弹头换成人造卫星,成为航天的运载工具。现代火箭技术为航天事业的发展奠定了物质技术基础,使人类千百年来幻想遨游太空的夙愿如愿以偿。

三、航天技术的发展

航天与航空是两个不同的概念。航空是在大气层中的航行,航天则是冲出大气层,进入太阳系范围内的航行。航天技术首先表现在发射人造地球卫星上。1957年10月4日,前苏联在位于哈萨克斯坦境内的拜克努尔发射场用一枚三级火箭成功地将第一颗人造地球卫星"伴侣"号送入轨道。3个月后,即1958年1月31日,美国也发射了自己的第一颗人造卫星。从此,人类便进入了航天时代。接着法国、日本、中国、印度等国也相继用自制的运载火箭发射了自己的人造地球卫星。

在不载人的人造地球卫星基础上,前苏联和美国很快发展了载人航天技术。1961年4月12日早晨,前苏联发射了由航天员加加林驾驶的、重4545公斤的第一控载人飞船,在绕地球一周(108分钟)之后安全返回地面,写下了载人航天的第一页。加加林死于1968年3月27日。1969年7月20日,美国阿波罗飞船把航天员阿姆斯特朗和奥尔德林送上了月球,使"嫦娥奔月"的梦想变为现实。这一壮举震动了世界。到1993年止,共有18名航天员驾驶飞船飞临月球,其中有12人登上了月面,带回了380公斤月岩和土壤。

20世纪70年代起,航天技术又进入建立轨道站和太空实验室的新阶段。1971年4月19日和1973年5月14日前苏联和美国分别发射了他们各自的第一个试验性航天站——"礼炮1号"和"天空实验室"。"礼炮1号"是个像火车车厢那么大的铁罐,重18.9吨,被装在质子火箭上,在拜克努尔发射场发射,10月11日坠毁在太平洋。"天空实验室"是人类在太空生活的试验站,是三批在太空分别停留28天、59天和84天的宇航员的家,它于1979年7月坠落在澳大利亚珀斯东南部。1981年4月美国设计制造的航天飞机首次试飞成功,它是兼有运载工具能力的飞机特点的新型航天器,可以返回地面、重复使用。它的建造并成功使用,标志着航天器技术的新突破。1992年6月底,美国"哥伦比亚号"航天飞机载着7名宇航员创下了在太空飞行14天的航天机飞行记录,于7月9日在佛罗里达州的肯尼迪航天中心安全着陆,这是美国航天飞机18年来飞行时间最长的一次。1995年6月,美国阿特兰蒂斯号航天飞机与俄罗斯的"和平号"轨道站对接成功。这次联合行动为建造计划中的"阿尔法号"国际空间站铺平了道路。

我国是继前苏联、美国、法国、日本之后第五个用自制运载火箭发射国产卫星的国家。1970年4月24日我国第一颗人造卫星(重273公斤)发射成功。这颗卫星比前4个国家发射的第一颗人造卫星的总和还重,这意味着我们的火箭推力达到了一定的水平。1975年11月26日,我国首次发射并回收了试验卫星,这又表明我国是继苏、美之后第三个掌握卫星返回技术的国家。1981年,我国用一枚大型火箭把三颗不同用途的人造卫星送入轨道,成为世界上第四个掌握"一箭多星"技术的国家。1984年4月8日,我国成功地发射了静止(同步)试验通信卫星,4月16日定点在东经125°赤道上空。1985年10

月,我国向世界宣布:长征系列运载火箭可以投入国际市场,承担对外发射任务,并负责培训技术人员。1992 年 8 月 14 日和 12 月 21 日两次发射澳星成功。这一切标志着我国卫星运载工具已送入国际先进行列。酒泉、西昌两个卫星发射中心已对外开放,前者主要承担近地轨道卫星的发射;后者主要承担地球静止(同步)轨道卫星的发射。同时,我国目前已拥有世界上最大的运载火箭家族,可以把重量从 200 公斤~4.5 吨不等的有效载荷送入轨道,这些运载火箭常常把西方和我国的通信或气象卫星发射上天,我国卫星地面测控网也比较完善、系统。

据不完全统计,自 1957 年前苏联发射第一颗人造地球卫星起,到 1992 年底止,全世界已发射了 4 300 多个航天器,其中载人飞船 100 余艘,星际航天器 100 多个,各种类型的航天站 8 个,航天飞机飞行 50 余架次。各国在航天方面的总投资达 4 000 多亿美元。目前已有六十多个国家开展了航天事业,150 多个国家应用了航天技术的成果。

综上可见,航天技术的发展大体经历了三个阶段:20 世纪 50 年代末~20 世纪 60 年代中期,是试验阶段;20 世纪 60 年代中期~20 世纪 80 年代初,为应用试验阶段;20 世纪 80 年代初(航天飞机首航成功)~20 世纪末,为航天技术扩大应用阶段。目前航天技术主要是实现太阳系内的航行,突破太阳系的大宇宙航行是未来航天技术研究的课题。

第二节　航天技术的基本构成和基本原理

航天技术是由运载器技术、航天器技术和地面测控技术构成的高度综合性技术。

一、运载器技术

实现航天飞行要解决的首要问题是如何使航天器能在空间持续飞行,而不被地球吸引到地面上来。前面已经提到,这里的关键是必须达到第一、二宇宙速度。根据万有引力定律和牛顿第二定律可以算出,要使物体在贴近地球表面环绕地球运行,其速度必须达到 7.91 千米/秒;要使物体脱离地球,飞向行星或行星际空间,其速度必须达到 11.2 千米/秒,这两个速度比声速大 20~30 倍。据计算,1 公斤重的物体达到第一宇宙速度所付出的能量相当于把 1000 袋水泥从平地搬到 20 层楼所做的功。可见,要使航天器获得第一、二宇宙速度,需要向它提供很大的能量。也就是说,需要能量很大的运载器。一般说来,平均发射 1 公斤的人造卫星,需要 50~100 公斤的运载器,那么一颗 1 吨重的卫星就要有一支50~100吨的多级火箭来运载。

航天器的运行轨道一般不低于 150 千米,在此高度之下会因受空气强烈摩擦面很快坠入稠密大气层而烧毁。航天器必须靠运载器送入轨道。运载器通常是由多级火箭(一般为 2 级或 3 级)组成,其推进剂大都是液体(液氢或液氧),现在有的用固体。运载火箭的每一级都由有效载荷、结构、发动机和控制系统四部分组成。火箭的有效载荷是指:上一级火箭就是下一级火箭的有效载荷、航天器是末级火箭(最上面一级)的有效载荷,位于火箭的最前端,外面有整流罩保护。火箭的结构分为仪器舱、推进剂贮箱段和发动机舱三段。其中推进剂贮箱占去了火箭全长的绝大部分;发动机是火箭的心脏,它通过燃烧推进剂产生喷气反作用力,推动整个火箭飞行;控制系统是火箭的大脑,用以控制火箭的飞行姿态,调整飞行路线。运载火箭一般重几十吨~几百吨,个别的大型火箭应达几千吨,长度一般为几十米,直径为几米。截止到20世纪80年代中期,最大的运载火箭是美国的“土星5号”,重达3000吨,长120米,直径10米。

二、航天器技术

航天器又称空间飞行器,是航天任务的主要执行者。

(一) 航天器的种类

航天器按运行轨道可分为环绕地球运行的航天器(包括人造地球卫星、载人飞船、航天站、航天飞机)和空间探测器,即脱离地球引力、飞往月球或其他行星、星际空间运行的航天器,绝大多数航天器属于前一类。这里着重介绍一下人造地球卫星。

人造地球卫星的轨道有圆形和椭圆形两种。圆形轨道具有同地球表面保持同等距离的特点,一般用于对地球的观察、通信广播、导航定位、大地测量等。人造卫星在椭圆形轨道上运行时,离地球表面距离最远点称为远地点,最近点称为近地点。空间探测卫星的轨道通常采用椭圆形轨道,以便探测距地球不同处的空间环境。

人造卫星的轨道平面与地球赤道平面的夹角叫倾角。当卫星轨道平面与地球赤道平面重合时,倾角为零度,这种轨道叫做赤道轨道,当卫星轨道平面与地球赤道平面垂直时,倾角为90度,叫做极地轨道。倾角越大,卫星所能看到的地区就越广。

人造卫星在轨道上运行一圈所需的时间叫周期。卫星的周期与卫星轨道半长轴的3/2次方成正比(半长轴=地球半径+轨道的平均高度,即近点高度的平均值)。1000千米以下的低轨道卫星的周期一般为1.5~2小时。

实际使用最多的是地球同步轨道和太阳同步轨道。地球同步轨道又叫静止轨道。这种轨道为圆形、倾角为零度、高度为35 800千米,卫星在这种轨道上自西向东运行,与地球自转方向相同并保持同步。从地面上看,如像卫星挂在天上的固定位置,静止不动。太阳同步轨道的倾角在90~100度之间. 高度在500~1000千米之间的近极地轨道。这种轨道的特点在于:轨道升高点东移的速度与太阳在天球上的赤经变化保持相等,在这种轨道上运行的卫星总是在同一个时间(约相当于同一太阳高度)经过同一地区。

航天器按照是否载人又分为无人航天器和载人航天器两种,无人航天器有环绕地球飞行的人造地球卫星和脱离地球、飞往月球或其他行星,星际空间的空间探测器;载人航天器有卫星载人飞船、月球载人飞船、航天站和航天飞机,将来还会有行星载人飞船。载人飞船可在空间作短期飞行,然后自行返回地面;航天站可在空间长期运行,它的空间较大,可容纳多名航天员在其中生活和工作;航天飞机是集运载、运行和返回三种功能于一身的航天器。

(二) 航天器的组成结构

航天器一般都由通用系统和专用系统两大部分组成。通用系统是指各类航天器都必须的系统,包括结构系统(是航天器的骨架)、温度控制系统(控制航天器各部分的温度,保证仪器设备按照预定温度工作)、姿态控制系统(使航天器保持一定的姿态,以完成特定任务)、无线电控制系统(用以同地面测控配合,协助地面对航天器的跟踪,接受地面指令)、电源系统(相当于航天器的心脏,向各系统供电)、计算机系统(相当于航天器的大脑,使各系统按预定程序或遥控命令工作)、返回系统(保证航天器脱离运行轨道,安全返回地面)。

专用系统是根据航天器担负的任务需要而设置的系统,是区分航天器用途的主要标志。如通信卫星设有转发器和无线电系统;侦卫星设有照相系统;导弹预警卫星设有红外辐射计和电视系统等。

三、地面测控网

地面测控网是保证航天器正常工作、完成航天任务不可缺少的组成部分;没有它,航天器就失去与地面的联系,就是一堆废物。

地面测控网通常由分布在全球各地的测控台站和测控船组成,其上备有精密跟踪雷达、光学跟踪望远镜、多普勒测速仪、遥测解调器、遥控发动机、电子计算机、数据存储、显示和记录设备、数传机和通信设备等。

地面测控网的主要任务是跟踪、遥控和通信。跟踪——跟踪和测量航天器的飞行路线,预报其轨道;遥测——接收航天器发来的各种无线电信息,监视航天器上各系统的工作等;遥控——指挥和控制航天器的运行和返回;通信——与航天员进行通情联系、传输电话和电视。

第三节　航天技术的应用

航天技术在军事领域、国民经济和科学研究中,都有广泛地应用,往往起到不可替代的作用。

一、航天技术在军事领域的应用

航天技术的发展,一开始就同军事技术的发展紧密相关。核武器和洲际导弹的出现,使现代战争以突然袭击的方式爆发的可能性愈来愈大。为了避免敌方的突然袭击,必须随时掌握敌方的行动,而安全、可靠的手段就是利用卫星进行侦察,因此,航天技术的最早应用就是从发展军事侦察卫星开始的。

(一) 军事侦察卫星

侦察卫星是军用卫星中数量最多,发展较早的一种卫星。1971 年印巴危机、1973 年阿以战争、1974 年塞浦路斯危机中,美国和前苏联都发射了侦察卫星,用以侦察和监视战场。利用卫星侦察,侦察的范围大、速度快,不受国界和地区限制,可以定期或连续工作,获得用其他手段难以获得的信息情报。

侦察卫星分为照相侦察卫星和电子侦察卫星两大类。其中照相卫星占全部军用卫星的 40% 左右。照相侦察卫星上装有可见光照相机、电视摄像机、红外照相机和多光谱照相机等。后两种照相机可以保证昼夜拍摄地面目标,如机场、海湾、导弹基地、交通枢纽、城市设防、工业布局、兵力集结和军事设施等。为了清晰地拍摄地面目标,照相侦察卫星一般离地面高度为 200 千米左右,寿命一般为 1~3 年。

电子侦察卫星被称作“太空顺风耳”,其上装有无线电接收机和天线等电子设备,用于窃听或截获敌方进行军事活动的各种无线电信号。电子侦察卫星的运行轨道比照相侦察卫星高,一般离地面 500 千米左右,工作寿命可达 5 年左右。

(二) 导弹预警和海洋监视卫星

通常地面预警雷达由于受地球曲率的限制,不能及时发现刚刚起飞的洲际弹道导弹,只有当其飞到一定高度后才能发现,而且提供的预警时间短,一般在 15 分钟左右。现在的洲际弹道导弹在发射后 30 分钟内便可打击 8000~13000 千米远的目标,所以延长预警时间具有重大的战略意义。利用导弹预警卫星从太空中进行监视,可以在洲际弹道导弹刚一起飞就能发现它喷出的火焰信号,预警时间增加到 30 分钟,为做好反洲际弹道导弹的准备工作员得了时间。

导弹预警卫星通常被送到离地面 35 800 千米的高度上,与地球的轨道同步。导弹预警卫星上装有红外探测器和摄像机等遥感设备,通过感受导弹发射时喷出的火焰的红外辐射,便可探测到导弹的发射。到 20 世纪 90 年代初,美国已在印度洋、大西洋等地上空与地球同步轨道上布置了三颗实用预警卫星,这些卫星可在敌方导弹发射的 90 秒钟内即能探测到目标,并能在 3~4 分钟内将领警信息发送到北美防空司令部,对洲际弹道导弹可取得 25 分钟以上的预警时间。美国还在研制从卫星上探测敌方轰炸机巡航导弹的红外探测器。假如在导弹预警卫星上再增加 X 射线探测器、伽马射线探测器和中子计数器,还能发现地面大气层内的核试验,从而兼有核爆炸探测卫星的功能。

海洋监测卫星主要用于监视敌方舰艇在海上的活动。海洋监测卫星有两种类型:一种是雷达遥感型,可直接监视海面的舰艇活动;另一种是电子窃听型,用电子窃听手段截获敌方舰艇通信的电磁信号,从而确定它们的规模和行踪。

(三) 军事通信卫星

军事通信卫星通常可分为战略通信卫星和战术通信卫星两大类。战略通信卫星通常在地球同步轨道上运行,用于为远程直至全球范围的战略通信服务。这种卫星经过核加固处理,具有抗干扰和防电磁辐射的能力,在核战争场合仍能使用。美国 1982 年发射的第三代“国际通信卫星”就属这一类。战术通信卫星一般在 12 小时周期的大椭圆轨道上运行。主要用于近程战术通信,为军用飞机和海面舰艇等机动通信服务。

(四) 军事导航卫星

最早的军事导航卫星系统叫“子午仪”,这个系统由 5 颗卫星组网,卫星在 1100 千米高的圆形轨道上运行,运行周期为 107~108 分钟。由于地球自转的缘故,定位精度较低(为 80 米),而且只能提供二维平面定位,过去美国一直使用这种导航卫星。目前美国采用新的军用“全球定位系统”,整个系统由均匀分布在 6 个轨道平面上的 24 颗卫星组成,6 个轨道平面与赤道平面的夹角相同,轨道高 2.02 万千米,运行周期为 12 小时,全球任何地点、任何时间的用户都能同时看到 4 颗以上的卫星,其定位精度可达 16 米,测速精度优于每秒 0.1 米,并可提供三维空间定位,可为地面军队、装甲车和火炮提供精确定位,为海上巡逻队、特遣部队、港口领航员及空中战略轰炸机和战术飞机导航;还可为在太空中飞行的航天器和导弹提供精确定位。

（五）军事气象和测地卫星

在现代军事活动中，用卫星观测全球气象和预报气象形势已成为不可须臾离开的手段。比如，用可见光照相侦察卫星拍摄敌方军事目标或用飞机轰炸敌方要害，均需要了解当地的云层情况；舰艇在海上航行需要了解未来的台风、海浪、水速、云雾等情况；洲际弹道导弹的命中精度则与大气的温度、压力和风速密切相关，这一切情况均需要军事气象卫星提供。军用气象卫星和民用气象卫星并没有本质区别，只是军用卫星要求拍摄的气象云图的分辨力更高，并能对特定地区的云图进行高分辨力的拍摄，为此有时要对军用卫星进行应急发射。

测地卫星是大地测量的一种重要而有效的手段。现代战争需要各种地球物理知识，尤其需要大地测量学知识。若不知道地球的精确尺寸、形状和重力场，不知道军事目标的精确位置，洲际弹道导弹和巡航导弹就难以击中目标。我们知道，地球的形状不是圆球形，地球重力场的分布也不是均匀的，这些因素对弹道计算，对飞机、导弹的惯性制导系统影响很大，不注意这些因素的影响，就会产生相当大的误差，从而降低命中率。从这个意义上说，测地卫星肩负着重要使命。为了使战略武器准确地命中目标，减少误差，20世纪70年代以来，人们又研制成一种激光测地卫星，上面装有激光反射器。地面站用激光测距法测量卫星轨道，通过分析其轨道变化，就能把地面上只有几厘米的变形和位移推算出来。这种微小变化也可能与地震活动有关，因而这种卫星还可以用来预测、预报地震。

（六）天基反卫星武器

反卫星武器分为以地面为基地的武器（称为陆基武器）和以太空为基地的武器（称为天基武器）两种。陆基反卫星武器一种是导弹，另一种是高能激光。导弹可以从地面起飞直接飞向目标卫星，将卫星摧毁，也可以从高速喷气式飞机上发射。导弹头部装有红外导引装置和普通炸药，当接近敌方卫星时便立即起爆、炸毁卫星。高能激光武器就是安装在地面上的大功率激光发射器，靠强大的激光束能量烧穿敌方卫星。

天基反卫星武器包括反卫星的卫星和安装在大型卫星上或其他航天器上的定向武器等。反卫星的卫星可以不用炸药，靠红外引导或无线电引导，在接近目标时，直接与敌方卫星相撞而致毁；也可以带有普通炸药，在接近目标时起爆，与敌方卫星同归于尽。20世纪70年代以来，前苏联曾多次用“宇宙号”卫星进行反卫星实验，目前已进入实用阶段。美国的“星球大战”计划的核心也是天基武器，这个计划预计在20世纪末、21世纪初全面实现。

二、航天技术在国民经济领域的应用

近60年来，航天技术迅速发展，世界上已有10来个国家利用自制的运载火箭发射了卫星。200多人参加了载人飞行活动，各种星际探测器先后对太阳系的7大行星进行了探测，获得了许多人类尚未获得的资料，拉近了人类探索宇宙奥秘的距离。航天技术在促进国民经济发展方面也起着重要作用，它对建立全球通讯网，对地球资源的勘测，对土地利用的调查,对水文、气象、火山、地震的预测,对空中和海上导航等等,都具有重要意义。

(一) 在通信广播中的应用

通信卫星的种类很多:有国际通信卫星、国内通信卫星、直接广播卫星和海事通信卫星。

国际通信卫星。通信卫星的出现,开创了全球卫星通信的新时代。在通信卫星出现之前,远距离通信的主要手段是短波无线电、铺设海底电缆和利用地面微波中继线路。通信卫星的出现从根本上改革了人类的通信手段。一颗静止的卫星通信区域可达地球表面的40%以上,能把远隔18 000千米的两地联系起来,只要在静止轨道上合理布置三颗通信卫星就可以沟通地球上全部有人地区,通信卫星的容量比任何其他手段的容量都大。世界上第一颗商用同步通信卫星是美国于1965年4月6日发射的,即“国际通信卫星1号”,名曰“晨鸟”,重量仅为38.5公斤,通信容量为240条话路,相当于1974年铺设的大西洋海底电缆容量的6倍多。1990年发射的“国际通信卫星6号”的通信容量已达24 000条话路和3路彩色电视,其重量约1.8吨。正在轨道上工作的、由16颗卫星组成的国际通信卫星网,每天可为120多个国家和地区的大约330多个地面站提供全球通信服务。通信卫星已承担了世界上2/3的国际电报、电话和几乎全部的洲际电视转播业务。

国内通信卫星。这种卫星是专门用于某一国家或地区范围的通信卫星。加拿大于1972年建立了世界上第一个国内通信卫星系统,它对沟通、开发加拿大北部人烟稀少地区起了重要作用。前苏联也用国内通信卫星取代中继线路,实现了对西伯利亚地区高质量卫星通信和电视转播。印度、巴西等国土面积较大的发展中国家也在积极发展国内通信卫星。

直接广播卫星。用国际或国内通信卫星转播电视存在地面接收设备复杂,转发层次多的缺点。因为通信卫星发出的电波所载的电视信号,经过飞越36 000千米到达地面时,信号已经非常微弱,只有用高灵敏度的低噪声接收机及20~30米直径的大天线的地面站才能收到。而直接广播卫星的发射功率则很大,可达400~500瓦以上,由于它发射的电波到达地面时有足够的强度,因而凡在该卫星覆盖区内的家用电视机只要用脸盆大小的天线就可以收到,再经过一个转换器,就可以在电视机上显示出来。用直接广播卫星不仅取消了许多中间转发环节,而且能大幅度地提高图像的清晰度。美国、加拿大、日本、印度、西欧等国家和地区都发射了这种卫星。

海事通信卫星。这种卫星作为中继站,可以使海上航船与海岸站之间进行无线电微波通信。由于这种卫星不受气候条件干扰、稳定可靠,因而大大改善了船舶的调度管理,提高了航海运输效率,减少了海船失事遇险所造成的损失。目前、在轨道上工作的海事卫星可以保证在南北纬度75度之间海域上航行的船只与海岸站进行24小时连续通信,并可通过国内或国际通信网接通岸上的任何地点;海事卫星还设有专用的应急通信线路,供失事呼救信号用;还可向航船传送气象预报、海流情况和导航数据等资料。

通信卫星也可用于电视教育、电视电话、电子邮政、印刷传真、环境监测等业务,成为主中的信息交换中心。

(二) 在地球资源勘探中的应用

用以勘测地球资源的卫星叫地球资源卫星。地球资源卫星是卫星技术与遥感技术的巧妙结合。遥感技术被誉为航天技术的眼睛。航天技术与遥感技术的发展,使整个地球表面进入了人类的眼帘,令人看到了许多过去用肉眼观测不到的奇异景象。

遥感技术是20世纪60年代发展起来的一门新兴的、综合性探测技术,它以卫星、飞船、空间站、航天飞机等飞行器作遥感平台,在几百米、几百千米,乃至几千千米之上,用各种电磁波探测地面信息,然后通过光学、电子光学、红外线、微波、激光、计算机等技术处理所得到的资料和数据,达到探测研究对象各种性质的目的。遥感技术主要包括运载工具、遥感仪器、信息和图像处理及分析应用等四个组成部分。

航天技术提供了高远的观察位置,遥感技术则提供了"明察秋毫"的眼睛。地球资源卫星配有遥感技术后,探测地球资源时便具有勘测范围大(能涉及人迹罕见的地区)、获得资料速度快、能周而复始地观测,并能监视动态变化,把大面积普查与重点普查结合起来等优点,从而实现多快好省地勘测。

地球资源卫星从轨道上用各种电磁波段拍摄的地面照片已成为了解地球资源的宝贵资料。这些资料在农、林、牧、副、渔、矿、水等资源调查以及勘查国土、绘制地图中起了非常重要的作用。在农业方面,根据照片提供的资料可以观察庄稼的长势,预报农作物的产量(误差不超过3%),早期发现农作物疾病和虫害,以便及时防治。在林业方面,利用地球资源卫星普查全国森林。不仅效率高,而且费用少。比如,菲律宾用卫星普查全国森林,4个月就完成了用常规航空测量法5年才能完成的工作量,费用节约95%。同时,还可以及时侦察森林火情。在牧业方面,可以调查牧草的分布、种类、长势和密度、寻找水草丰盛的牧场,促进畜牧业发展。在渔业方面,可以探测海洋中浮游生物的分布和密度,根据提供的资料提高渔业产量。比如,前苏联发射的"礼炮6号"航天站,在运行期间共拍摄了9000幅地面图像,航天站上的航天员根据这些资料,曾多次向前苏联渔业部门报告鱼群的动向,使在大西洋上作业的苏联渔船多次获得鲭鱼和鱿鱼捕捞的大丰收。在找矿方面,卫星也大大提高了勘测的工效。比如,前苏联利用卫星拍照发现了"第聂伯-顿涅茨沼泽地区的大油田;美国从卫星照片上发现了阿拉斯加的新含油地质构造;我国也靠遥感技术等手段发现了新疆塔里木大油田和天然气田。在调查水利资源方面,可以测量江、河、湖的位置,估计水量,鉴别水质及寻找地下水资源。比如,利用卫星拍摄的照片发现了非洲撒哈拉大沙漠的中央、埃塞俄比亚境内以及夏威夷岛附近海滩中的淡水。有报导说,撒哈拉大沙漠之下是一个地下淡水海。在国土勘查、绘制地图方面,利用卫星更是快速、高效的手段。比如,利用航空摄影对我国国土进行测绘,大约需拍摄100万张照片,历时10年,而用卫星测绘则只需拍摄500张照片,几天就可以完成。总之,地球资源卫星对资源勘测起到了以往手段所起不到的作用和达不到的效率。

(三) 在气象观测中的应用

在气象卫星出现之前,气象观测站大都设在有人居住的地区。而海洋、沙漠和极地约占地球表面4/5的区域内,气象观测却是一片空白。过去曾利用探空气球和探空火箭进行气象观测,但是它们在空中停留的时间有限,探测范围只占地球表面的1/5,很难揭示气象运动的规律，也不能保证进行准确的天气预报。

气象卫星突破了上述气象观测手段的局限，它居高临下，可以 24 小时连续观测，为人们全面掌握大气运动的规律，进行全球天气预报和中、长期预报提供了有力的手段。1977～1978 年间，世界气象组织在静止轨道上布置了 5 颗静止气象卫星，还发射了 5 颗极轨道卫星。截止 1983 年底，全世界共发射了 154 颗气象卫星，其中 12 颗为地球静止气象卫星。这些气象卫星共同构成了全球气象卫星观测网。现在，气象卫星所提供的资料已成为各国气象预报的主要依据，特别是对那些交通不发达、通信设备简陋的地区，气象卫星提供的数据往往是气象预报数据的唯一来源。我国在 20 世纪 80 年代接收位于东经 140°的日本静止气象卫星的数据，每天可收 8～10 次，在预报台风中，从未漏报过。1981 年长江上游连降大雨，水位猛增，情况紧急，防汛部门正考虑是否进行荆江分洪时，气象部门根据气象卫星动云图分析，认为大雨即将停止，可以不必开闸分洪，从而避免了 40 万人大搬迁、60 万亩良田被淹的损失。当年青海龙羊峡水库也出现类似问题，若开闸泄洪势必造成水库下游的青海、甘肃、宁夏、内蒙古的大片土地被淹，也是根据气象卫星提供的不会再下雨的判断而未开闸，避免了巨大损失。可见，气象卫星给人们带来的益处难以用数量统计。

（四）航天技术开辟了太空生产的新领域

大气以外的宇宙空间具有高真空、强辐射、超低温、无噪声和持续失重等环境，这些环境是地球上难以模拟的，利用这种环境办工厂，搞生产是十分理想的。航天技术为发展材料加工、金属冶炼等太空工业创造了条件。比如，在太空中，由于失重，在材料加工中不会发生接触污染、沉淀和对流等现象。又如，在失重条件下，物体可以自由悬浮在空中，所以冶炼可以不用容器，只用微弱的静电力或电磁力就可以左右它们的位置，并可以把冶炼材料加热到极高的温度，因而能冶炼锆、钛、钨等高熔点金属，由于它不用容器，没有接触污染，炼出的金属纯度极高。美国在太空环境中做过一些实验：20 世纪 70 年代美国在“天空实验室”内生产的单晶硅其纯度比地面上的大 10 倍；由于没有重力引起的对流，可以消除晶体内部的缺陷，大大提高了晶体的完善性。在航天飞机上生产的抢救药物，其纯度比在地球上生产的高 4 倍，产量相当于在地球上生产的 240 倍。在航天飞机上进行药物的批量生产并投入市场已是指日可待的事。

三、航天技术在科学研究领域中的作用

航天技术与基础科学和现代技术科学是相互依赖、相互促进、相辅相成的。航天技术是在许多基础科学和现代技术科学基础上发展起来的一门综合性技术，它的发展反过来又极大地促进了基础科学和现代技术科学的发展。尤其促使天文学、空间物理、地球物理、航天医学等取得了惊人的发现和突破性进展。这里着重介绍一下天文学和航天医学的进展。

（一）航天器对天文学的贡献

天文学是一门古老的科学。在航天技术出现之前，人们只能在地面对天体进行观测，由于受大气层的影响，观测结果的准确度较低，而且受阴、雨等条件限制，不能进行全

天候观测。航天技术出现后,利用人造卫星把各种观测仪器送入大气层以外的太空,或者由天文工作者乘宇宙飞船或航天飞机亲自到太空实施观测,就避开了大气的影响。20世纪60年代末以来,利用航天器对天体和宇宙星际空间进行观测,取得了一系列成果。

20世纪60年代末,航天员乘载人飞船登上月球,实地考察了月球的本来面目,勘测了月球资源,取回了一些月岩。发现月球的岩石中含有丰富的铁、铝、硅、钛、镁、钾、钙等多种元素。20世纪70年代初美国航天员曾用"天空实验室"航天站上的太阳望远镜观测太阳,拍摄了太阳的日冕、日珥、黑子和耀斑爆发等许多照片,为研究太阳的起源、形成和活动规律提供了宝贵资料。前苏联也用"礼炮号"航天站进行过类似的观测。

在对月球和太阳进行考察和观测的同时,还发射了一系列行星探测器,开展了对金星、火星、水星等各大行星以及深空的探测。1960年3月~1973年11月,美国先后向金星发射了"探险家5号"、"水手2号"、"水手5号"、"水手10号"4个探测器。前苏联从1961年2月~1983年6月,先后向金星发射了16个探测器(即"金星"1号~16号)。两国的探测结果表明:金星被很稠密的、厚度为300千米的大气层包围,其中CO_2含量占97%,N_2为2%;金星表面温度白天和黑夜均约500℃。大气压为100;不存在生命;金星自转很慢,周期是118个地球日。方向是自东向西,没有季节变化;金星上有许多巨大的火山,岩层年龄很轻。

1964年11月~1969年3月,美国先后向火星发射了4个逼近火星的探测器(即"水手"4号、6号、7号、9号),1975年8月和9月,又发射了"海盗1号"和2号火星探调飞船,经过近1年的飞行,两飞船上的两个着陆器分别在火星上软着陆,发回了许多火星表面的高分辨率的照片。前苏联也做了软着陆飞行。探测结果表明:火星表面覆盖着环形山;火星上有火山口、峡谷和河床,火星上根本不具备生物生存的条件。

1974年3月29日,美国的"水手30号"在飞过金星时,借助金星的引力,改道飞向水星区域,第一次访问了水星。最近时距水星只有320千米,拍摄了6000余张照片。探测表明:水星表面大气稀薄,终年气温为400℃,表面布满了环形山。

用航天探测器还探知:木星像土星和天王星一样,周围也有一个光环,它是由黑色碎石组成的,宽几千千米,厚约30千米,离木星面约58 000千米;木星的一个卫星上有活火山正在喷发。

在探测太阳系的各大行星的同时,还对哈雷彗星及深空进行了探测。在探测深空的飞船上携带了寻找"宇宙人"的标志和唱片。

人类对自己的生存环境——地球的探测尤为关注。人们利用卫星探测了地球的周围环境,测量了地球的重力场、磁场、大小和形状,研究了地球的起源和构造等。结果发现:地球的形状既不是圆球体,也不是椭球体,却有点像"鸭梨":其赤道部分有些胀大、北极区略有凸起,南极区稍凹陷;在地球赤道上空约1 300~40 000千米处有两条辐射带,是由地球磁场捕获太空中的质子和电子组成的,通常叫做范·艾伦内辐射带和外辐射带;离地球1000千米左右的高度上有一个由氩和氦组成的地冕等。这些情况在航天器飞向太空之前是根本无法知道的。

20世纪90年代以来,人们借助于哈勃望远镜又把对宇宙的认识向前推进了一步。1990年4月24日美国"发现号"航天飞机携带迄今为止造价最昂贵的卫星——哈勃太空望远镜,进入距地球612千米的轨道。次日下午用长15米的机械臂把这座重11吨的太阳能望远镜送入轨道。哈勃望远镜将完成下列使命:收集数据,计算宇宙年龄,将把现今估算的宇宙年龄在100或200亿年的相差数字缩小到10%左右;望远镜上的仪器特使天文学家更加精确地算出宇宙的距离标度;从而使人们更精确地了解宇宙的扩张和最终的命运;将帮助人们弄清楚银河系的演变;准确监测各恒星的位置;侦察黑洞;弄清类星体的物质组成;对太阳系的行星进行拍照,使人们深入了解地球的生成环境。1990年3月23日美联社休斯敦航天中心报道:用哈勃望远镜将使天文学家看到近似宇宙出现之初(估计150亿年前)的物体。因为用哈勃望远镜观察比最佳地面天文台的观察远7倍,能探测到模糊50倍的物体,而清晰度却大10倍。又据合众国际社卡纳维拉尔角1992年1月6日电报道:哈勃望远镜拍到了壮观的照片。该照片清晰地表明,在一个叫做M-87的星系中心处有一个星体凝和像点那样明亮的光源,距地球5200万光年。这幅照片与理论上预测的情景几乎完全符合,即如果黑洞的质量是太阳的26倍时,人们可以看到的情景。黑洞本身虽然看不见,但是尘埃和碎片被吸进时所产生的辐射将产生明亮的光柱。理论上的预测与照片上显示的一样,科学家们将由此获得黑洞存在的有力证据。

(二) 航天技术的发展促成了航天医学的诞生

随着载人航天器的发展,研究人如何适应航天环境的新兴学科——航天医学应运而生。航天医学是研究航天环境中超重、失重、气体成分、压力、温度、湿度、噪声、振动、宇宙辐射对人体的影响以及人体的承受限度、防护措施、保证航天员健康安全、提高工作效率的一门综合性学科。

关于如何承受失重对身体带来的影响是航天医学首先要解决的问题。航天员在升空过程会遇到8倍重力的超重。第一位升空的航天员加加林说,当他的密封太空舱加速到每小时2.8万千米时,他感到体重达6倍。航天员在返回过程中重力又在10倍以上,一般人无法忍受,轻者受伤,重者死亡。航天医学家用改变航天员在飞船中的座椅姿势、身着抗超重服装、加强地面训练等一系列措施,保证了航天员的安全升空和返回地面。

失重是航天员遇到的又一重要环境因素。航天器到达一定高度便出现失重。失重后航天员出现漂浮的神奇感觉。失重也是人体难以适应的,它会使航天员患航天运动病:恶心呕吐、头晕目眩、产生幻觉;引起体液重新分布,大量血液由下身回流到胸部和头部,引起血液循环和体液调节紊乱,酿成心血管系统疾病,还会引起缺钙等等。航天医学家们提出,可以采用服药、安排合理作息制度、增加航天员的运动量,使用下身负压装置等办法使航天员在失重环境中生活和工作。航天员在失重环境中生活最长时间已达438天。

宇宙辐射是航天员面临的又一考验。来自银河系和太阳耀斑爆发时发出的带电粒子及地球周围的辐射带,能使航天员的细胞、组织器官产生电离效应,轻者患上辐射病,重者死亡。这个问题也由航天医学家和设计师们共同解决了。至于航天员的饮食、洗澡、排泄物的处理也都得到了满意的解决。这一切都为航天事业的继续发展打下了坚实的基础。

航天事业的发展方兴未艾。俄罗斯把宇航事业作为优先发展的项目,俄美航天合作正在升温。俄罗斯前总统叶利钦于1996年4月11日批准创办了俄罗斯第一所军事航天学院。1996年4月21日美国的阿丽亚娜火箭第85次发射成功,它把加拿大一颗2 855

公斤的卫星送入轨道，这颗卫星可覆盖整个美国、加拿大、墨西哥和加勒比地区的一部分和太平洋的部分水域。哈勃望远镜也将不时地发回令人兴奋的消息。据报道，哈勃望远镜发现了蝌蚪状气体云。航天技术的成果层出不穷，人类还将建立起太空电话、永久性航天站、航天平台、建立月球基地、载人火星飞行（火星表层以下可能有冰层，有水就可能有生命）对火星进行深入探测，等等。总之，航天事业的前景是广阔而美好的。

● 复习思考题

1. 简述空间技术的发展概况。
2. 简述航天技术的基本构成和基本原理。
3. 论述航天技术在军事领域、国民经济和科学研究中的应用价值。

第十八章　材料技术

信息、能源和材料是当代文明社会的三大支柱。材料是一切物质生产不可缺少的要素之一。一种新材料的出现，往往会引起生产工具和生产方式的变革，从而使社会生产力获得巨大发展。

第一节　材料技术的概述

一、材料技术的作用

人类自诞生以来，就与材料结下了不解之缘。翻开人类的文明史，我们不难发现，材料一直是人类赖以生存及发展、征服自然和改造自然的物质基础，也是人类社会进步的重要标志。人们常说的新石器时代、青铜器时代、铁器时代等历史分期，都是以人类使用工具的材料来划分的。纵观人类利用材料的历史，可以清楚地看到，每一种重要新材料的发现与应用，都把人类支配自然的能力提高到一个新的水平。例如，人们在大量烧制陶瓷的实践中，熟练地掌握了高温加工技术，并用这种技术来烧炼矿石，逐渐冶炼出铜及其合金——青铜。而且炼铜技术发展为炼铁应是顺理成章的事。用铁作为材料来制造农具，使农业生产力得到空前的提高，并促使奴隶社会解体和封建社会兴起。

材料科学技术的每一次重大突破都会引起生产技术的革命，大大加速社会发展的进程，给社会生产和人们生活带来巨大变化。材料科学技术是每个时代的技术基础，更是现代技术的重要基础。光导纤维和激光材料对于光通信，半导体材料和磁性材料对于计算机技术，超导材料、光电材料和贮氢材料等对于新能源，生物功能材料对于生物工程，等等，无不说明新材料对于新技术和新兴工业的发展具有举足轻重的键作用。

随着对材料研究的逐步深入，科学家们设计和制造了新材料。所谓新材料，主要是指比传统材料更有优异的性能的一类材料。目前世界上传统材料已有几十万种，而新材料的品种正以每年大约 5% 的速度在增长。世界上现有 800 多万种人工合成的化合物，而且还在以每年 25 万种的速度递增，其中相当一部分有发展成为新材料的潜力。

二、材料技术的分类

世界各国对材料的分类不尽相同，但就大的类别来说，可以分为金属材料、无机非金属材料、有机高分子材料、新型复合材料和具有特殊功能的新材料。若按照材料的使用性能来看，可分为结构材料与功能材料两大类。结构材料的使用性能主要是力学性能；功能材料的使用性能主要是光、电、磁、热、声等功能性能。从材料的应用对象来看，它又可分为信息材料、能源材料、建筑材料、生物材料、航空航天材料等。

第二节 金属材料

金属材料是进入工业社会以后,人类用得最早也是用得最多的材料,并长期占绝对优势。其共同优点是高韧性,延展性好,强度高,导电性好。

一、金属材料概述

金属材料一般分为黑色金属材料和有色金属材料两大类。黑色金属材料通常包括铁、锰、铬以及它们的合金。合金是由两种或两种以上的金属元素,或者金属元素与非金属元素组成的具有金属性质的物质。由铁和碳组成的合金——钢铁是黑色金属材料的代表,长期以来一直是建筑业、机器制造业等多种行业最基本的结构材料。钢铁产量往往成为衡量一个国家工业水平和生产实力的标准。虽然近半个世纪以来,随着高分子材料、无机金属材料以及多种新型复合材料的不断涌现,钢铁材料逐渐被部分取代,但是钢铁材料的应用,仍占据主导地位。其原因是由于钢铁具有多种良好的物理、机械性能,资源丰富,价格低廉,并且工艺性能好,便于加工制造。

除黑色金属以外的其他各种金属及其合金都称为有色金属。有色金属品种繁多,又可分为轻金属、重金属、高熔点金属和贵金属等。常用的有铝、铜、铁、镁、镍、钴、锡、铅、金和银等。它们的耗用量虽然比钢铁少得多,但由于具有导电、导热性好,化学性质稳定,耐热、耐腐蚀和工艺性好等优良性能,所以是现代电子、机械、轻工、仪表、航空航天等技术领域不可缺少的材料。在有色金属材料中,铝的用途最广泛,而且与人们的日常生活息息相关。例如,家庭使用的烹饪器皿、厨房用具大都是铝制品;作为货币的硬币,也是铝合金做的。铝合金强度高、重量轻,是制造飞机的好材料,所以被用于飞机制造业。

二、新型金属材料

新型金属材料是在传统金属材料的基础上不断推陈出新而创造出来的新材料。它的种类繁多,下面仅介绍几种有代表性的新型金属材料。

(一) 形状记忆合金

这是指某种合金在一定温度下,给它一固定的形状,在温度下降时,很容易把它变为另一种形状,当把温度恢复到原来的温度时,它又恢复到原来形状的合金。这种奇特的"记忆"本领可以重复进行,其"记忆"能力绝不会降低。目前已发现具有"记忆"功能的合金有金镉合金、镍钛合金、镍锌合金、铜铝镍合金、铜金锌合金,等等。

形状记忆合金的一个重要特性是有确定的转变温度。例如,镍钛合金的转变温度为40℃,当温度一旦达到转变温度时,它会被立即"唤醒",恢复"知觉",立即有"记忆力",还原到本来面目。

形状记忆合金的另一个重要特性是超弹性。在外力的作用下,它发生很大的形变,变形量可以超过4%,甚至更高,但当温度达到转变温度时,它像突然"醒"了一样,会狠狠地弹回到原来的形状。

形状记忆合金还有一个可贵的特性。那就是抗疲劳性。它的回忆变形本领可以反复使用500万次左右而不产生疲劳断裂,而且可以几乎100%的恢复到原形。

此外,它还有耐腐蚀性。由于形状记忆合金具有以上这么多特性,所以它的应用非常广泛。在飞机上有许多液压管路的连接就是采用这种合金来完成的,即先把形状记忆合金连接件的内径做得比管径稍大一些,在低温下把管子连接两端压入连接件,然后在室温下放置,连接件恢复其原有内径,把管道紧紧固定住。在飞机修理中,也使用了形状记忆合金。修理过程中有的铆接部位铆接有困难,就可采用形状记忆合金铆钉。将这种铆钉在低温时穿入铆接部位,受热后尾部自动撑开,这种方法铆接的质量很好。在航空、航天、核工业和海底输油管等危险场合,为了保证系统万无一失,管道连接处常采用记忆合金套管。还有一些国家用镍钛合金制成了卫星用自展天线,即在稍高的温度下用镍钛合金焊接成一定形状的天线,在室温下将其折叠,装在卫星上发射。卫星上天后,由于受到强日光照射,温度会升高,此时天线会自动展开。

形状记忆合金在工业上的主要用途是制造形状记忆合金发动机。这种发动机不需要汽缸和活塞,只要供给它一个冷水槽和一个热水槽就行了。利用它不停地形变和恢复所产生的力量,推动主轴旋转,将机器发动起来。这样的发动机既不消耗煤、油,也不消耗电能,无废渣、废气污染环境。它还可以利用太阳能、海洋能、地热能等自然资源或工厂的余热作为能源,既经济又干净。

形状记忆合金具有极好的耐腐蚀和耐磨损性能,特别是它具有良好的生物相容性,所以被广泛用作人体修复材料,可用于血栓过滤器、人造心脏、牙齿矫形、人工关节等医疗控制装置。在生活中,它可用于自动开启门窗装置,达到自动调节温度的目的。

(二) 贮氢合金

氢是21世纪需要开发的新能源之一。若要大量开发氢能源来作为常规能源,必须解决氢的贮存和运输问题。传统的贮氢方法是气态或液态贮存,前者是在高压下(大约 1.52×10^7 Pa 把氢气压入钢瓶,后者是在-253℃低温下将氢气液化后,灌入钢瓶。由于运送笨重的钢瓶极不方便,氢气遇到火花或与氧气等混合时,容易引起爆炸,所以钢瓶贮氢气,既不安全,又不经济。一种新型的金属材料贮氢合金能够很好地解决贮氢问题。

贮氢合金是利用金属或合金与氢形成氢化物而把氢贮存起来。金属都是密堆积的结构,结构中存在着很多空隙,可以容纳半径较小的氢原子。在贮氢合金中,一个金属原子能与2~3个甚至更多的氢原子结合,生成金属氢化物。贮氢合金的贮氢能力很强,其单位体积贮氢的密度,是相同温度、相同压力条件下气态氢的1000倍,也就是相当于贮存了 1.01×10^8 Pa 的高压氢气。同时,贮氢合金生成的金属氢化物的结合力很弱,稍稍加热又容易分解而放出氢气。需要贮氢时,使合金与氢反应生成金属氢化物并放出热量;需要用氢时,通过加热让氢释放出来。这如同蓄电池的充、放电一样。因此贮氢合金是一种理想的贮氢方法。目前,发展中的贮氢合金主要有镁系贮氢合金、钛系贮氢合金、锆系贮氢合金、铁系贮氢合金和稀土系贮氢合金等。

贮氢合金的应用非常广泛。它可用于汽车和高速飞机上。我国已经研制成功了一种氢能汽车,它使用贮氢材料90千克,可行驶40千米,时速超过50千米。用氢气作高速飞机的燃料,可以大大提高飞机的有效载荷、航速和航程。国外正在研究设计几倍于音速的燃氢飞机。

贮氢合金不仅有贮氢的本领，而且还能将贮氢过程中的化学能转换成机械能或热能。贮氢合金在贮氢时放热，在放氢时吸热，利用这种放热——吸热循环，可进行热的贮存和传输，制造制冷或采暖设备。

制造镍氢电池也是贮氢合金的一个重要应用领域。目前，使用的镍镉电池中的镉有毒，使废电池处理复杂，环境受到污染。镍氢电池与之相比，具有容量大、无毒、使用寿命长和无污染等优点，是很有发展前途的产品。

贮氢合金不仅是一种能源，而且也是一种紧急救生材料。人们把氢化锂一类的贮氢材料制成药片大小的救生丸，只要随身带几粒氢化锂和折叠好的超轻型救生艇、救生衣或其他救生设备，就可使落水者得救，因为氢化锂一遇到水就立即释放出大量氢气，使救生设备充气膨胀而浮上水面。

（三）非晶态合金

也称“金属玻璃”。它是一种新的、特殊的物质状态。称之为“金属玻璃”是因为它在化学成分上是金属或合金，而在原子结构上呈现出典型的玻璃态。

熔融状态的合金缓慢冷却得到的是晶态合金，因为从熔融的液态到晶态需要时间使原子排列有序化。如果将熔融状态的合金以极高的速度骤冷，不给原子有序化排列的时间，而将原子瞬间冻结在像液态一样的无序排列状态，得到的是非晶态合金。这种合金整体呈现均匀性和各向同性，因而具有优良的力学性能，如拉伸强度大，强度和硬度都比一般晶态合金高。非晶态合金中的原子是无序排列的，因而没有晶界存在，所以合金具有高电阻率、高磁导率、高抗耐腐蚀性等优点，在一些领域的应用比较广泛。

非晶态合金的电阻率比晶态合金高几倍，这样可以大大减少涡流损失，所以特别适合做变压器和电动机的铁芯材料。采用非晶态合金做铁芯，能耗将减少4/5，所以非晶态合金得到广泛应用。另外，非晶态合金在磁放电器、脉冲变压器、高速磁泡头存储器、超大规模集成电路板、光磁记录材料等方面均有应用。

第三节　无机非金属材料

非金属材料品类繁多，性能千差万别，大约有100多种，应用广、作用大的约有30多种，大体可分为无机非金属材料、有机非金属材料（最重要的是高分子材料）和半导体材料。这里先介绍无机非金属材料。所谓无机非金属材料是指除金属以外的无机材料，主要有陶瓷、玻璃、水泥、耐火材料等，因为它们的成分中都有二氧化硅，所以又称为硅酸盐材料。这类材料大都具有耐高温、耐辐射、抗腐蚀及特殊的光学、电学性能。我们着重介绍一下陶瓷、玻璃材料和半导体材料。

一、陶瓷材料

陶瓷材料是以碳、硅、氮、氧、硼等元素的人工化合物为主要原料，改进和发展传统陶瓷工艺而获得纳新型陶瓷材料；由于新型陶瓷的强度和韧性都有大幅度提高，克服了传统陶瓷性脆易碎的弱点，已成为受到普遍重视的一种重要的新型工程材料。这种陶瓷在国外又称工程陶瓷、精密陶瓷或结构陶瓷，按应用和发展大致可分为新型结构陶瓷和新型功能陶瓷复合陶瓷两类。

新型结构陶瓷具有高机械强度、耐高温、耐腐蚀、耐摩擦及高硬度等特点，主要有氧化物陶瓷、氮化物陶瓷、碳化物陶瓷、硅化物陶瓷、硼化物陶瓷、砷化物陶瓷和氟化物陶瓷等。这类陶瓷优异的高温性能是一般金属材料乃至硬质合金也望尘莫及的，是高温发热元件、绝热发动机和燃气涡轮机叶片、喷嘴等高温工作器件的重要材料，还可用作高温坩埚、高速切削刀具和磨具材料。例如，氧化铝陶瓷，抗拉强度高达 2650×10^5Pa，抗弯强度更高达 $3000\sim5500\times10^5$Pa，而工作温度 1980℃；氮化硅陶瓷耐各种酸碱腐蚀，耐辐射，收缩小，工作温度也可达 1400℃；碳化硅陶瓷导电、导热性优良，抗氧化，热稳定性好，在惰性气体中工作温度高达 2300℃；氧化铁陶瓷在常温下绝缘，而在 1000℃以上时是良导体，最高工作温度可以达到 2400℃。

新型功能陶瓷有装置陶瓷、电容器陶瓷、压电陶瓷、磁性陶瓷、导电与超导电陶瓷、光学陶瓷和敏感陶瓷等。这类陶瓷具有特殊的声、光、电、磁、热和机械力的转换、放大等物理、化学效应，是功能材料中引人注目的新型材料。这类以金属氧化物为主要原料的功能陶瓷，已是能源、空间技术、计算机技术等尖端技术的重要功能材料。例如，有“白石墨”之称的氮化硼陶瓷是世界上最坚硬的人工陶瓷，烧结后硬度不高，可方便地进行各种机械切削加工，并有优异的耐热性、高温绝缘性和导热性，在惰性气体中工作温度可达 2800℃，不仅可作高频绝缘材料和高温耐磨件等，而且是优良的半导体 P 型硼扩散源；硅化钼陶瓷导电不亚于金属，强度高，而且在 1.3K 以下温度时有超导性；氧化铍陶瓷的强度高，导热性好，可用于大规模集成电路基片及大功率气体激光管散热片；氧化铝、氟化镁和硫化锌陶瓷，可透过红外线和微波；氧化锆基陶瓷对电子绝缘，又有良好的离子导电性；还有具有气敏、热敏、光敏、压敏、磁敏和半导体等效应的换能、传感功能陶瓷，更是特种陶瓷中的佼佼者。

二、新型玻璃材料

现代新型玻璃材料改变了传统玻璃材料易碎、易传热的特性，研制出众多具有特殊功能的新品种。例如，玻璃钢、“记忆玻璃”、化学敏感性玻璃、超韧性增强玻璃、激光玻璃、防弹玻璃和防辐射玻璃，等等。

根据玻璃的制作工艺不同来分有夹层玻璃、中空玻璃和镀膜玻璃，通过工艺的改变来提高玻璃的强度和韧性，以提高隔热、降噪声等性能。

在玻璃纤维功能的开发中，人们应用光的全反射原理发明了玻璃丝光导纤维（简称光纤），它使现代通信技术发生了革命性的转变。光纤由芯线和外包层两部分构成同轴玻璃纤维。光纤的制造通常是将折射率较大的玻璃棒插入折射率较小的玻璃管中，置于电炉里加热至近熔融状态时，采用精密控制的拉丝工艺均匀地拉制成内外双层的同轴纤维丝，其芯线直径为 10~50μm，包层外径达 125μm。用光纤进行通讯，具有容量大、抗干扰性好、能量衰耗小、传送距离远、重量轻、绝缘性能好、保密性强、成本低等特点。一根直径只有千分之一毫米的光导纤维，可以同时传递 32 000 对电话，如果采用激光通讯，一条光电线能同时接 100 亿条电话线路和 1000 万套电视通讯，可供全世界每人 2 部电话使用。光纤被广泛地应用在工业、国防、交通、通讯、医学和宇航等领域。当然光纤也有一些不足之处,如耐热性和抗老化性较差。

三、半导体材料

半导体材料是20世纪40年代发展起来的重要信息材料。今天,半导体材料的品种已非常多,按其化学成分来分有元素半导体、化合物半导体、氧化物半导体、玻璃半导体及有机半导体等。如果按特性来分,尚有磁性、压敏、气敏等半导体材料。目前,广泛应用的半导体材料有锗、硅、硒、砷化镓、磷化镓等,其中以锗、硅材料的生产技术较为成熟。

根据能带理论的基本思想,1947年12月23日,美国贝尔电话研究所的物理学家巴丁(John Bardeen,1908~1991)和布莱登(Walter Brattain,1902~1987)把两根细金属丝置放在锗晶体片的表面,其中一根接通电流,使另一根尽量靠近它,并加上微电流,这时,通过锗片的电流突然增大起来。这样,世界上第一只锗晶体管被成功研制出来了。因为这种晶体管的结构只是金属与半导体晶片的某一"点"接触,故称之为"点接触晶体管"。

1949年,贝尔电话研究所的肖克利(William Shockley,1910~1989)又提出了在半导体单晶内制成PN结阶设想并于1950年研制出第一个"结型晶体管"。这种晶体管是利用晶体中的电子和空穴的作用原理制成,是现代晶体管的雏形。

1954年5月,第一个硅晶体管由美国德州仪器公司开发成功。此后,科研人员又对晶体管的改进和半导体的研究做了大量工作,继而开发出许多品种的新型晶体管。自1958年在硅晶体管的基础上制成了集成电路,带来了计算机的微型化,开创了人类信息时代的新纪元。

第四节　高分子材料

一、高分子材料概述

高分子化合物,也称聚合物或高聚物,是由许多结构相同的单体聚合而成的,分子量高达几万到几百万,甚至几千万。高分子由单体彼此连成长链,有些长链之间又有短链相连接而成网状,并且互相缠绕,分子之间作用力强。其结构上的这些特点,使高分子具有一定的强度和程度不同的弹性。高分子化合物受热时,长链不易传热,熔化前有一个软化过程,所以具有良好的可塑性;同时,高分子化合物还具有良好的电绝缘性。高分子材料是以高分子化合物为主要原料,加入各种填料或助剂制成的材料。它既包括常见的塑料、合成橡胶和合成纤维(三者被称为三大合成材料),也包括人们经常使用的涂料、黏合剂以及一些新型高分子材料。

二、新型高分子材料

在合成高分子的主链或支链上接上带有显示某种功能的功能团,使高分子具有特殊的功能,满足光、电、磁、化学、生物、医学等方面的功能要求,这类高分子称为功能高分子,用它做成的材料叫功能高分子材料。

1. 生物高分子材料

它是一类对有机体组织进行修复、替代与再生,具有特殊功能作用的高分子材料。

合成高分子与人体器官组织的天然高分子有着极其相似的化学结构和物理性能，所以用高分子材料做成的人工器官植入人体后，具有很好的生物相容性，不会与人体产生排斥和其他作用，可以部分或全部取代有关器官。合成高分子材料已成为现代医学的重要支柱材料。目前，可用于制作人造器官。合成高分子材料已成为现代医学的重要支柱材料。目前，可用于制作人造器官的高分子材料有：环氧树脂、聚乙烯、聚乙烯醇、聚甲醛、聚甲基丙烯酸甲酯、聚四氟乙烯、硅橡胶等。高分子材料制造的人造器官，除了脑、胃和内分泌器官外，几乎遍及全身。例如，人造心脏，可以用硅橡胶和聚氨酯制造；人工肾可以用乙酸纤维和聚酯纤维制造；人造肺，可以用聚四氟乙烯、聚碳酸酯和聚丙烯制造。

2. 吸水高分子材料

它是近年来发展起来的一种具有高吸水和保水能力的聚合物。吸水性高分子材料的吸水能力因聚合物的种类不同而有很大的差别，有的甚至在纯水中能够吸收相当于自重的几十倍到上千倍的水。吸水高分子材料不但吸水量大，而且能将其所吸收的水牢固地保留在材料之内，即便施加压力，也不会将水挤出。它的这种优异的吸水和保水性能，使它能在人们生活和许多工农业领域中显示出良好的应用效益。在日用生活方面，可用来制作纸巾、餐巾和“尿不湿”等；在医疗卫生方面，可用来制作人造肾脏过滤材料、人工玻璃体、血液吸收剂等；在农业方面，可作为土壤保水剂、种子包膜、农艺用塑料薄膜等；在工业方面，可用来制作干燥剂、空气过滤器、水分离剂、密封材料等。

3. 导电高分子材料

一般高分子材料不导电，具有绝缘性，这是由它的结构所决定的。但像聚乙炔这样的材料却具有导电性能。这是因为聚乙炔是双键与单键间隔相连接的线性高分子结构，分子中存在共轭 π 键，π 电子可以在整个共轭体系中自由运动，所以能导电。若将碘掺杂到聚乙炔中，导电率会大幅度增大。目前，相继开发了聚苯胺、聚噻吩、聚吡咯、聚苯硫醚等一系列导电高分子。其中，聚乙炔的导电能力已超过铜。这些导电聚合物由于掺杂、脱杂的原因，会发生从绝缘体到导电体之间的不同变化。这种变化会同时带来吸收光谱的变化，聚合物的颜色也就随之发生变化，所以用其做电变色显示元件是很理想的材料。用导电高分子材料做成的电池已进入市场。例如，用于计算机和照相机辅助电源的锂聚合物电池，其中一个电极是锂铝合金，另一个电极就是用导电高分子聚苯胺制成的。这种电池只有一个硬币大小，可以反复充电使用，工作寿命长。目前，又研制成功了一种薄型的可弯曲、可充电的锂-聚吡咯电池，使用更方便。

4. 光电导高分子材料

根据对传感器需求情况的调查，发现对光电传感器的需求量最多，超过其他任何传感器的需求量，它被广泛用于光通讯、太阳能电池、静电复印、电子照相和自动控制等方面。聚-*N*-乙烯咔唑（PVK）是光电导性能高分子材料的代表，也是最实用的材料。

第五节　新型复合材料

金属材料、非金属材料、高分子材料基本上都是单一的材料，具有这样或那样的缺点，不能满足现代技术的各种不同需要。比如，空间技术需耐高温、防辐射、重量轻、强度大的材料；造船业需要耐腐蚀、强度大的材料等。而金属材料大多不耐腐蚀，非金属材料又太脆,有机高分子材料又不耐高温。为了满足现代技术的各种特殊需要,发挥单一材料的优点,克服其缺点,人们通过一定的工艺手段把两种或多种材料复合起来,这就是复合材料。

一、复合材料概述

复合材料是由有机高分子、无机非金属或金属等几类材料通过复合工艺合成的新型材料。复合材料既能发挥各组成材料的优点,又能克服单一材料的缺点。复合材料机械强度高,耐磨性能好、耐高温、耐腐蚀、质地轻。

最原始的复合材料就是黏土泥浆中掺稻草而制成的土砖;在灰泥中掺马鬃或在熟石膏里加纸浆,可以制成纤维增强复合材料。当然,现在的复合材料已经有了新的内涵,所用的原材料包括高分子材料、金属材料和无机非金属材料等。

复合材料包括三大要素,即基体材料、增强剂及复合方式。复合材料按增强剂形状不同,可分为粒子、纤维和层状复合材料等;按基体材料不同,可分为树脂基(高聚物),金属基和陶瓷基等复合材料;按复合方式不同,可分为结构复合材料和功能复合材料。结构复合材料主要用于撑力结构,可以根据材料在使用中受力的要求进行选材设计及复合结构设计。功能复合材料一般由功能体和基体组成,基体不仅起到构成整体的作用,而且能产生协同或加强功能的作用。功能复合材料的制作难度较大,目前尚处于研制探索阶段,有的已经付诸应用。

二、结构复合材料

1. 树脂基复合材料

它是复合材料中开发最早,也比较成熟的一种。其中,生产量最大的是玻璃纤维增强树脂复合材料,即玻璃钢,它是由玻璃纤维与聚酯类树脂复合而成的。玻璃是非常易碎的脆性材料,但如果将玻璃熔化并以极快的速度拉成细丝,这种玻璃异常柔软,可以纺织。玻璃纤维的强度很高,比钢的硬度还高出两倍。在制造玻璃钢时,可将玻璃纤维制成纱织物或带材,然后加到树脂中;也可以把玻璃纤维切成短纤维,再加入基体中。玻璃钢具有优良的性能,它的强度高、质量轻、耐腐蚀、抗冲击、绝缘性好,因而被广泛用于飞机、汽车、船舶、建筑和家具等行业。例如,美国波音 747 飞机使用的玻璃钢部件多达一万多种。在汽车工业中,玻璃钢已大量用作车身,以减轻车身重量,是节约能源的一种措施。玻璃钢还可以作为火箭、导弹中的耐烧蚀材料。

2. 金属基复合材料

虽然树脂基复合材料已有了较大发展,并在许多方面显示了重要作用,但其耐热性能低,一般不超过 300℃;不导电、传热性能差,也是其主要弱点,这就限制了它在某些条件下的使用。而金属基复合材料恰好在这些方面具有优势,所以成为各国竞相发展的新材料。

金属基复合材料是采用高强度、高模量的耐热纤维(如碳纤维、硼纤维和碳化硅纤维等)与金属特别是轻金属复合而成。它既可保持金属原有的耐热、导电、导热等性能,又可提高强度模量,降低相对密度。金属基复合材料一般具有耐磨、耐疲劳、不吸潮、不放气、低膨胀系数等特性，是用于航空、航天等尖端技术领域的理想材料。例如，在人造卫星中，金属基复合材料可用来制作抛物面天线摄影的镜筒和光学望远镜的扇形反射面等部件。此外，它可以代替贵金属制造大规模集成电路的基板，大幅度地降低了生产成本。

3. 陶瓷基复合材料

它是刚兴起的一种高比强、高比模、耐高温、抗氧化、耐磨损及热稳定性较好的新材料。基体陶瓷有 Al_2O_3、SiO_2、Si_3N 和 SiC 等。增强材料有碳纤维、碳化硅纤维和碳化硅晶须。所谓晶须，就是由晶体生长形成的针状短纤维。

陶瓷基复合材料保持了陶瓷材料本身具有的耐高温、抗热震、超硬、耐磨、耐腐蚀等优良性能，而且可以用增强剂改进其脆性。例如，氮化硅、碳化物等复合陶瓷材料，由于大幅度改进了抗摩擦及增强韧性、抗疲劳磨损等性能，不仅比一般的硬质合金刀具的耐用度提高 30 倍，甚至还能用于高硬度冷铸铁的切削加工。陶瓷基复合材料还广泛用来制作滑动构件、航空航天部件、发动机制件和能源构件等。

三、功能复合材料

功能复合材料是近年来迅速发展起来的另一大类复合材料，其效能往往比一般单质功能材料好。按不同的功能作用，功能复合材料可分为换能复合材料、导电导磁复合材料和屏蔽功能复合材料。比如，当前已经在军用飞机上试用的隐身复合材料，就是把增强纤维与吸波（包括雷达波和红外光波）材料、基体复合在一起制成机身，以产生多功能效果，即所谓的隐形飞机。再如，肽酸锆铅是一种好的压电功能材料，如果把它粉碎后与塑料或橡胶制成功能复合材料，则它的优值要比原材料大几十倍。最近，国际上又出现了一种高性能纳米复合陶瓷材料，其主要特征是在基体中或晶界上分散纳米级颗粒或晶须。以提高材料的超强度和超韧性性能。

由于复合材料可以通过选择设计而具有满足各种需要的特性，所以它在新能源技术、信息技术、航天技术以及海洋工程等方面有着广泛的应用，已成为高技术领域中重要的新材料之一。复合材料的发展方向是由结构材料为主，向功能复合材料和多功能复合材料并重的局面发展；由宏观复合的形式向微观复合的形式发展；由双元混杂复合向多元混杂和超混杂的复合方向发展（即除了增强纤维混杂外，还可加入颗粒填料，所用基体亦可用两种以上来进行混杂，以满足使用的要求）；由被动型复合材料向主动型复合材料发展，即向机敏复合材料和智能复合材料发展。

● 复习思考题

1. 简述材料技术的分类及作用。
2. 论述金属材料、无机非金属材料和高分子材料有何优缺点。
3. 简述新型复合材料的分类及其应用价值。

第十九章 通信技术

信息的传递是人类生活中的大事,尤其在现代生活中显得格外重要。所谓通信,最简单的理解,也是最基本的理解,就是人与人沟通的方法。无论是现在的电话,还是网络,解决的最基本的问题,实际还是人与人的沟通。20 世纪,通信技术出现了新的飞跃。现代通信技术,就是随着科技的不断发展,如何采用最新的技术来不断优化通信的各种方式,让人与人的沟通变得更为便捷,有效。这是一门系统的学科,目前炙手可热的 3G 就是其中的重要课题。

第一节 现代通信技术的兴起

现代通信技术,一般是指电信,国际上称为远程通信。随着电信业务从以话音为主向以数据为主转移,交换技术也相应地从传统的电路交换技术逐步转向给予分株的数据交换和宽带交换,以及适应下一代网络基于 IP 的业务综合特点的软交换方向发展。信息传输技术主要包括光纤通信,数字微波通信,卫星通信,移动通信以及图像通信。

一、通信技术的产生和发展

通信技术和通信产业是 20 世纪 80 年代以来发展最快的领域之一。不论是在国际还是在国内都是如此。这是人类进入信息社会的重要标志之一。通信就是互通信息。从这个意义上来说,通信在远古的时代就已存在。人之间的对话是通信,用手势表达情绪也可算是通信。以后用烽火传递战事情况是通信,快马与驿站传送文件当然也可是通信。现代的通信一般是指电信,国际上称为远程通信。

纵观通信技术的发展分为以下三个阶段:第一阶段是语言和文字通信阶段。在这一阶段,通信方式简单,内容单一。第二阶段是电通信阶段。1837 年,莫尔斯发明电报机,并设计莫尔斯电报码。1876 年,贝尔发明电话机。这样,利用电磁波不仅可以传输文字,还可以传输语音,由此大大加快了通信的发展进程。1895 年,马可尼发明无线电设备,从而开创了无线电通信发展的道路。第三阶段是电子信息通信阶段。从总体上看,通信技术实际上就是通信系统和通信网的技术。通信系统是指点对点通所需的全部设施,而通信网是由许多通信系统组成的多点之间能相互通信的全部设施。而现代的主要通信技术有数字通信技术,程控交换技术,信息传输技术,通信网络技术,数据通信与数据网,ISDN 与 ATM 技术,宽带 IP 技术,接入网与接入技术。

数字通信即传输数字信号的通信,是通过信源发出的模拟信号经过数字终端的编码成为数字信号,终端发出的数字信号,经过信道编码变成适合与信道传输的数字信号,然后由调制解调器把信号调制到系统所使用的数字信道上,在传输到对段,经过相反的变换最终传送到信宿。数字通信以其抗干扰能力强,便于存储,处理和交换等特点,已经成为现代通信网中的最主要的通信技术基础,广泛应用于现代通信网的各种通信系统。程控交换技术即是指人们用专门的电子计算机根据需要把预先编好的程序存入计算机后完成通信中的各种交换。程控交换最初是由电话交换技术发展而来,由当初电话交换的人工转接,自动转接和电子转接发展到现在的程控转接技术,到后来,由于通信业务范围的不断扩大,交换的技术已经不仅仅用于电话交换,还能实现传真,数据,图像通信等交换。程控数字交换机处理速度快,体积小,容量大,灵活性强,服务功能多,便于改变交换机功能,便于建设智能网,向用户提供更多,更方便的电话服务。随着电信业务从以话音为主向以数据为主转移,交换技术也相应地从传统的电路交换技术逐步转向给予分株的数据交换和宽带交换,以及适应下一代网络基于 IP 的业务综合特点的软交换方向发展。

二、信息传输技术

主要包括光纤通信,数字微波通信,卫星通信,移动通信以及图像通信。

光纤是以光波为载频,以光导纤维为传输介质的一种通信方式,其主要特点是频带宽,比常用微波频率高 104～105 倍;损耗低,中继距离长;具有抗电磁干扰能力;线经细,重量轻;还有耐腐蚀,不怕高温等优点。

数字微波中继通信是指利用波长为 1 米～1 毫米范围内的电磁波通过中继站传输信号的一种通信方式。其主要特点为信号可以“再生”;便于数字程控交换机的连接;便于采用大规模集成电路;保密性好;数字微波系统占用频带较宽等的优点。因此,虽然数字微波通信只有二十多年的历史,却与光纤通信,卫星通信一起被国际公认为最有发展前途的三大传输手段。

卫星通信简单而言就是地球上的无线电通信展之间利用人在地球卫星作中继站而进行的通信。其主要特点是:通信距离远,而投资费用和通信距离无关;工作频带宽,通信容量大,适用于多种业务的传输;通信线路稳定可靠;通信质量高等优点。

早期的通信形式属于固定点之间的通信,随着人类社会的发展,信息传递日益频繁,移动通信正是因为具有信息交流灵活,经济效益明显等优势,得到了迅速的发展,所谓移动通信,就是在运动中实现的通信。其最大的优点是可以在移动的时候进行通信,方便,灵活。现在的移动通信系统主要有数字移动通信系统(GSM),码多分址蜂窝移动通信系统(CDMA)。

三、通　信　网

对于通信网,主要分为电话网,支撑网和智能网。电话网是进行交互型话音通信,开放电话业务的电信网;一个完整的电信网除了有以传递信息为主的业务网外,还需要有若干个用以保障业务网正常运行,增强网络功能,提高网络服务质量的支撑网络,这就是支撑网,支撑网主要包括 No. 7 信令网、数字同步网和电信管理网。而智能网是在原有的网络基础上,为快速,方便,经济,灵活的生成和实现各种电信新业务而建立的附加网络结构。

在通信领域,信息一般可以分为话音,数据和图像三大类型。数据是具有某种含义的数字信号的组合,如字母,数字和符号等,传输时这些字母,数字和符号用离散的数字信号逐一表达出来,数据通信就是将这样的数据信号夹道数据传输信道上传输,到达接收地点后再正确地恢复出原始发送的数据信息的一种通信方式。其主要特点是:人-机或机-机通信,计算机直接参与通信是数据通信的重要特征;传输的准确性和可靠性要求高;传输速率高;通信持续时间差异大等。而数据通信网是一个由分布在各地数据终端设备,数据交换设备和数据传输链路所构成的网络,在通信协议的支持下完成数据终端之间的数据传输与数据交换。

数据网是计算机技术与近代通信技术相结合的产物,它是信息采集,传送,存储及处理融为一体,并朝着更高级的综合体发展。

纵观通信技术的发展,虽然只有短短的一百多年的历史,却发生了翻天覆地的变化,由当初的人工转接到后来的电路转接,以及到现在的程控交换和分组交换,还有可以作为未来分组化核心网用的 ATM 交换机,IP 路由器;由当初只是单一的固定电话到现在的卫星电话,移动电话,IP 电话等,由通信和计算机结合的各种其他业务到第三代通信技术的已经上市,以及以后的第四代通信。随着通信技术的发展,人类社会已经逐渐步入信息化的社会。

第二节　无线电话通信技术的发展

无线电通信技术虽然诞生于 19 世纪末,但是由于真空管技术和电路组装工艺不过关,直到 1915 年以后才得到迅速发展。无线电通信在其发展历程中经历了三个阶段:

一、从真空管到晶体管

1906 年,美国著名发明家德福雷斯特发明真空三极管,改善了无线电设备的性能和效率,并成功地为美国海军制造了一台大功率的无线电台,于 1916 年首次播放新闻节目。1921 年在美国匹兹堡建成世界上第一个广播电台,并开始世界上最早的定期广播。从此,无线电技术广泛地应用于其他科技领域。1939 年,美国无线电公司首次使用全电子式设备进行电视广播。随着半导体的发现,1949 ~ 1950 年,美国肖克莱、巴丁、布拉登研制成以锗晶体做原料的三极管,功率放大可达 18 倍,因此获 1956 年诺贝尔物理学奖。1952 年,英国杜默提出集成电路设计思想。1954 年,美国得克萨斯仪器公司研制出第一台全晶体管电视接收机。1962 年美国研制成第一块金属——氧化物半导体集成电路,将 16 个晶体管制作在一块 50×50 平方密耳的小碎片上。1966 年研制成集成电路电视。电子管被晶体管和集成电路代替,使无线电通信器材实现小型化、廉价化和高效率,为无线电通信事业的普及发展创造了条件。

二、从短波通信到微波通信

1920 年人们发现电离层对无线电短波的反射作用,使无线电通信距离大大增加。短波通信成为早期国际通信的主要传助手段。1935 年发明可在雾中和夜间观测障碍物和舰船的雷达,在第二次世界大战中得到应用,促进了微波技术的蓬勃发展。战后,微波多路通信发展起来,并已做到在一条微波通信信道上同时能通几千甚至几万路的电话,使无线电通信水平有很大提高。20 世纪 50 年代初,出现了微波接力通信技术。1950 年,美国在纽约和芝加哥两市之间建起第一条可容 480 路电话的微波接力通信线路。现在,微波接力通信已广泛应用于国际通信和各个方面,成为远距离通信的主要手段之一,并且正在向宽频带和高频方向发展。

三、从地面通信到卫星通信

20世纪60年代以后,无线电通信进入一个新的发展时期——卫星通信时代。卫星通讯就是把同步定点卫星发射到35 786千米的高空轨道来传播各种信息。通过前面的学习,我们知道只要在赤道上空三个适当位置各放一颗同步定点通信卫星,它们发射的超短波或微波就可覆盖全球,可把信息转播到世界各地。1960年,美国开始发射试验通信卫星。1964年8月19日美国成功地发射了第一颗同步通信卫星,开始了卫星通信的新纪元。目前,国际卫星通信组织已发射五代六种不同型号的国际通信卫星。1984和1986年,中国成功地发射了两颗同步通信卫星。1988年3月7日,又成功地发射了一颗实用通讯卫星。目前,中国已形成以广电部为主的公共卫星通信网和广播电视、气象、煤炭、石油等部门的专用卫星通信网,建立起一批卫星通信科研基地,从而,使得国内国际通信和电视传输能力大为提高。中国最大的石油卫星通信网,由15座卫星地面站和5座微波站组成,将原来各油田分散独立的通信网建成北起大庆、南至湛江、西起克拉玛依和库尔勒、东至胜利油田的现代化数字通信系统。它可为组织指挥石油工业生产提供保密电话及电话会议、系统内电话自动拨号、高低速传真、电传、彩色静止图像传输以及微机数据传输等项技术服务。这标志着中国的信息技术达到了前所未有的先进水平。

● 复习思考题

1. 简述通信技术和通信产业的产生和发展。
2. 简述无线电通信的发展历程。

第二十章　能源技术

能源是人类从事物质资料生产的原动力，是保障人民生活和发展国民经济的重要基础，它在工农业生产、交通运输、国防建设及日常生活中部占有重要地位。现代工业生产离不开能源，否则机器就不能运转，生产便无法进行；现代农业中从耕种、灌溉、收割、运输到加工等一系列环节都要消耗能源；交通运输工具中的火车、汽车、飞机、轮船等，没有能源就无法行驶；现代武器，如激光、装甲车、喷气飞机、导弹等没有燃料就不能发动；日常生活中的照明、取暖、做饭，乃至看电视等等也离不开能源。因此，能源被看作是衡量一个国家经济和科学技术发展水平的一个重要尺度，受到国际社会的普遍关注。

第一节　能源技术与能源危机

一、能源技术概述

能源技术就是关于研究能源开发、生产、转换、传输、分配及综合利用的理论。它是综合性强、涉及面广、包含很多分支的科学技术，如能源勘探技术、钻井及开采技术、生产加工技术（或叫能源的转化技术）、储能技术、节能技术等。发展能源科学技术是解决能源需求、提高能源利用率、开展能源综合利用的根本所在。

人类利用能源的历史大体经历了五大阶段：火的发现和利用；畜力、风力、水力等自然动力的利用；石化燃料的开发和利用；电能的发现及利用；原子核能的发现及利用。在能源利用史上，就其划时代性革命转折而言，主要有三次大转换：第一次是煤取代木材成为主要能源；第二次是石油取代煤而居主导地位；第三次是目前向多能结构的过渡。能源的替代和转换是人类社会不断发展的重要标志，每一次能源转换的结果，都伴随着生产技术的重大变革，使人类社会产生质的飞跃。

二、能源危机与能源发展战略

当前世界的能源消费以化石资源为主，中国是以煤炭为主，而其他国家大部分是以石油、天然气为主。煤、石油等矿物性燃料在近几十年消耗猛增。据估计，作为世界上最重要的矿物性能源的煤、石油和天然气等的开采量，20 世纪最后 25 年是过去 100 年（1876~1975）的 1.52 倍。到 1980 年底，全世界剩下可以开采的石油储量为 860 亿吨，当年开采量为 29.8 亿吨；天然气储量为 73 万亿立方米，当年的开采量为 1.6 万亿立方米。按现今的开采速度，世界煤的储量也仅够开采不足百年。由此可见，世界面临着能源危机。由于以煤炭、石油和天然气等为主体的能源已成为人类社会的重要动力支撑体系，所以能源危机必将给全球带来深刻的影响。

1987 年联合国世界环境和发展大会提出人类社会可持续发展的概念，其简要定义是“发展”不仅是满足当代人的需要，还应考虑和不损害后代人的需要。因此，保护人类赖以生存的自然环境和自然资源成为当今世界共同关心的全球性问题。而目前的环境问题很大部分是由于能源发展,特别是化石资源的利用引起的。

因此,今后世界的能源发展战略是:发展多元结构的能源系统,完善能源结构和推广高效、清洁的新能源技术。不仅要注意多种资源的开发,减少对化石资源的依赖,而且要注意各种节能新技术的发展。新能源技术包括各种资源从开采到最终使用各个环节的先进技术。

第二节　核　　能

核能又称为原子能,是20世纪发现的一种新能源。核能是指原子核的键式反应所产生的能量,它有两种来源:一是由重原子核裂变释放出来的;一是由轻原子核聚变产生出来的。前者应用技术已成熟到能用来制造原子弹、原子反应堆和核动力装置等,后者不受控核反应已实现(制造出氢弹),受控核反应仍在研究之中。

一、核(裂变)能发电

原子核能的最初应用是在军事方面,战后的能源危机,使许多国家清醒地认识到寻找新能源的重要性,这促成了核能从军用向民用转移,原子能核电站也随之发展起来。

1954年6月,世界第一座小型核电站在苏联奥布宁斯克建成。这座采用浓缩铀作燃料的石墨水冷堆核电站的顺利运行,证明核能转换为电能在技术上是可行的。但是第一座核电站的电功率只有5000千瓦。1956年,英国建成第一座天然铀石墨气冷(二氧化碳)堆核电站,电功率提高到6万千瓦。1958年,电功率为10万千瓦的苏联西伯利亚原子能电站投入运行,而且在技术上有明显的突破。五十年代以后,许多国家都大力发展核电站,但各国所采取的技术路线是不一样的。到1960年,有5个国家建成20座核电站,装机容量1279兆瓦(电)。由于核浓缩技术的发展,到1966年,核能发电的成本已低于火力发电的成本。核能发电真正迈入实用阶段。1978年全世界22个国家和地区正在运行的30兆瓦(电)以上的核电站反应堆已达200多座,总装机容量已达107776兆瓦(电)。80年代因化石能源短缺日益突出,核能发电的进展更快。到1991年,全世界近30个国家和地区建成的核电机组为423套,总容量为3.275亿千瓦,其发电量占全世界总发电量的约16%。世界上第一座核电站——苏联奥布宁斯克核电站。中国内地的核电起步较晚,80年代才动工兴建核电站。中国自行设计建造的30万千瓦(电)秦山核电站在1991年底投入运行。大亚湾核电站于1987年开工,于1994年全部并网发电。

核电站比火电站优越得多:燃料消耗少。一个50万千瓦的中型火电站,一天要消耗6500吨煤,而同等容量的核电站一天只消耗2公斤铀-235;环境污染小。烧煤的火电站产生大量燃料灰渣、烟尘和有害气体,而核电站对环境的污染却小得多;发电成本低。加之核能无需氧气助燃,可为人类开辟高山、地下、海底以及宇宙空间等领域提供能源。

二、受控核聚变能源

核聚变是轻原子核相遇时聚合成为较重原子核并放出巨大能量的过程。实现核聚变必须有一亿度以上的高温条件,所以又叫热核聚变。自然界中只有太阳和其他恒星内部才具有发生热核聚变的条件。氢弹虽是利用这种核聚变反应制成的,但它程放能量只是极短促的一瞬间,是不可控的。受控核聚变就是根据太阳和其他恒星释放能量的原理,设法将氢弹爆炸这一瞬间完成的核聚变现象变成可控过程,使能量能够充分为人类所利用。受控核聚变的原料是从浩瀚的海洋中提取的,所以储量极为丰富。

1982 年 12 月 24 日,美国普林斯顿大学的托卡马克核聚变反应堆,首次产生了高热、带电的离子体,虽然激发时间只有 1/20 秒,但这是核聚变的历史性突破。1983 年 6 月 25 日,欧洲共同体在英国牛津附近的卡勒姆建立的核聚变反应堆也试验成功,激发时间为 1/10 秒。我国目前最大的受控核聚变实验装置——“中国环流器一号”自 1984 年 9 月顺利启动之后,经过一年的工程联调和物理调试,取得了第一批实验结果。1985 年 11 月 18 日正式通过国家验收。实验数据表明,其等离子体电流持续时间长达一秒,为国际上同规模受控核聚变实验装置所罕见。

目前人类已经可以实现不受控制的核聚变,如氢弹的爆炸。但是要想能量可被人类有效利用,必须能够合理的控制核聚变的速度和规模,实现持续、平稳的能量输出。科学家正努力研究如何控制核聚变,但是现在看来还有很长的路要走。

第三节　太　阳　能

一、太阳能概述

太阳是个巨大的炽热球体,它的表面温度达 6000 摄氏度,中心温度达 2000 万摄氏度。每秒钟可放射出 3800 万亿亿千瓦的能量,照射到地球上空的虽只有其中的 22 亿分之一,但其能量已达 190 万亿千瓦。如果再除去大气的反射和吸收,地球上所得到的太阳能也高达 80 多万亿千瓦,约相当于目前全世界所有发电能力总和的 20 万倍。太阳发光放热的历史已达 40 亿年以上,据科学的预计,太阳释放巨大能量的时间还将持续几十亿年。

太阳能就是太阳内部连续不断的核聚变反应过程产生的能量。太阳每分钟射向地球的能量相当于人类一年所耗用的能量。太阳能既是一次能源,又是可再生能源,既可免费使用,又无需运输,对环境无任何污染。

太阳能是一种辐射能,具有即时性,必须即时转换成其他形式能量才能利用和储存。目前太阳能的转换和利用的方式主要有:光热转换和光电转换两种。与之相适应采取的技术是太阳能热利用技术和太阳能光电转换技术。

二、太阳能热利用技术

它是太阳辐射能量通过各种集热部件转变成热能后被人们直接利用。目前主要用于两个方面:一是太阳能热发电;二是太阳能供热。

1. 太阳能热发电技术

它是利用集热器把太阳辐射能转变成热能,然后通过汽轮机、发电机来发电。即通过太阳能热电站实现的。按太阳能采集方式划分,太阳能热发电站主要有塔式、槽式和盘式三类。法国的奥德纳太阳能热电站是世界上第一座太阳能热电站,当时的发电能力仅为 64 千瓦。随后日本、美国、德国、意大利等国家也先后建立了太阳能电站。到 20 世纪 90 年代,其发电容量已增至上百万千瓦级。太阳能发电技术正向着大功率、实用化方向发展,前景非常广阔。

2. 太阳能供热技术

它主要是将太阳辐射能通过各种集热器转变成热能后直接利用。常见的利用太阳能供热方式有太阳能热水器、太阳能聚焦高温加工、太阳灶和太阳房等。目前太阳能热已广泛地用于烘干、供应热水、建筑物取暖、空气调解、海水淡化、焊接、冶炼等方面。

三、太阳能光电转换技术

太阳能光电转换技术是利用太阳能电池将太阳光直接转换成电能的技术。太阳能电池是利用光子伏特效应原理,即太阳的辐射能光子通过半导体物质能够转变为电能的效应制作的。其工作原理是:太阳光照在半导体 P-N 结上,形成新的空穴-电子对。在 P-N 结电场的作用下,空穴由 N 区流向 P 区,电子由 P 区流向 N 区,接通电路后就形成电流。太阳能电池有单晶硅、多晶硅、非晶硅、硫化镉和砷化锌电池等。

世界上第一台实用型的硅太阳能电池是 1954 年在美国贝尔实验室研制成功的,获得了 6% 光电转换效率的良好成果。1958 年,太阳能电池应用于卫星供电。20 世纪 70 年代以后,对太阳能电池材料、结构和工艺进行了广泛研究,在提高效率和降低成本方面取得较大进展。目前已进行研究和试制的太阳能电池除硅系列外,还有硫化镉、砷化镓、钢铟等许多类型的太阳能电池。

太阳能电池除了作为空间各种宇航器的主力电源外,在微波通讯、交通信号、广告照明、电视差转等方面也逐渐显示出其优越性,太阳能游艇、太阳能汽车、太阳能飞机也开始进入实用阶段。用于日常生活的太阳能电池几乎无处不在,收音机、录音机、电话、电子钟表、电动玩具、微型电子计算机等也都开始应用太阳能电池。

第四节　地　热　能

一、地热能概述

地球是一个大热库,从地面向下,在 15 千米以内,深度每增加 100 米,温度平均升高 3℃左右。在 100 千米深处,温度高达 1400℃。这就是地热能,它是地球内部原子反应时产生的热量。它作为一种新能源,以其干净、无污染、成本低、不间断等优势日益受到人们的重视。地热能储量巨大、分布广泛。按国际有关规定初步估算,全世界地热资源的总量约为 1.45×10^{26}J,相当于全部煤炭资源的储量的 1.7 亿倍。按世界年耗 10 亿吨标准煤计算,可满足人类几十万年能源之用。

人们把地热资源按存在形式分为 5 大类型,即蒸汽型;热水型、地压型、干热岩型和岩浆型。目前能为人类开发利用的,还仅限于地热蒸汽和地热水两类。

二、地热能的开发利用

地热能按温度划分。中国一般把高于 150℃的称为高温地热能,主要用于发电。低于此温度的叫中低温地热地热能，通常直接用于采暖、工农业加温、水产养殖及医疗和洗浴等。

地热发电是地热利用的最重要方式。高温地热流体应首先应用于发电。地热发电和火力发电的原理是一样的，都是利用蒸汽的热能在汽轮机中转变为机械能，然后带动发电机发电。所不同的是，地热发电不像火力发电那样要装备庞大的锅炉，也不需要消耗燃料，它所用的能源就是地热能。地热发电的过程，就是把地下热能首先转变为机械能，然后再把机械能转变为电能的过程。要利用地下热能，首先需要有“载热体”把地下的热能带到地面上来。目前能够被地热电站利用的载热体，主要是地下的天然蒸汽和热水。按照载热体类型、温度、压力和其他特性的不同，可把地热发电的方式划分为蒸汽型地热发电和热水型地热发电两大类。

1. 蒸汽型地热发电

蒸汽型地热发电是把蒸汽田中的干蒸汽直接引入汽轮发电机组发电，但在引入发电机组前应把蒸汽中所含的岩屑和水滴分离出去。这种发电方式最为简单，但干蒸汽地热资源十分有限，且多存于较深的地层，开采技术难度大，故发展受到限制。主要有背压式和凝汽式两种发电系统。

2. 热水型地热发电

热水型地热发电是地热发电的主要方式。目前热水型地热电站有两种循环系统：A. 闪蒸系统。当高压热水从热水井中抽至地面，压力降低部分热水会沸腾并“闪蒸”成蒸汽，蒸汽送至汽轮机做功；而分离后的热水可继续利用后排出，当然最好是再回注入地层。B. 双循环系统。地热水首先流经热交换器，将地热能传给另一种低沸点的工作流体，使之沸腾而产生蒸汽。蒸汽进入汽轮机做功后进入凝汽器，再通过热交换器而完成发电循环。地热水则从热交换器回注入地层。这种系统特别适合于含盐量大、腐蚀性强和不凝结气体含量高的地热资源。发展双循环系统的关键技术是开发高效的热交换器。

地热取暖是将地热能直接用于采暖、供热和供热水，是仅次于地热发电的地热利用方式。因为这种利用方式简单、经济性好，备受各国重视，特别是位于高寒地区的西方国家，其中冰岛开发利用得最好。该国早在 1928 年就在首都雷克雅未克建成了世界上第一个地热供热系统，现今这一供热系统已发展得非常完善，每小时可从地下抽取 7740 吨 80℃的热水，供全市 11 万居民使用。由于没有高耸的烟囱，冰岛首都已被誉为“世界上最清洁无烟的城市”。此外利用地热给工厂供热，如用作干燥谷物和食品的热源，用作硅藻土生产、木材、造纸、制革、纺织、酿酒、制糖等生产过程的热源也是大有前途的。目前世界上最大两家地热应用工厂就是冰岛的硅藻土厂和新西兰的纸浆加工厂。我国利用地热供暖和供热水发展也非常迅速，在京津地区已成为地热利用中最普遍的方式。

第五节　海　洋　能

一、海洋能概述

海洋是一个庞大的能源库。在 13.7 亿立方千米的海水中，蕴藏着巨大的能源资源。海洋能就是指依附在海水中的可再生能源，海洋通过各种物理过程接收、储存和散发能量,这些能量以潮汐、波浪、温度差、盐度梯度、海流等形式存在于海洋之中。潮汐能来自于星体运动中的万有引力作用;波浪能、海流能都属机械能;海水温差能属热能;海水盐度差能是化学能。据统计,联合国教科文组织理论上估计 5 种海洋能可再生的总量为 766 亿千瓦。其中温差能为 400 亿千瓦,盐度差能为 300 亿千瓦,潮汐和波浪能各为 39 亿千瓦,海流能为 6 亿千瓦。

二、海洋能的开发利用

利用海洋能发电的方式很多,其中包括波力发电、潮汐发电、海流发电、海水温差发电和海水含盐浓度差发电等。

潮汐发电就是在海湾或有潮汐的河口建一拦水堤坝,将海湾或河口与海洋隔开构成水库,再在坝内或坝房安装水轮发电机组,然后利用潮汐涨落时海水位的升降,使海水通过轮机转动水轮发电机组发电。法国早在 20 世纪 60 年代就投入巨资建造了至今仍是世界上容量最大的潮汐发电站,装机容量 24 万千瓦、年发电量 5 亿千瓦·时的朗斯潮汐电站。中国的江厦潮汐试验电站,建于浙江省乐清湾北侧的江厦港,装机容量 3200 千瓦,于 1985 年正式投入运行。潮汐发电技术是低水位水力发电技术,容量小,造价高,所以发展不快。

波浪能发电有以下形式:①利用海面波浪的上下运动,产生空气流或水流而使涡轮机转动;②利用波浪装置随波前后摆动或转动,产生空气流或水流使涡轮机转动;③把低压的大波浪变成小体积的高压水,然后引入高位水池积蓄起来,用以冲动水轮机转动。1995 年 8 月,英国建造了第一座商业性波浪能发电站,输出功率为 2 兆瓦,可满足 2000 户家庭的用电要求。日本已有数座波浪能发电站投入运行,其中兆瓦级的“海明号”波浪能发电船,是世界上最著名的波浪能发电装置。

海水温差发电是利用海洋表层热水和深层冷水的温差发电。1881 年,法国物理学家阿松瓦尔(J. D. Arsonval)首次提出利用海水温差发电设想。1930 年,他的学生克劳德(G. Claude)在古巴海滨建造了世界上第一座海水温差发电站,获得了 10 千瓦的功率。1981 年,日本东京电力事业公司在南太平洋的瑙鲁岛也建起了一座 100 千瓦的海洋温差发电装置,接着 1990 年又在鹿儿岛建起了一座兆瓦级的同类电站。海水温差发电涉及耐压、绝热、防腐材料、热能利用效率等诸多问题,目前各国仍在积极探索中。

海洋能除具有可再生性、不污染环境的优点外,同直射的太阳能相比它还具有不受时间的限制,白天黑夜都可利用的优点。海洋能是一项亟待大力开发利用的具有战略意义的新能源。

第六节　生　物　能

一、生物能概述

地球上生物资源极为丰富,除森林、农作物等初级产物以外,人畜、禽类及工农业有机废物、垃圾等次级产物也是丰富的生物资源,具有很大的能量。从生长迅速的薯类或海藻发酵制取酒精,利用粪尿或垃圾发酵制取沼气……对生物能源的研究和利用丰富多彩。生物能可通过厌氧消化、触酶气化、生物光分解、加氢气化、热分解等技术转换为气体燃料;可以通过加温焙烧等技术转换为固体燃料。这些转换技术正处于开发阶段,有待进一步提高转化效率和降低成本,以便推广应用。

二、生物能的开发利用

燃料电池开发取得进展。燃料电池的工作原理和一般电池相似,都是通过电极上的"氧化-还原反应"使化学能转变成电能。区别在于,一般电池的燃料预先放在电池里,至消耗完为止;燃料电池的反应物则储存在电池之外,有天然气、甲醇、液氨、氢等,因此可以连续供电。随着技术的改进和材料价格的下降,结构简单、使用维护方便、不污染环境的燃料电池将更具有竞争力。

生物厌氧消化生产沼气是一种综合利用生物资源的方法。许多国家已采用厌氧消化法进行城市污水和废渣的处理,回收沼气作燃料,并为农业生产提供优质有机肥。中国已有几百万个沼气池,研制成功了沼气发电站与动力站,对解决农村能源不足问题起到了很大作用,并正在开发生物气化炉、生物质柴油、甜高粱制酒精等新技术。从世界范围看,生物能的开发和利用将进入一个新时代。

● 复习思考题

1. 简述当前世界的能源危机与能源发展战略。
2. 简述核(裂变)能发电和受控核聚变能源。
3. 简述太阳能的开发利用。
4. 简述地热能的开发利用。
5. 简述海洋能的开发利用。
6. 简述生物能的开发利用。

第二十一章　生物技术

生物技术(biotechnology)也译成生物工程。生物工程是改造生物的一项工程技术。是指人们以现代生命科学为基础,结合其他基础科学的科学原理,采用先进的科学技术手段,按照预先的设计改造生物体或加工生物原料,为人类生产出所需产品或达到某种目的。生物技术是人们利用微生物、动植物体对物质原料进行加工,以提供产品来为社会服务的技术。生物技术是一门新兴的,综合性的学科。

古代的生物工程是老百姓日常所用的一些生物技术,如酿酒、制酱、造醋、嫁接等工艺。随着科学技术整体水平的提高,当代的生物工程则是许多科学技术综合而成的高新技术,包括五大领域,即遗传工程、细胞工程、酶工程、微生物工程和生物化学工程。

应用生命科学研究成果,以人们意志设计,对生物或生物的成分进行改造和利用的现代生物技术综合了分子生物学、生物化学、遗传学、细胞生物学、胚胎学、免疫学、化学、物理学、信息学、计算机等多学科技术,可用于研究生命活动的规律和提供产品为社会服务等。在许多领域创造出奇迹,使人们普遍承认 21 世纪是生物学的世纪。

第一节　遗传工程

一、遗传工程的现代定义

根据遗传学原理,按照人们预先设计的生物蓝图,对生物的遗传物质进行有计划地操作,以达到定向改造生物的遗传组成,使其获得新的遗传性状,这个工程称为遗传工程。

遗传工程有广义和狭义之分。广义的遗传工程包括细胞水平上的遗传操作(细胞工程)和分子水平上的遗传操作(基因工程);狭义的"遗传工程"就是基因工程(genetic engineering)——重组 DNA 技术(recombinant DNA technology)。1980 年 Hobom B. 采用合成生物学(synthetic biology)的概念,2000 年 Kool E. 重新定义合成生物学为基于系统生物学的遗传工程,由于人工 DNA 的合成、全基因乃至基因组的合成,21 世纪遗传工程已经进入了人工设计与合成生物系统的基因结构、基因调控网络、乃至基因组的时代。

二、遗传工程的产生和发展

遗传工程又称基因工程、基因重组技术。DNA 重组技术生物的遗传现象古代就有人研究。19 世纪中叶,奥地利生物学家孟德尔提出,生物的遗传现象是由一种特殊的颗粒——遗传因子所决定的。20 世纪初,美国遗传学家摩尔根则指出,生物的遗传决定于基因,基因存在于染色体上,而染色体在生物的细胞核里。每种生物物种都有特定数量的染色体,例如人的染色体是 23 对,20 世纪 40 年代,科学家发现由 4 种核苷酸(腺嘌呤 A、胸腺嘧啶 T、胞嘧啶 C、鸟嘌呤 G)组成的脱氧核糖核酸(DNA)分子,这是遗传的物质基础。

科学家还在50年代发现DNA分子的双螺旋结构；在20世纪60年代发现了64个生物遗传密码；在20世纪70年代完善了生物遗传的中心法则，并且还发明了DNA体外重组技术（把不同的遗传物质基础DNA在生物体外进行剪切及重新组合，通过载体转入微生物细胞中进行无性繁殖，从而产生新的生物类型）；在20世纪80年代建立了重组DNA的工厂，把第一批遗传工程产品投放市场。几年来，世界各国竞相研究DNA重组技术，开发出多种产品，形成了“基因工程热”。

三、基因工程的应用

基因工程是一种按人们的构思和设计，在试管内操作遗传物质，并最终实现改造生物的新技术。基因工程对生物的改造，可以使生物像工厂似的为人类生产特殊产品，也可以使现有的动植物更符合人类的要求。

1. 基因工程在医药业中的应用

利用基因工程生产蛋白类药物，可提高产量，降低成本。如干扰素能抑制癌细胞增殖，增强身体的防御功能，前田进[日]博士采用基因工程技术，使蚕生产人干扰素获得成功。他发现，附在蚕体内的NPV（核多角体病毒）增殖效果好，在蚕的一个细胞核中可以增至100万个。他把带有干扰素基因的重组体NPV接种到蚕体内，蚕便在体液中分泌出干扰素。

2. 基因疗法是基因工程的又一重大应用

遗传病是长期困扰人类的一类不治之症，迄今已发现的有3 000多种。其根源于遗传基因存在缺陷，主要特征是可随生育而传代。基因疗法就是通过向人体细胞的基因组置换“坏了的”基因，或引入外源的正常基因治疗疾病的方法。如血友病的病根在于血液中缺乏凝血因子Ⅷ。它是一种化学结构不很稳定的蛋白质。如今，可用人工的方法将产生凝血因子Ⅷ的基因提取出来，然后将其转移到患者的细胞基因组中，弥补遗传缺损，从而能够产生正常的凝血因子Ⅷ，使体内血液循环正常。

3. 基因工程在农业上的应用

1991年初，美国DNA植物技术公司的科研人员同时栽种了三批烟草植株。数月之后，其中一批由于遭受土壤中真菌的感染而严重损害；另一批由于使用了市售的化学杀菌剂而生长良好。而在第三批烟草植株上，它们没有使用任何杀真菌剂，却生长得特别旺盛，收获产量比前两批的都高。这是因为这批烟草并非普通烟草，而是基因重组的产物。

真菌的细胞壁中有一种重要成分叫几丁质，几丁质如果受到破坏，真菌就无法肆虐。自然界有一种细菌天然含有能产生几丁质酶的基因，产生的几丁质酶是破坏几丁质的最有效催化剂。美国DNA植物技术公司的科研人员从一种细菌中发现了这种基因，并且运用基因工程技术把它插进了烟草植株中，于是诞生了具有抗真菌能力的新型烟草。

除了应用基因工程使作物获得抗真菌、细菌和线虫的能力外，目前还正在试图利用基因工程手段提高作物的抗逆性和营养价值。

科学家们预言，若能用基因工程将固氮基因插入各种非豆科植物染色体组内，则可将空气中的氮直接转化为植物生长所需的氮，那将是农业生产的一次大的飞跃。

4. 基因工程在工业方面的应用

有一种超级细菌，能快速分解石油，可用于清除被石油污染的海域。这种超级菌是美国科学家用基因工程方法,把降解不同石油化合物的基因移植到一个菌株内而产生的。

氢气在燃烧过程中,除释放能量外,产生的废物只有水,不会造成环境污染,被称为理想、清洁的燃料。一些水中生长的微生物在光照下,会不断地将水分解,放出氢气,然后可用容器将氢气收集起来。日本一研究所以提高光合作用微生物生产氢的效率为目标,正在利用基因重组技术,改良微生物,以大幅度地提高生产氢气的能力,为利用微生物生产氢气尽早投入实际生产和应用创造条件。

基因工程的出现大大地缩短了制造新的生物品种的时间。现在,通过基因工程在几天内就可以制造出生物新种,而以往靠自然界缓慢的进化则需要几百万年的漫长岁月。因此,基因工程把生命科学推进到一个崭新的发展阶段。人们普遍认为,这是生物学甚至整个科学技术发展中出现的一项辉煌成就,它标志着一个崭新的科技时代的到来。

第二节　细 胞 工 程

一、细胞工程概述

细胞是生物体的基本结构单位和功能单位,是生命过程的物质基础。自 19 世纪 30 年代建立了细胞学说以来,科学家运用高倍光学显微镜、电子显微镜等先进科技手段研究了细胞的各种生理功能和它的各种类型结构,并在此基础上发展了细胞工程。所谓细胞工程就是在细胞水平上进行生物杂交的工程技术,实用性很强。当前细胞工程所涉及的主要技术领域有细胞培养、细胞融合、细胞拆合、染色体操作及基因转移等方面。通过细胞工程可以生产有用的生物产品或培养有价值的植株,并可以产生新的物种或品系。

当前细胞融合技术和细胞间遗传物质转移技术发展很快。所谓细胞融合技术就是先把个体细胞分离出来,再把细胞内的主要物质——原生质分离出来,然后把两个不同种的细胞原生质融合成一个“异核体”,从而培养出新的生物品种来。利用这种技术,人们已经制造出一种单克隆抗体,可以用来进行早期癌症的诊断。利用“异核体”培育兼有土豆和番茄特性的新物种“土豆-番茄”已经成功。此外,还有“向日葵-豆”、“小麦-玉米”、“水稻-豌豆”等杂交新种也相继制造出来。过去,不同科属的植物间是不能正常杂交制造新种的。人们认为,这是育种技术上的一大障碍。如今这种体细胞杂交方法开辟了一条捷径,制造了意想不到的优良新种。例如,“马铃薯-番茄”,这种植物在土壤中结出马铃薯块茎,而在地上的枝条上结出了番茄。这在以往,是闻所未闻的。

除了细胞融合技术之外,在细胞工程中常见的还有细胞核移植、细胞器移植、染色体添加、外源染色体导入、胚胎移植、细胞培养和组织培养等技术,并在培养生物新品种方面都取得了很好的成绩,在农牧业及医药制造业等,都有广泛应用。比起运用基因工程来制造新的生物类型来,用细胞工程来达到同样目的会容易些,后者在目前发展速度较快。

二、细胞工程的应用

细胞工程作为科学研究的一种手段,已经渗入到生物工程的各个方面,成为必不可少的配套技术。在农林、园艺和医学等领域中,细胞工程正在为人类做出巨大的贡献。

1. 粮食与蔬菜生产

细胞工程技术的作物育种,是迄今人类受益最多的一个方面。我国在这一领域已达到世界先进水平,以花药单倍体育种,培育出的水稻品种或品系有近百个,小麦有 30 个左右。其中河南省农科院培育的小麦新品种,具有抗倒伏、抗锈病、抗白粉病等优良性状。

在常规的杂交育种中,育成一个新品种一般需要 8~10 年,而用细胞工程技术对杂种的花药进行离体培养,可大大缩短育种周期,一般提前 2~3 年,而且有利优良性状的筛选。前面已介绍过的微繁殖技术,在农业生产上也有广泛的用途,其技术比较成熟,并已取得较大的经济效益。例如,我国已解决了马铃薯的退化问题,日本麒麟公司已能在 1000 升容器中大量培养无病毒微型马铃薯块茎作为种薯,实现种薯生产的自动化。通过植物体细胞的遗传变异,筛选各种有经济意义的突变体,为创造种质资源和新品种的选育发挥了作用。现已选育出优质的番茄、抗寒的亚麻以及水稻、小麦、玉米等新品系。有希望通过这一技术改良作物的品质,使它更适合人类的营养需求。

蔬菜是人类膳食中不可缺少的成分,它为人体提供必需的维生素、矿物质等。蔬菜通常以种子、块根、块茎、插扦或分根等传统方式进行繁殖,花费成本低。但是,在引种与繁育、品种的种性提纯与复壮、育种过程的某些中间环节,植物细胞工程技术仍大有作为。例如,从国外引进蔬菜新品种,最初往往只有几粒种子或很少量的块根、块茎等。要进行大规模的种植,必须先大量增殖,这就可应用微繁殖技术,在较短时间内迅速扩大群体。在常规育种过程中,也可应用原生质体或单倍体培养技术,快速繁殖后代,简化制种程序。另外,还可结合植物基因工程技术,改良蔬菜品种。

2. 园林花卉

在果树、林木生产实践中应用细胞工程技术主要是微繁殖和去病毒技术。几乎所有的果树都患有病毒病,而且多是通过营养体繁殖代代相传的。用去病毒试管苗技术,可以有效地防止病毒病的侵害,恢复种性并加速繁殖速度。目前,香蕉、柑橘、山楂、葡萄、桃、梨、荔枝、龙眼、核桃等十余种果树的试管苗去病毒技术,已基本成熟。香蕉去病毒试管苗的微繁殖技术已成为产业化商品化的先例之一。因为香蕉是三倍体植物,必须通过无性繁殖延续后代,传统方法一般采用芽繁殖,感病严重,繁殖率低;而采用去病毒的微繁殖技术不仅改进了品质,亩产量提高 30%~50%,很容易被蕉农接受。

近年来,对经济林木组织培养技术的研究也受到很大的重视。采用这一技术可比常规方法提前数年进行大面积种植。特别是有些林木的种子休眠期很长,常规育种十分费时。据不完全统计,现已研究成功的林木植物试管苗已达百余种,如松属、按树属、杨属中的许多种,还有泡桐、槐树、银杏、茶、棕榈、咖啡、椰子树等。其中桉树、杨树和花旗松等大面积应用于生产,澳大利亚已实现桉树试管苗造林,用幼芽培养每年可繁殖 40 万株。

植物细胞工程技术使现代花卉生产发生了革命性变化。1960 年,科学家首次利用微繁殖技术将兰花的愈伤组织培养成植株后,很快形成以组织培养技术为基础的工业化生产体系——兰花工业。现在,世界兰花市场上有 150 多种产品,其中大部分都是用快速微繁殖技术得到的试管苗。从此,市场供应摆脱了气候、地理和自然灾害等因素的限制。

至今,已报道的花卉试管苗有360余种。几十种投入商业化生产。我国对康乃馨、月季、唐昌蒲、菊花、非洲紫罗兰等品种的研究较成熟,有的已商品化,并有大量产品销往港澳及东南亚地区。

3. 临床医学与药物

自1975年英国剑桥大学的科学家利用动物细胞融合技术首次获得单克隆抗体以来,许多人类无能为力的病毒性疾病遇到了克星。用单克隆抗体可以检测出多种病毒中非常细微的株间差异,鉴定细菌的种型和亚种。这些都是传统血清法或动物免疫法所做不到的,而且诊断异常准确,误诊率大大降低。例如,抗乙型肝炎病毒表面抗原(HBsAg)的单克隆抗体,其灵敏度比当前最佳的抗血清还要高100倍,能检测出抗血清的60%的假阴性。

近年来,应用单克隆抗体可以检查出某些还尚无临床表现的极小肿瘤病灶,检测心肌梗死的部位和面积,这为有效的治疗提供方便。单克隆抗体并已成功地应用于临床治疗,主要是针对一些还没有特效药的病毒性疾病,尤其适用于抵抗力差的儿童。人们正在研究"生物导弹"——单克隆抗体作载体携带药物,使药物准确地到达癌细胞,以避免化疗或放射疗法把正常细胞与癌细胞一同杀死的副作用。

单克隆抗体可以精确地检测排卵期,新一代免疫避孕药也在研制之中。其基本原理是用精子,卵透明带或早期胚胎来制备单克隆抗体,将它们注入妇女体内,产生对精子的免疫反应,从而起到避孕作用。人类体外受精技术的日趋成熟,使人类对生育活动有了较大的选择余地,促进优生优育,提高人口素质,也为不孕症患者或不宜生育的人带来福音。

生物药品主要有各种疫苗、菌苗、抗生素、生物活性物质,抗体等,是生物体内代谢的中间产物或分泌物。过去制备疫苗是从动物组织中提取,得到的产量低而且很费时。现在,通过培养、诱变等细胞工程或细胞融合途径,不仅大大提高了效率,还能制备出多价菌苗,可以同时抵御两种以上的病原菌的侵害。用同样的手段,也可培养出能在培养条件下长期生长、分裂并能分泌某种激素的细胞系。1982年美国科学家用诱变和细胞杂交手段,获得了可以持续分泌干扰素的体外培养细胞系,现已走向应用。

4. 繁育优良品种

目前,人工授精、胚胎移植等技术已广泛应用于畜牧业生产。精液和胚胎的液氮超低温(-196℃)保存技术的综合使用,使优良公畜、禽的交配数与交配范围大为扩展,突破了动物交配的季节限制。另外从优良母畜或公畜中分离出卵细胞与精子,在体外受精,然后再将人工控制的新型受精卵种植到种质较差的母畜子宫内,繁殖优良新个体。综合利用各项技术,如胚胎分割技术、核移植细胞融合技术、显微操作技术等,在细胞水平改造卵细胞,有可能创造出高产奶牛、瘦肉型猪等新品种。特别是干细胞的建立,更展现了美好的前景。

第三节　酶　工　程

一、酶工程概述

酶是生物体自然产生的一种具有催化剂活性的蛋白质。它在生物体的生命过程中至关重要,起着高效的生物催化作用。羊吃了青草,不知不觉却能很快地从原料中制造和转化为羊奶和羊肉等。其中很重要的是,酶在起特殊的作用。现在,许多工业部门利用了酶的这种特性。在酿造、纺织、制药、食品加工等领域,都是酶大显身手的场所。例如,淀粉酶可以代替传统化学药品,使纺织物去浆,它大大地改善了工艺流程。提高了纺织品质量。

酶工程就是将酶或者微生物细胞,动植物细胞,细胞器等在一定的生物反应装置中,利用酶所具有的生物催化功能,借助工程手段将相应的原料转化成有用物质并应用于社会生活的一门科学技术。它包括酶制剂的制备,酶的固定化,酶的修饰与改造及酶反应器等。

酶工程实际上是生物酶理论与化工技术紧密结合而形成的一种新的工程技术。它主要是研究和生产出有使用价值的酶类,使其固定化,并设计和建立各种酶反应系统,运用电子计算机精确地控制相应的化学反应过程,便于自动化运作。当前酶工业发展极快,酶制品已经是国际上重要的商品。

二、酶工程的应用

酶作为一种生物催化剂,已经在工业、农业、医药卫生、能源开发及环境工程等领域发挥了巨大的作用,显示了很好的经济效益和社会效益。

1. 食品加工中的应用

酶在食品工业中最大的用途是淀粉加工,其次是乳品加工、果汁加工、烘烤食品及啤酒发酵。与之有关的各种酶如淀粉酶、葡萄糖异构酶、乳糖酶、凝乳酶、蛋白酶等占酶制剂市场的一半以上。

目前,帮助和促进食物消化的酶成为食品市场发展的主要方向,包括促进蛋白质消化的酶(菠萝蛋白酶、胃蛋白酶、胰蛋白酶等),促进纤维素消化的酶(纤维素酶、聚糖酶等),促进乳糖消化的酶(乳糖酶)和促进脂肪消化的酶(脂肪酶、酯酶)等。

2. 轻化工业中的应用

酶工程在轻化工业中的用途主要包括:洗涤剂制造(增强去垢能力)、毛皮工业、明胶制造、胶原纤维制造(粘接剂)牙膏和化妆品的生产、造纸、感光材料生产、废水废物处理和饲料加工等。

3. 医药上的应用

重组 DNA 技术促进了各种有医疗价值的酶的大规模生产。用于临床的各类酶品种逐渐增加。酶除了用作常规治疗外,还可作为医学工程的某些组成部分而发挥医疗作用。如在体外循环装置中,利用酶清除血液废物,防止血栓形成和体内酶控药物释放系统等。另外,酶作为临床体外检测试剂,可以快速、灵敏、准确地测定体内某些代谢产物,也将是酶在医疗上一个重要的应用。

4. 能源开发上的应用

在全世界开发新型能源的大趋势下,利用微生物或酶工程技术从生物体中生产燃料也是人们正在探寻的一条新路。例如,利用植物、农作物、林业产物废物中的纤维素、半纤维素、木质素、淀粉等原料,制造氢、甲烷等气体燃料以及乙醇和甲醇等液体燃料。另外，在石油资源的开发中，利用微生物作为石油勘探、二次采油、石油精炼等手段也是近年来国内外普遍关注的课题。

5. 环境工程上的应用

在科学技术高度发展的同时，环境净化尤其是工业废水和生活污水的净化，作为保护自然的一项措施，具有十分重要的意义。

在现有的废水净化方法中，生物净化常常是成本最低而最可行的。微生物的新陈代谢过程，可以利用废水中的某些有机物质作为所需的营养来源。因此利用微生物体中酶的作用，可以将废水中的有机物质转变成可利用的小分子物质，同时达到净化废水的目的。人们利用基因工程技术创造高效菌种，并利用固定化活微生物细胞等方法，在废水处理及环境保护工作中取得了显著的成效。

另外，生物传感器的出现为环境监测的连续化和自动化提供了可能，降低了环境监测的成本，加强了环境监督的力度。

第四节　微生物工程

一、微生物工程概述

微生物工程也叫发酵工程。古代人类已掌握了初级的发酵工艺。例如，制酱和做馒头都是利用某种微生物的发酵作用。19 世纪中叶，法国化学家兼生物学家巴斯德借助于显微镜研究酒类变酸问题时发现了微生物，并开创了一门崭新的学科——微生物学。现代的微生物工程在传统的微生物发酵工艺的基础上，吸收了现代基因工程、细胞工程和酶工程以及其他先进科技的成果，开辟了一条安全有效地生产廉价的纯净生物制品的新途径。

大家知道，在 1929 年英国细菌学家弗莱明偶然发现青霉素以后，立即引起了科学家极大的兴趣。此后，各种抗生素相继被人们发现和利用。社会上对各种抗生素的需求量又迅速增长，靠传统发酵技术已无法满足这种要求。于是，采用大规模工业化生产的微生物工程就应运而生了。甾体激素、氨基酸、核苷酸、味精等也是发酵工程的产品，为人们所常见。

发酵是微生物特有的作用，在几千年前就被人类认识了，并且用来制造酒、面包。微生物工程，是大规模发酵生产工艺的总称，就是利用微生物发酵作用，通过现代工程技术手段，利用微生物的某些特定功能，为人类生产有用物质，或直接把微生物应用于工业生产过程的一种技术。它是在发酵工艺基础上吸收基因工程、细胞工程和酶工程以及其他技术的成果而形成的。包括菌种选育、培养基的配置、灭菌、种子扩大培养和接种、发酵过程和产品的分离提纯（生物分离工程）等方面。

二、微生物工程的应用

微生物工程跟化学工业、医药、食品、能源、环境保护和农牧业等许多领域关系密切，对它的开发有很大的经济效益。微生物工程以其生产条件温和，原料来源丰富且价格低廉，产物专一，废弃物对环境污染小和容易处理等特点，而在医药工业、食品工业、农业、冶金工业、环境保护等许多领域得到了广泛的应用,逐步形成了规模庞大的发酵工业。在一些发达国家,发酵工业的总产值占到国民生产总值的5%左右。

1. 在医药工业上的应用

微生物工程在医药工业上的应用,成效十分显著,生产出了如抗生素、维生素、动物激素、药用氨基酸、核苷酸(如肌苷)等。目前,常用的抗生素已达100多种,如青霉素类、头孢菌素类、红霉素类和四环素类。另应用发酵工程大量生产的基因工程药品有人生长激素、重组乙肝疫苗、某些种类的单克隆抗体、白细胞介素-2、抗血友病因子等。

2. 在食品工业上的应用

发酵工程在食品工业上的应用十分广泛,主要包括:第一、生产传统的发酵产品,如啤酒、果酒、食醋等,使产品的质量和产量得到明显提高。第二、生产食品添加剂。如L-苹果酸、柠檬酸、谷氨酸、红曲素、高果糖浆等。第三、单细胞蛋白的生产。

在当代世界,微生物工程对于调整企业结构、改革社会结构和优化人类生活环境都有不可低估的作用。

第五节　生 化 工 程

一、生化工程概述

生物化学工程是生物反应器理论与化工技术紧密结合而形成的一项工程技术,近年发展势头很猛。生化技术可分为两大类:一是生物反应器技术,二是产品分离和提取技术。

生物反应器是借助活细胞或酶(作为催化剂)进行生物产品生产的关键性设备。它为细胞和酶提供了适宜的环境,以达到细胞增殖或进行生化反应的目的。常见的生物反应器包括发酵罐(固体发酵罐、厌氧发酵罐和好氧发酵罐)等,在化工生产中应用很广。目前生物反应器正向大型化、多样化和自动化的方向迅速发展,以便大幅度地增加各类生物产品的产量,运用电子计算机对生产过程进行自动控制。它已成为现代化生物工程的先驱。

生物产品的分离和提取技术,近几年来在生化工程中颇引人注目。由于在科学实验与生产过程中对生物产品的纯度要求越来越高,而生物活性物质通常是浓度较低而杂质含量较高的物质,再加上某些生物活性物质的活性极不稳定,因此给生物产品的分离和提取工作带来很大困难。目前使用的对生物产品进行分离、提取、纯化和精制的方法有:吸附法、萃取法、沉淀法、电渗析法、离子交换法、色层分离法、色谱质谱分析连用法等。在当代新技术革命浪潮中,生物产品提纯工艺正朝着电子计算机最优化自动控制的方向迅速发展。

此外,生化反应动力学研究也是当前生物工程的热点问题之一。这一项研究的目的是,提高生物产品的生产速度和转化率,减少原料消耗量,提高经济效益和环境效益。

二、生化工程的应用

生化工程的应用范围很广,而且与国计民生都有紧密的联系。生化工程促使一大批